常微分方程

—— 解析方法与数值方法

许秋燕　刘智永　编著

電子工業出版社
Publishing House of Electronics Industry
北京 · BEIJING

内 容 简 介

本书主要介绍常微分方程的解析方法与数值方法，对于一阶常微分方程，介绍了4种常用的解析方法，即变量分离法、常数变易法、积分因子法、参数表示法；对于高阶常微分方程，重点讨论了特征根法、比较系数法、拉普拉斯变换法、降阶法和幂级数法；对于线性常微分方程组，介绍了其一般理论及基解矩阵的计算等. 此外，本书还介绍了常微分方程初值问题和边值问题的数值求解方法，这些数值方法不仅包括经典的欧拉方法、Runge-Kutta 方法、有限差分方法、有限元方法等，还涉及近年来数值计算中流行的配点方法. 解析方法与数值方法并驾齐驱，相互促进，是求解常微分方程的两种重要手段. 本书以各类方法为切入点，通过引入大量的经典常微分方程模型，深入浅出地阐述了各种模型问题的求解.

本书可供数学专业高年级本科生或研究生阅读，也可作为从事数学建模、数学实验、科学工程计算等方面工作的理工类专业人员的参考书.

图书在版编目（CIP）数据

常微分方程：解析方法与数值方法/许秋燕，刘智永编著. —北京：电子工业出版社，2022.6
ISBN 978-7-121-43543-0

I. ①常… II. ①许… ②刘… III. ①常微分方程-教材 IV. ①O175.1

中国版本图书馆 CIP 数据核字(2022)第 089539 号

责任编辑：牛晓丽
印　　刷：北京虎彩文化传播有限公司
装　　订：北京虎彩文化传播有限公司
出版发行：电子工业出版社
　　　　　北京市海淀区万寿路 173 信箱　　邮编：100036
开　　本：787×1092　1/16　　印张：14.5　字数：348 千字
版　　次：2022 年 6 月第 1 版
印　　次：2023 年 8 月第 3 次印刷
定　　价：69.00 元

凡所购买电子工业出版社图书有缺损问题，请向购买书店调换。若书店售缺，请与本社发行部联系，联系及邮购电话：（010）88254888，88258888。

质量投诉请发邮件至 zlts@phei.com.cn，盗版侵权举报请发邮件至 dbqq@phei.com.cn。

本书咨询联系方式： QQ 9616328。

前言

早在 17 世纪，常微分方程作为一种技术手段，在天体力学、化学工程、生物医学等领域被广泛使用. 欧拉最早对常微分方程的初等解析方法展开了研究，柯西建立了常微分方程解的存在性理论, 庞加莱开辟了微分方程研究的新纪元 …… 早期, 数学家注重研究常微分方程的解析方法, 后来逐渐走向对解析方法与数值方法进行并驾齐驱的研究. 这个漫长的历史变迁过程中凝聚了几代数学家的辛勤劳动与智慧. 一个又一个伟大数学家的名字和数学名词, 深深烙印在常微分方程这一经久不衰的领域.

本书重点介绍常微分方程的模型、解析方法以及数值方法. 以各类方法为切入点, 贯通于求解一阶常微分方程、高阶常微分方程以及常微分方程组. 同时, 本书引入了大量的应用实例 (包括经典的人口模型、传染病模型、谐振子、数学摆、伯努利方程、刘维尔公式、布拉方程、里卡蒂方程等), 体现了常微分方程模型的重要科学价值以及解决实际问题的意义. 全书分为三部分.

第一部分介绍常微分方程的模型、基本概念和简要历史, 包含第 1 章.

第二部分介绍常微分方程 (组) 的解析方法, 包含第 2 章至第 5 章. 第 2 章介绍一阶常微分方程的 4 种解析方法：变量分离法、常数变易法、积分因子法、参数表示法. 第 3 章以一阶常微分方程为模型, 重点讨论方程解的存在性理论. 第 4 章讨论高阶常微分方程的解析方法：特征根法、比较系数法、拉普拉斯变换法、降阶法、幂级数法. 第 5 章介绍常微分方程组的相关理论和解析方法.

第三部分介绍常微分方程的数值方法, 详细讲解每一种数值方法的算法原理、推导过程以及程序实现, 包含第 6 章与第 7 章. 第 6 章介绍求解常微分方程初值问题的欧拉方法、Runge-Kutta 方法以及线性多步方法. 第 7 章介绍常微分方程边值问题的 4 种数值求解方法：有限差分方法、有限元方法、配点方法、打靶法.

“常微分方程” 作为高等院校数学专业的一门主干课程, 对先修课程及后修课程起着承前启后的作用, 是数学科学理论中必不可少的一个重要环节, 对于训练学生分析问题和解决问题的能力具有不可替代的作用. 常微分方程是理论联系实际的重要数学分支之一, 它综合运用先修课程 (如 “数学分析” “高等代数” 等) 中的有关知识与方法, 培养学生理论联系实际的意识和创新能力，在数学类专业人才的培养中占有重要地位. 一般建议授课学时为48~64，可根据学时安排对本书中的内容进行删减.

本书第 1~4 章由许秋燕编写，第 5~7 章由刘智永编写. 在编写本书的过程中，我们参考了许多国内外相关专著和教材，所参考的书籍已全部列入本书最后的参考文献，本书部分内容也取材于这些文献，在此一并致谢. 感谢国家自然科学基金 No. 12061057、宁夏"青年科技人才托举工程"项目 No. TJGC2019012 和 No. TJGC2018037 的资助. 感谢宁夏大学数学统计学院、宁夏科学工程计算与数据分析重点实验室的支持.

限于编者的水平，书中难免有错漏和不足之处，欢迎广大读者批评指正.

编　者

2022 年 5 月

目　录

第1章 常微分方程模型

微分方程是包含自变量 (包括时间变量或空间变量) 和未知函数及其导数的方程. 经典物理、化学、经济学、工程技术等方面的很多实际应用可用微分方程模型进行描述. 包含多个自变量的微分方程称为偏微分方程 (PDE), 只包含一个自变量的微分方程称为常微分方程 (ODE).

1.1 经典常微分方程模型

这里介绍几种经典的常微分方程模型, 这些模型来源于对自然界中各种物理、生物、气象、化学等领域现实世界的刻画.

- 人口模型

统计学家马尔萨斯 (Malthus) 在《人口原理》一书中提出了著名的马尔萨斯人口模型. 他假设在人口自然增长的过程中净相对增长率 (即单位时间内人口的净增长数与人口总数之比) 是常数, 此常数称为生命系数, 记为 r. 于是, 当时间从 t 变化到 $t+\Delta t$ 时, 人口的增长量为

$$N(t+\Delta t)-N(t)=rN(t)\Delta t.$$

因此, 人口数量 $N(t)$ 满足方程

$$\frac{\mathrm{d}N}{\mathrm{d}t}=rN. \tag{1-1}$$

用第 2 章将要介绍的变量分离法, 易解得方程 (1-1) 有解析解

$$N(t)=N(t_0)\mathrm{e}^{r(t-t_0)}.$$

当 $r>0$ 时, 上式说明人口总数 $N(t)$ 将按指数规律无限增长. 由于受到环境等因素的限制, 马尔萨斯模型在大时间 t 下不尽合理. 一个改进的人口模型是由荷兰生物学家威尔霍斯特 (Verhulst) 引入的逻辑斯谛 (logistic) 模型

$$\frac{\mathrm{d}N}{\mathrm{d}t}=r(1-\frac{N}{N_m})N, \tag{1-2}$$

其中, N_m 表示自然资源和环境所能容纳的最大人口数量, $r(1-\frac{N}{N_m})$ 为改进后的净增长率. 当 N_m 很大时, 逻辑斯谛模型退化为马尔萨斯模型.

托马斯·罗伯特·马尔萨斯 (Thomas Robert Malthus, 1766—1834 年), 英国教士、人口学家、政治经济学家. 马尔萨斯年幼时在家接受教育, 直到 1784 年被剑桥大学耶稣学院录取. 他在那里学习了许多课程, 并且在辩论、拉丁文和希腊文课程中获奖. 他的主修科目是数学, 以人口理论闻名于世. 著作有《人口原理》《地租的性质和增长及其调节原则的研究》《政治经济学原理的实际应用》《价值尺度、说明和例证》《政治经济学定义》. 他在《人口原理》(1798 年出版) 中指出: 人口按几何级数增长而生活资源只能按算术级数增长, 所以不可避免地会导致饥饿、战争和疾病, 呼吁采取果断措施, 遏制人口出生率增长.

- 肌肉运动

下面的模型简单描述了控制心脏阀门的肌肉转变状态. 设 $x(t)$ 表示肌肉在 t 时刻的位置, $\alpha(t)$ 表示化学刺激物在 t 时刻的浓度. 假设 x 和 α 的动态由下面的微分方程组控制:

$$\frac{\mathrm{d}x}{\mathrm{d}t}=-\frac{x^3}{3}+x+\alpha,$$

$$\frac{\mathrm{d}\alpha}{\mathrm{d}t}=-\varepsilon x,$$

这里 ε 是参数, 它的倒数可以用来粗略地估计 x 接近它的一个平衡位置所花的时间.

- 谐振子

假设一个质量为 m 的球被弹性系数为 k 的弹簧连接在墙上, 如图 1-1 所示. 从平衡位置拉着小球向右移动, 记 t 时刻的位移为 $y(t)$, 则弹簧对小球施加的恢复力为 $ky(t)$. 小球的速度与加速度分别为 y' 和 y'', 如果我们忽略一些阻尼力, 则由牛顿运动定律可知

$$my''(t)=-ky(t),\quad t>0. \tag{1-3}$$

如果进一步考虑阻尼力的影响, 式 (1-3) 可以进一步精细化. 自然地, 我们认为任何时候的阻尼力都与球的速度成正比, 记为 $-cy'(c>0)$. 此时模型可写为

$$my''(t)=-cy'(t)-ky(t),\quad t>0. \tag{1-4}$$

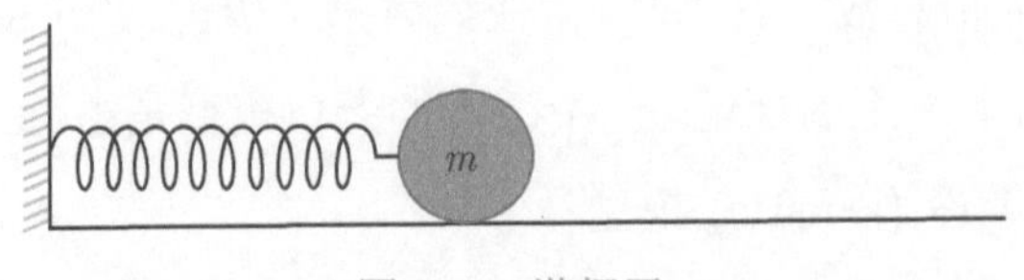

图 1-1　谐振子

● 耦合谐振子

现在考虑两个质量分别为 m_1 与 m_2 的小球被弹簧连接在墙上, 如图 1-2 所示. 弹簧 S_1 与 S_2 的弹性系数分别记为 k_1 与 k_2. 用 $y_1(t)$ 与 $y_2(t)$ 表示小球 m_1 与 m_2 在 t 时刻离开平衡位置的位移. 由于小球 m_1 被两个弹簧连接, 其所受到的弹簧恢复力为 k_1y_1 与 $k_2(y_2-y_1)$ 的组合, 而小球 m_2 只受到来自弹簧 S_2 的恢复力 $k_2(y_2-y_1)$. 忽略阻尼力的影响, 由牛顿运动定律给出该问题的方程模型:

$$\begin{cases} m_1y_1''(t)=-k_1y_1(t)+k_2(y_2(t)-y_1(t)), \\ m_2y_2''(t)=-k_2(y_2(t)-y_1(t)). \end{cases} \tag{1-5}$$

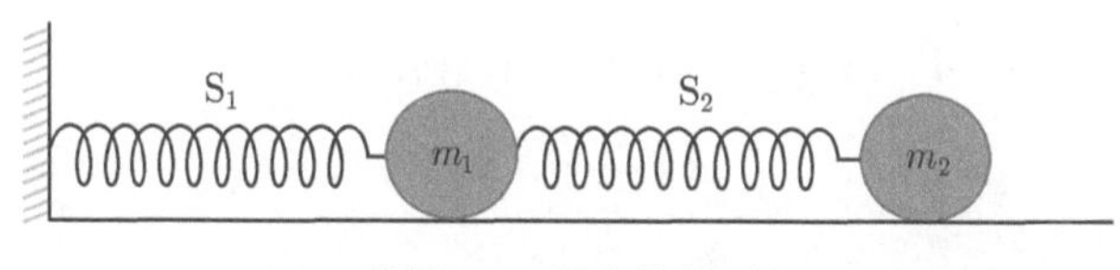

图 1-2　耦合谐振子

● 数学摆

设 $\theta(t)$ 表示一个长度为 l、质点质量为 m 的摆从平衡位置出发在 t 时刻的角位移, 则摆的运动方程为

$$\frac{\mathrm{d}^2}{\mathrm{d}t^2}\theta(t)+\frac{g}{l}\sin(\theta(t))=0, \quad t>0, \tag{1-6}$$

其中, g 是重力引起的加速度. 如果 θ 是一个比较微小的变化, 则 $\sin\theta\approx\theta$, 此时模型简化为

$$\theta''+\frac{g}{l}\theta=0, \quad t>0. \tag{1-7}$$

当考虑摆在一个有黏性的介质中摆动时, 沿着摆的运动方向会存在一个与摆的速度成比例的阻力. 记阻力系数为 k 时, 摆的运动方程变为

$$\theta''+\frac{k}{m}\theta'+\frac{g}{l}\theta=0, \quad t>0. \tag{1-8}$$

如果沿着摆的运动方向还有一个外力 $f(t)$ 作用于它, 则此时摆的运动称为强迫微小振动. 这个过程可描述为

$$\theta''+\frac{k}{m}\theta'+\frac{g}{l}\theta=\frac{1}{ml}f, \quad t>0. \tag{1-9}$$

- 达芬 (Duffing) 方程

弹簧摆动力学模型由下面的达芬方程给出:

$$my''(t) = -cy'(t) - ky(t) + \alpha y^3(t), \quad t > 0. \tag{1-10}$$

显然, 这是带阻尼谐振子方程 (1-4) 的非线性扰动情形.

- 洛伦兹 (Lorenz) 方程

洛伦兹在进行天气预报时通过各种假设和化简, 得到了含有三个未知函数的方程模型

$$\begin{cases} x'(t) = -ax(t) + ay(t), \\ y'(t) = bx(t) - y(t) - x(t)z(t), \\ z'(t) = -bz(t) + x(t)y(t). \end{cases} \tag{1-11}$$

这是显示混沌现象的早期模型之一.

卢兹维・瓦伦汀・洛伦兹 (Ludvig Valentin Lorenz, 1829—1891 年), 丹麦数学家和物理学家. 他出生于丹麦赫尔辛格, 在哥本哈根的丹麦技术大学学习. 1876 年, 他成为哥本哈根陆军军官学校的教授. 从 1887 年起, 他在嘉士伯基金会 (Carlsberg Foundation) 的支持下进行研究. 洛伦兹在科学界最为人所知的主要有两个成就: 第一个是他研究光在绝缘介质中的传播, 并提出了著名的洛伦兹模型, 以谐振子为主要模型, 解释电子在光场下的反应, 成功解释了绝缘介质的光学特性. 第二个是他提出了著名的洛伦兹规范条件 $\nabla \cdot A + \frac{1}{c^2}\frac{\partial \varphi}{\partial t} = 0$, 这是电磁场理论中很重要的一个公式.

- 范德波尔 (van der Pol) 方程

范德波尔方程在 “二战” 期间被广泛用于无线电工程 (雷达), 形式如下:

$$y''(t) = -y'(t) - y(t) + \alpha y^2(t)y'(t), \quad t > 0. \tag{1-12}$$

对这个方程非齐次版本的研究的主要贡献者是卡特莱特 (Cartwright) 等人.

- 洛特卡-沃尔泰拉 (Lotka-Volterra) 方程

假设 $x(t)$ 和 $y(t)$ 表示一个区域内的猎物 (比如老鼠) 及其捕食者 (比如猫) 在某个时刻 t 的数量. 一方面, 假设猎物的生育率为 b, 其死亡率与捕食者的可获取性成反比. 另一方面, 设 μ 为捕食者的死亡率, 而捕食者的生育率与食物来源 (猎物) 的可用性成正比. 在忽略内部各种竞争的情况下, 该模型可表示为

$$\begin{cases} x'(t) = bx(t) - c_1 x(t)y(t), \\ y'(t) = -\mu y(t) + c_2 x(t)y(t), \end{cases} \tag{1-13}$$

其中 $c_1, c_2 > 0$.

洛特卡-沃尔泰拉方程以阿弗雷德·洛特卡 (Alfred Lotka) 和维多·沃尔泰拉 (Vito Volterra) 的名字命名, 他们分别在 1925 年和 1926 年独立推导出了这个方程. 洛特卡在 1924 年写了一本生物数学方向的重要著作——《生物数学基础》.

- 传染病模型

随着社会经济的不断发展, 人类始终无法摆脱各种传染病的流行, 从早期的霍乱、天花等到艾滋病、SARS 的传播, 再到 2020 年新型冠状病毒席卷整个世界. 建立传染病的数学模型以及分析病毒传播规律以防止其蔓延, 一直是一项艰巨的科学任务. 我们这里讨论最简单的一般传染病数学模型. 假设传染病传播期间某地区内总人数保持不变, 记为常数 N. 设 t 时刻的健康人数为 $y(t)$, 感染人数为 $x(t)$, 于是有

$$x(t) + y(t) = N.$$

假设单位时间内感染人数与当时的健康人数成正比, 比例常数为 k(称为传染系数), 于是有

$$\frac{\mathrm{d}x(t)}{\mathrm{d}t} = ky(t)x(t), \quad t > 0.$$

由于总人数 = 感染人数 + 健康人数, 因此有

$$\frac{\mathrm{d}x}{\mathrm{d}t} = kx(N - x), \quad t > 0. \tag{1-14}$$

式 (1-14) 被称为**SI 模型**.

考虑到有些病毒没有免疫性, 治愈后的病人可能被再次传染. 假设单位时间内治愈率为 μ, SI 模型可修正为

$$\frac{\mathrm{d}x(t)}{\mathrm{d}t} = ky(t)x(t) - \mu x(t), \quad t > 0.$$

该方程等价于

$$\frac{\mathrm{d}x}{\mathrm{d}t} = kx\left(N - \frac{\mu}{k} - x\right), \quad t > 0. \tag{1-15}$$

这个模型被称为**SIS 模型**.

对于一些有很强免疫性的传染病, 治愈后的病人不再被感染. 假设在 t 时刻治愈后有免疫力的人数为 $z(t)$, 治愈率为常数 α, 即

$$\frac{\mathrm{d}z(t)}{\mathrm{d}t} = \alpha x(t).$$

而此时的总人数为

$$x(t) + y(t) + z(t) = N,$$

于是, 传染病模型变为

$$\frac{\mathrm{d}x(t)}{\mathrm{d}t} = ky(t)x(t) - \mu x(t) - \frac{\mathrm{d}z(t)}{\mathrm{d}t}, \quad t > 0.$$

消去上式中的 $z(t)$ 可得

$$\begin{cases} \dfrac{\mathrm{d}x}{\mathrm{d}t} = kyx - \alpha x, \\ \dfrac{\mathrm{d}y}{\mathrm{d}t} = -kyx, \end{cases} \tag{1-16}$$

这个模型被称为SIR 模型.

- 布拉 (Bratu) 方程

在研究某些化学混合物的反应时会得到方程

$$\frac{\mathrm{d}^2 y}{\mathrm{d}x^2} = -\gamma \mathrm{e}^y, \quad 0 < x < l, \tag{1-17}$$

及其边界条件 $y(0) = y(l) = 0$. 这就是著名的布拉方程, 它是一个非线性两点边值问题. 令 $\gamma_c \approx 3.5$, 则当 $\gamma > \gamma_c$ 时, 该方程无解; 当 $\gamma = \gamma_c$ 时, 方程有唯一解; 当 $\gamma < \gamma_c$ 时, 方程有两个解. 因此, 当 γ 较小时, 发展有效的数值求解方法显得尤为重要.

- 多体引力问题

考虑在位置向量 $[y_1(x), y_2(x), \cdots, y_N(x)]^{\mathrm{T}}$ 处, 有 N 个相互吸引的质量分别为 m_1, $m_2, \cdots, m_N$ 的物体的引力问题, 其满足 $3N$ 维二阶常微分方程组

$$y_i''(x) = \sum_{j \neq i} \frac{\gamma m_j (y_i - y_j)}{\|y_i - y_j\|^3}, \quad i = 1, 2, \cdots, N. \tag{1-18}$$

由于每一个 y_i 及速度向量 y_i' 都有三个分量, 因此将上述模型重新表述为一阶系统时就变为一个 $6N$ 维问题. 在实际问题中, 式 (1-18) 可以进行简化. 比如, 当考虑太阳系模型时, 质量较大的行星 (木星、天王星、海王星和土星) 通常被视为能够影响太阳运动及其相互运动的天体. 而离太阳较近的四颗小行星 (水星、金星、地球和火星) 被认为是太阳的一部分, 由于它们增加了太阳的质量, 吸引了沉重的外行星朝向太阳系的中心. 为了研究小行星或小行星的运动, 它们可以被视为无质量的粒子在太阳和四颗大行星的引力场中运动, 但不会影响其他天体的运动.

- 卫星绕太阳运动

考虑卫星绕太阳运动, 这里的卫星可以是行星、彗星或者能量耗尽的宇宙飞船, 它们的质量和太阳相比可以忽略不计. 这种卫星的运动发生在一个平面上, 所以我们只需要用二维空间中的 x 和 y 来描述其坐标. 假设太阳在原点 $(0,0)$, 则描述卫星运动的微分方程组为

$$x'' = \frac{-x}{\left(\sqrt{x^2+y^2}\right)^3}, \quad y'' = \frac{-y}{\left(\sqrt{x^2+y^2}\right)^3}.$$

该方程组是牛顿在 17 世纪后期发现的牛顿重力定律.

有关常微分方程的更多模型及背景介绍, 可参考文献 [1–5].

1.2 常微分方程基本概念

1.2.1 基本概念

常微分方程的阶数是指方程中未知函数的最高阶导数的阶数. 记自变量为 x, 未知函数为 y, 一个 n 阶常微分方程可写为

$$F(x,y,y',y'',\cdots,y^{(n)}) = 0, \quad x \in [a,b], \tag{1-19}$$

其中, F 是关于 x, y 及其导数的运算. 在方程 (1-19) 中, 如果 $y,y',y'',\cdots,y^{(n)}$ 最多以一次幂的形式出现, 则这样的方程称为线性常微分方程, 否则称为非线性常微分方程. 当方程 (1-19) 是线性常微分方程时, 可等价写为

$$a_n(x)\frac{\mathrm{d}^n y}{\mathrm{d}x^n} + a_{n-1}(x)\frac{\mathrm{d}^{n-1} y}{\mathrm{d}x^{n-1}} + \cdots + a_1(x)\frac{\mathrm{d}y}{\mathrm{d}x} + a_0(x)y = f(x), \quad x \in [a,b], \tag{1-20}$$

其中, $a_n(x),a_{n-1}(x),\cdots,a_0(x)$ 为系数, $f(x)$ 是关于 x 的一元函数.

满足方程 (1-19) 的 n 次可微函数 $y=\varphi(x)$ 称为该方程的显式解. 如果解不能显式地表示出来, 而是以 $G(x,y)=0$ 的形式给出, 则由 G 确定的函数 y 称为方程的隐式解. 如果 $\varphi(x)$ 中包含 n 个独立的任意常数, 则被称为通解(或一般解). 而在实际应用中, 往往需要给方程 (1-19) 加以合适的初始条件或边界条件, 使得方程的解存在且唯一. 这些附加的条件称为定解条件, 而定解条件下所确定的解称为微分方程的特解(或定解).

我们通过以下两个简单的例子来说明初值问题和边值问题的不同.

- 常微分方程初值问题

$$\begin{cases} \dfrac{\mathrm{d}u}{\mathrm{d}t} = f(t,u), \\ u(t_0) = u_0, \end{cases} \tag{1-21}$$

其中, f 是关于 t 和 u 的已知函数, u_0 为初始时刻 t_0 的值. 如果假设函数 $f(t,u)$ 在 $t_0 \leqslant t \leqslant T$, $|u| < \infty$ 内是连续的, 且对 u 满足利普希茨 (Lipschitz) 条件

$$|f(t,u_1) - f(t,u_2)| \leqslant L|u_1 - u_2|, \quad \forall t \in [t_0, T],$$

则初值问题 (1-21) 有唯一解 $u(t)$, 且 $u(t)$ 连续地依赖于 u_0 和 f. 具体证明见第 3 章.

- 常微分方程边值问题

$$\begin{cases} \dfrac{\mathrm{d}^2 u}{\mathrm{d}x^2} + p(x)\dfrac{\mathrm{d}u}{\mathrm{d}x} + q(x)u = f(x), \quad 0 < x < l, \\ u(0) = \alpha,\ u(l) = \beta. \end{cases} \tag{1-22}$$

这是一个两点边值问题, $p(x), q(x), f(x)$ 是给定的一元函数, l, α, β 是常数. 假设 $p(x), q(x)$, $f(x)$ 都是连续函数, 且对 $x \in [0, l]$ 都有 $q(x) \leqslant 0$, 则式 (1-22) 有唯一解 (具体证明参见凯勒 (Keller) 的专著 [6]).

1.2.2 几何意义

事实上, 当把 x, y 看作平面上的直角坐标时, 一阶常微分方程

$$\frac{\mathrm{d}y}{\mathrm{d}x} = f(x,y) \tag{1-23}$$

的解 $y = \varphi(x)$ 是这个平面上的一条曲线, 称为方程 (1-23) 的积分曲线; 其通解 $y = \varphi(x,c)$ 则是这个平面上的一族曲线, 称为积分曲线族. 显然, 积分曲线的斜率是由 $f(x,y)$ 确定的. 假设 f 的定义域为 D, 且在 D 内的每一点 (x_i, y_j) 处都可算出斜率值 $k_{i,j} = f(x_i, y_j)$. 因而可以沿着 x 增加的方向过每一个点 (x_i, y_j) 做一个小线段. 由所有的小线段构成的图称为方程 (1-23) 所定义的向量场(或方向场), 用来反映积分曲线族如何被斜率约束.

例 1.1 绘制微分方程 $y' = (x-y)/2$ 在定义域 $D = \{(x,y) : 0 \leqslant x \leqslant 4, 0 \leqslant y \leqslant 4\}$ 上的向量场和两条积分曲线:

(1) 当 $y(0) = 1$ 时, 解为 $y = 3\mathrm{e}^{-x/2} - 2 + x$;

(2) 当 $y(0) = 4$ 时, 解为 $y = 6\mathrm{e}^{-x/2} - 2 + x$.

解: 使用 MATLAB 软件中的 quiver 函数可绘制向量场与积分曲线, 如图 1-3 所示.

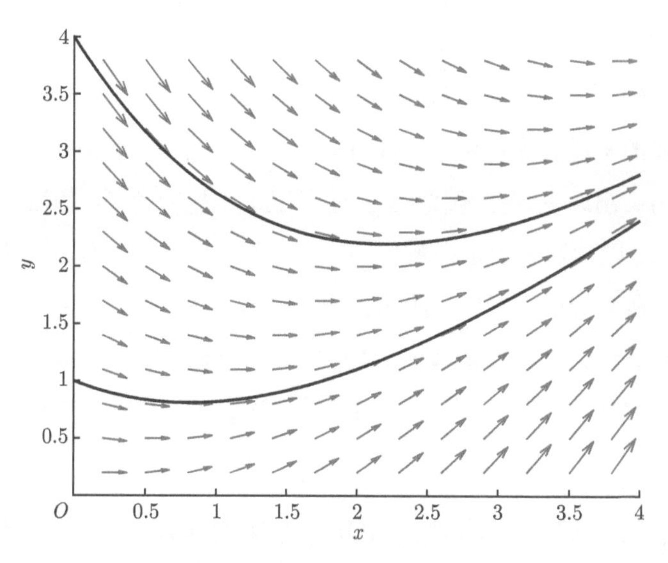

图 1-3　向量场与两条积分曲线

1.3　常微分方程发展历史

微积分的出现伴随着微分方程的问世. 微分方程是牛顿 (Newton) 发明的, 他认为微分方程非常重要——自然法则由微分方程表示. 牛顿的一项基本分析成果是所有函数在幂级数中展开. 他认为, 要解任何方程, 都应该将级数代入方程并将同次幂的系数取为相等. 牛顿最重要的成就之一是他在《自然哲学的数学原理》中阐述的太阳系理论. 通常认为, 牛顿通过他的分析发现了万有引力定律. 事实上, 牛顿值得称赞的是他证明了轨道是遵循平方反比定律的引力场中的椭圆, 而胡克向牛顿展示了实际的万有引力定律.

艾萨克・牛顿 (Isaac Newton, 1643—1727 年), 英国皇家学会会长, 著名的物理学家, 百科全书式的"全才". 著有《自然哲学的数学原理》《光学》. 他在 1687 年发表的论文《自然定律》里, 对万有引力和三大运动定律进行了描述. 这些描述奠定了此后三个世纪里物理世界的科学观点, 并成为现代工程学的基础. 他通过论证开普勒行星运动定律与他的引力理论间的一致性, 展示了地面物体与天体的运动都遵循着相同的自然定律, 为太阳中心说提供了强有力的理论支持, 并推动了科学革命. 在力学上, 牛顿阐明了动量和角动量守恒的原理, 提出了牛顿运动定律. 在光学上, 他发明了反射望远镜, 并基于对三棱镜将白光发散成可见光谱的观察, 发展出了颜色理论. 他还系统地表述了冷却定律, 并研究了音速. 在数学上, 牛顿与戈特弗里德・威廉・莱布尼茨分享了发展出微积分学的荣誉. 他也证明了广义二项式定理, 提出了"牛顿法"以趋近函数的零点, 并为幂级数的研究做出了贡献.

17 世纪末到 18 世纪是常微分方程研究非常辉煌的时期. 伯努利家族 (Bernoulli)、欧

拉 (Euler)、拉普拉斯 (Laplace)、拉格朗日 (Lagrange)、高斯 (Gauss) 等众多著名数学家将数学理论研究与很多实际重大问题相结合. 这些重大问题的解决离不开各种数学模型, 其中就有各种经典的常微分方程模型. 在 18 世纪关于微分方程的大量著作中, 欧拉和拉格朗日的著作尤为突出. 在这些著作中, 首先发展了小振动理论, 随后发展了线性微分方程组理论. 1728 年, 欧拉通过引进指数代换将二阶常微分方程降为一阶方程进行研究. 到 1740 年左右, 几乎所有的用于求解一阶常微分方程的初等方法都已经被发明. 拉格朗日使用参数变易法求解了一般的二阶变系数非齐次常微分方程. 到 18 世纪末, 常微分方程已经成为一个重要的数学分支, 是当时解决工程技术、物理、力学等重大科学问题的重要工具之一.

事实上, 绝大多数常微分方程很难求出其显式解, 即使添加定解条件以后, 特解的求解依然十分困难. 18 世纪到 19 世纪, 数学家们主要转向对微分方程解的存在唯一性理论以及解的性质进行研究. 柯西 (Cauchy) 最先考虑常微分方程解的存在性问题. 18 世纪 20 年代, 柯西给出了常微分方程第一个解的存在性定理. 18 世纪 40 年代, 刘维尔 (Liouville) 建立了用初等积分法求解各种方程 (包括经典的二阶线性方程) 的不可能性, 证明了大多数常微分方程不能用初等积分的方法求解. 后来李 (Lie) 分析了求积中的积分方程问题, 发现需要对微分同胚群 (后来称为李群) 进行详细研究. 常微分方程理论是现代数学中最富有成果的领域之一, 其随后的发展与不同领域的问题密切相关 (特别是雅可比 (Jacobi), 更早地研究了李代数).

柯西 (Augustin Louis Cauchy, 1789—1857 年), 法国数学家, 法国科学院院士, 巴黎大学教授. 他在数学领域有很高的建树和造诣. 率先定义了级数收敛、绝对收敛、序列函数极限、连续函数等概念及判别准则, 研究了奇异积分. 他是经典分析的奠基人之一, 还是现代复变函数理论的创始者. 他对微分方程提出解的存在性和唯一性基本问题 (柯西问题), 开创了微分方程研究的新局面, 还创造了线性偏微分方程的特征值方法. 很多数学定理和公式也都以他的名字来命名, 如柯西不等式、柯西积分公式.

微分方程理论发展的一个新纪元从庞加莱 (Poincaré) 开始. 庞加莱的著作《微分方程定性理论》结合复变函数的理论, 奠定了现代拓扑学的基础. 微分方程的定性理论以及更为常见的动力系统理论, 成了现在常微分方程理论中最活跃的发展领域, 在物理科学中有着极其重要的应用. 庞加莱关于在奇点附近积分曲线随时间变化的定性研究, 被李雅普诺夫 (Lyapunov) 发展到高维情形的“运动稳定性”. 从李雅普诺夫关于运动稳定性理论的经典著作开始, 俄罗斯数学家在这一领域的发展中发挥了很大的作用, 比如安德罗诺夫

(Andronov) 关于分岔理论的著作、安德罗诺夫和庞特里亚金 (Pontryagin) 讨论的结构稳定性、克里诺夫 (Krylov) 和博戈柳博夫 (Bogolyubov) 关于平均理论的研究、柯尔莫戈诺夫 (Kolmogonov) 关于条件周期运动的扰动理论以及阿诺德 (Arnold) 的著作《常微分方程理论中的几何方法》.

昂利・庞加莱 (Jules Henri Poincaré, 1854—1912 年), 法国数学家, “批判学派”代表人物之一. 庞加莱的研究涉及数论、代数学、几何学、拓扑学等许多领域, 最重要的工作在分析学方面. 他早期的主要工作是创立了自守函数理论 (1878 年). 他引进了富克斯群和克莱因群, 构造了更一般的基本域. 庞加莱为了研究行星轨道和卫星轨道的稳定性问题, 在 1881—1886 年发表的 4 篇关于微分方程所确定的积分曲线的论文中创立了微分方程的定性理论. 他研究了微分方程的解在 4 种类型的奇点 (焦点、鞍点、结点、中心) 附近的性态. 他提出, 根据解与极限环 (他求出的一种特殊的封闭曲线) 的关系, 可以判定解的稳定性.

弗拉基米尔・阿诺德 (Vladimir Igorevich Arnold, 1937—2010 年), 20 世纪最伟大的数学家之一, 动力系统和古典力学等方面的大师. 曾任俄罗斯莫斯科 Steklov 数学研究院首席科学家及法国巴黎大学 Dauphine 教授. 1959 年毕业于莫斯科大学并于 1961 年获颁等同博士的学位 (Candidate's Degree). 1965 年成为莫斯科大学教授, 是俄罗斯科学院院士及莫斯科数学学会主席. 阿诺德主要研究常微分方程与动力系统, 1982 年获首届 Crafoord 奖, 2001 年获 Wolf 奖, 2008 年获邵逸夫奖数学科学奖. 他认为, 数学是物理学的一部分, 而物理学的本质是几何. 其名著《经典力学的数学方法》就用辛几何的框架给经典力学来了一次脱胎换骨的转变. 这本书被称为“几何力学的圣经”.

从各种常微分方程模型的建立过程中我们发现: 常微分方程在反映实际问题的时候存在着一定的模型误差. 各种模型往往是通过抓住真实问题的主要矛盾、忽略一些次要矛盾而建立的. 尽管已经有很多初等方法能够求得一些常微分方程的解, 然而绝大多数问题由于模型复杂, 其通解或特解不容易获得甚至不可能获得. 数学家们很早就开始探索近似求解常微分方程的方法 (称作数值方法). 在定解条件下, 数值方法一定程度上是对特解的高度近似.

常微分方程数值解研究的早期动力主要来自天体力学. 1768 年, 欧拉提出了求解常微分方程初值问题的数值方法. 1840 年, 柯西对欧拉方法做了理论分析. 1846 年, 亚当姆斯 (Adams) 计算出了海王星的轨道, 并预测了它下一次出现的位置. 他于 1883 年提出了 Adams-Bashforth 方法与 Adams-Moulton 方法 (统称为线性多步方法). Runge-Kutta 方法是由龙格 (Runge, 1895)、霍伊恩 (Heun, 1900) 和库塔 (Kutta, 1901) 提出的. 20 世纪

60 年代, 法尔贝里 (Fehlberg) 提出了嵌入式 Runge-Kutta 方法. 布利尔施 (Bulirsch) 和斯托儿 (Stoer) 在 1966 年提出了一种基于外推的数值方法. 1971 年, 吉尔 (Gear) 提出了求解刚性常微分方程的方法, 完成了计算机程序 difsub (TOMS #407). 大约在同一时间, 克罗 (Krogh) 开发了另一个求解常微分方程的有影响力的程序.

习 题 1

1. 给定一阶常微分方程 $\dfrac{\mathrm{d}y}{\mathrm{d}x}=\mathrm{e}^x$,

(1) 求出它的通解;

(2) 求 $y(0)=0$ 时的特解;

(3) 求满足条件 $\int_0^1 y\mathrm{d}x=1$ 的解.

2. 给定常微分方程 $\dfrac{\mathrm{d}y}{\mathrm{d}x}=x^2+y^2$, 试绘制其经过 $(0,0)$, $\left(0,-\dfrac{1}{2}\right)$, $\left(\dfrac{1}{2},\dfrac{1}{2}\right)$ 的积分曲线.

3. 指出下列微分方程的阶数, 并回答其是否是线性的.

(1) $\left(\dfrac{\mathrm{d}y}{\mathrm{d}x}\right)^2+2x\dfrac{\mathrm{d}y}{\mathrm{d}x}-3y^2=0$;

(2) $\cos\left(\dfrac{\mathrm{d}^2y}{\mathrm{d}x^2}\right)+\mathrm{e}^{-y}=1$;

(3) $y'=\sin\dfrac{1}{y}$;

(4) $x\dfrac{\mathrm{d}^2y}{\mathrm{d}x^2}+3xy=\cos y$;

(5) $\mathrm{e}^y+xy'=1$;

(6) $yy'+xy=\mathrm{e}^x+x$.

4. 验证函数 $y=\dfrac{1}{1+x^2}$ 是 $(1+x^2)y''+4xy'+2y=0$ 的解.

5. 在区域 $\Omega=\{(x,y):0<x\leqslant 2,0<y\leqslant 2\}$ 上绘制下列微分方程的向量场及所指定的积分曲线.

(1) $\dfrac{\mathrm{d}y}{\mathrm{d}x}=-\dfrac{x}{y}$, $\quad y_1=(1-x^2)^{\frac{1}{2}}$, $\quad y_2=(9-x^2)^{\frac{1}{2}}$;

(2) $\dfrac{\mathrm{d}y}{\mathrm{d}x}=y^2$, $\quad y_1=\dfrac{1}{1-x}$, $\quad y_2=\dfrac{1}{4-x}$;

(3) $\dfrac{\mathrm{d}y}{\mathrm{d}x}=\dfrac{1}{y}$, $\quad y_1=(-4+2x)^{\frac{1}{2}}$, $\quad y_2=\sqrt{2}x^{\frac{1}{2}}$.

6. 证明 $y=\dfrac{1}{c-x^2}$(c 为任意常数) 是一阶微分方程 $y'=2xy^2$ 的通解; $y=0$ 也是该微分方程的解, 但它不在通解中.

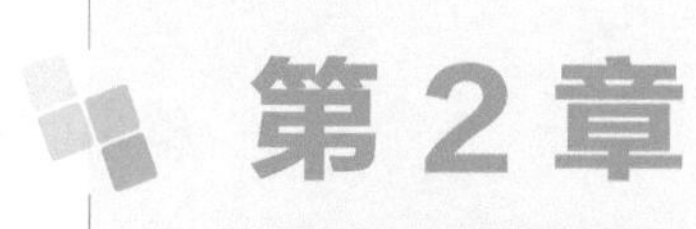

第 2 章 一阶常微分方程的解析方法

从 17 世纪末到 18 世纪, 许多重大的实际力学问题都被结合于数学研究中, 许多著名数学家 (例如伯努利家族、欧拉、高斯、拉格朗日和拉普拉斯等) 提出了一系列求解微分方程的方法. 其中, 将微分方程的求解问题化为积分求原函数的方法称为初等积分法. 这些方法和技巧是由牛顿、莱布尼茨 (Leibniz)、欧拉和伯努利兄弟 (雅各布 · 伯努利和约翰 · 伯努利) 等人发明的. 到 1740 年前后, 几乎所有求解一阶微分方程的初等积分方法都已经被提出. 本章主要介绍其中常用的变量分离法、常数变易法、积分因子法和参数表示法.

约瑟夫 · 拉格朗日 (Joseph Lagrange, 1736—1813 年), 法国籍意大利裔数学家和天文学家, 生于都灵, 为法意混血后代. 他曾为腓特烈大帝在柏林工作了 20 年, 被腓特烈大帝称作 "欧洲最伟大的数学家", 后受法国国王路易十六的邀请定居巴黎直至去世. 他一生才华横溢, 在数学、物理和天文等领域做出了很多重大的贡献, 其中数学方面的成就最为突出. 他的成就包括著名的拉格朗日中值定理、拉格朗日力学等. 其杰作《分析力学》(1788) 把普通力学统一起来. 1813 年 4 月 3 日, 拿破仑授予他帝国大十字勋章, 但此时的拉格朗日已卧床不起, 4 月 11 日早晨, 拉格朗日逝世.

2.1 变量分离法

一阶微分方程的一般形式为

$$M(x,y)\mathrm{d}x + N(x,y)\mathrm{d}y = 0, \tag{2-1}$$

其中, $M(x,y)$ 和 $N(x,y)$ 是关于 x,y 的连续函数.

2.1.1 变量分离方程

特别地, 当 M 和 N 是分别只关于 x 或 y 的连续函数时, 方程 (2-1) 可简写为

$$f(x)\mathrm{d}x + \varphi(y)\mathrm{d}y = 0 \tag{2-2}$$

或

$$g(y)\mathrm{d}x + \psi(x)\mathrm{d}y = 0. \tag{2-3}$$

此时, 方程 (2-2) 和方程 (2-3) 均称为变量分离方程. 方程 (2-2) 很容易求解, 只需对方程两端积分求出原函数即可, 即

$$\int f(x)\mathrm{d}x = -\int \varphi(y)\mathrm{d}y + c,$$

这里, c 为任意常数.

方程 (2-3) 在求解过程中需考虑 $g(y)=0$ 时的特殊情况. 若存在 y_0 使得

$$g(y_0) = 0,$$

将 y_0 代入方程 (2-3) 后, 方程仍然成立, 我们就说 y_0 是方程 (2-3) 的一个特解, 即 $y = y_0$.

当 $g(y) \neq 0$ 时, 对方程 (2-3) 分离变量可得

$$\frac{\mathrm{d}y}{g(y)} = -\frac{1}{\psi(x)}\mathrm{d}x. \tag{2-4}$$

于是, 两端积分得到方程 (2-3) 的通解

$$\int \frac{\mathrm{d}y}{g(y)} = \int -\frac{1}{\psi(x)}\mathrm{d}x + c,$$

其中, c 为任意常数.

如果上述求得的特解 $y = y_0$ 不包含在此通解中, 则需要补上特解, 这样方程 (2-3) 的解才完整.

例 2.1 求解方程 $2x^2\mathrm{d}x - \sin y\mathrm{d}y = 0$.

解: 将方程两端同时积分可得

$$\int 2x^2\mathrm{d}x = \int \sin y\mathrm{d}y + c,$$

求出原函数

$$\frac{2}{3}x^3 = -\cos y + c.$$

也可以写出显函数形式的解

$$y = \arccos\left(-\frac{2}{3}x^3 + c\right).$$

注: 在以后的方程求解中, 如果没有特别要求, 我们不再区别显式解与隐式解.

例 2.2　求解方程

$$\frac{\mathrm{d}y}{\mathrm{d}x}=\frac{y(1+x)}{x(2+y)}.$$

解: 首先, $y=0$ 是原方程的解.

当 $y\neq 0$ 时, 原方程可化简为

$$\frac{2+y}{y}\mathrm{d}y=\frac{1+x}{x}\mathrm{d}x,$$

两端积分可得

$$y+\ln y^2=x+\ln|x|+c,$$

其中, c 为任意常数.

例 2.3　求解初值问题

$$(2+\mathrm{e}^x)\frac{\mathrm{d}y}{\mathrm{d}x}=\mathrm{e}^x y,\quad y(0)=1.$$

解: 易知 $y=0$ 是初值问题的解.

当 $y\neq 0$ 时, 分离变量可得

$$\frac{\mathrm{d}y}{y}=\frac{\mathrm{e}^x}{2+\mathrm{e}^x}\mathrm{d}x,$$

两端积分得到

$$\ln|y|=\ln(2+\mathrm{e}^x)+c_1,$$

从而可得

$$y=c(2+\mathrm{e}^x),$$

其中, c_1,c 为任意常数. 特解 $y=0$ 也包含于此通解中.

代入初始条件 $y(0)=1$, 可得 $c=\dfrac{1}{3}$. 因此, 初值问题的解为

$$y=\frac{1}{3}(2+\mathrm{e}^x).$$

例 2.4　求解满足曲线上任一点的切线与该点的径向夹角为 α 的曲线方程.

解: 由题意可得, α 为任意一点 P 处切线与径向 PO 的夹角, β 为切线与过切点垂直于 x 轴的直线的夹角, 且有 $\tan\beta=\dfrac{1}{y'}$. 由图 2-1 可知

$$\tan(\alpha+\beta)=\frac{x}{y}=\frac{\tan\alpha+\dfrac{1}{y'}}{1-\dfrac{1}{y'}\tan\alpha},$$

化简后可得

$$y' = \frac{y + x\tan\alpha}{x - y\tan\alpha}$$

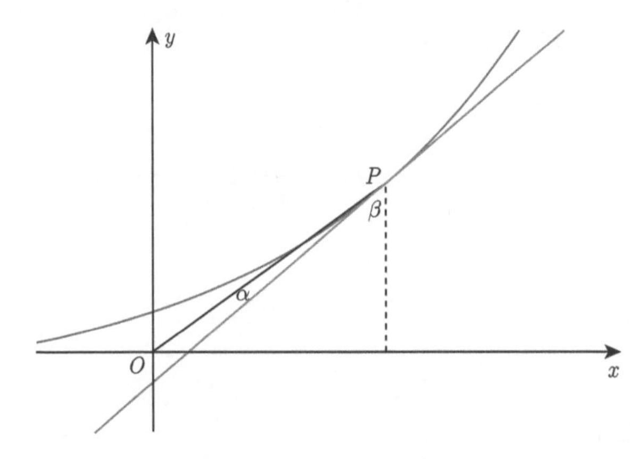

图 2-1　例 2.4 示意图

2.1.2　可化为变量分离方程的类型

(1) 形如

$$\frac{\mathrm{d}y}{\mathrm{d}x} = g\left(\frac{y}{x}\right) \tag{2-5}$$

的方程, 称为齐次微分方程. 这里, g 是关于 $\dfrac{y}{x}$ 的连续函数.

对方程 (2-5) 作变量变换, 令

$$u = \frac{y}{x}, \tag{2-6}$$

则

$$\frac{\mathrm{d}y}{\mathrm{d}x} = x\frac{\mathrm{d}u}{\mathrm{d}x} + u. \tag{2-7}$$

将方程 (2-6) 和方程 (2-7) 代入齐次微分方程 (2-5), 可得

$$\frac{\mathrm{d}u}{\mathrm{d}x} = \frac{g(u) - u}{x}. \tag{2-8}$$

我们可以看到, 方程 (2-5) 经过变量变换后可以化为变量分离方程 (2-8). 于是, 利用 2.1.1节的变量分离方法继续进行求解即可.

例 2.5　求解方程

$$\frac{\mathrm{d}y}{\mathrm{d}x} = \frac{y}{x} + \mathrm{e}^{\frac{y}{x}}.$$

解: 令 $u = \dfrac{y}{x}$, 结合方程 (2-7), 代入原方程可得

$$x\frac{\mathrm{d}u}{\mathrm{d}x} + u = u + \mathrm{e}^{u},$$

化简得到

$$x\frac{\mathrm{d}u}{\mathrm{d}x}=\mathrm{e}^{u}.$$

分离变量, 则有

$$\frac{\mathrm{d}u}{\mathrm{e}^{u}}=\frac{\mathrm{d}x}{x},$$

方程两端积分可得

$$-\mathrm{e}^{-u}=\ln|x|+c.$$

因此, 原方程的通解为

$$-\mathrm{e}^{-\frac{y}{x}}=\ln|x|+c.$$

这里 c 为任意常数.

例 2.6　求解方程

$$x\frac{\mathrm{d}y}{\mathrm{d}x}+3\sqrt{xy}=y,\quad (x>0).$$

解: 原方程两端同时除以 x, 可写为

$$\frac{\mathrm{d}y}{\mathrm{d}x}=-3\sqrt{\frac{y}{x}}+\frac{y}{x},$$

将方程 (2-6) 和方程 (2-7) 代入上述方程, 可得

$$x\frac{\mathrm{d}u}{\mathrm{d}x}=-3\sqrt{u}. \tag{2-9}$$

当 $u=0$ 时, 方程 (2-9) 仍然成立, 即 $y=0$ 是原方程的一个解.

当 $u\neq 0$ 时, 对方程 (2-9) 进行变量分离, 积分可得

$$2\sqrt{u}=-3\ln x+c_1.$$

这里 c_1 为任意常数.

当 $-3\ln x+c_1>0$ 时, 也可以写出显式解

$$y=x\left(-\frac{3}{2}\ln x+c\right)^2,\quad \left(c=\frac{c_1}{2}\right)$$

综上, 原方程的解为

$$y=x\left(-\frac{3}{2}\ln x+c\right)^2,\quad -\frac{3}{2}\ln x+c>0 \text{ 以及 } y=0.$$

也可以写成如下形式:

$$y=\begin{cases} x\left(-\dfrac{3}{2}\ln x+c\right)^2, & -\dfrac{3}{2}\ln x+c>0,\\ 0. \end{cases}$$

这里 c 为任意常数.

例 2.7 求解

$$\frac{\mathrm{d}y}{\mathrm{d}x}=\frac{y+\sqrt{x^2-y^2}}{x}(x>0).$$

解: 令 $u=\frac{y}{x}$, 则有

$$x\frac{\mathrm{d}u}{\mathrm{d}x}+u=u+\sqrt{1-u^2},$$

化简可得

$$x\frac{\mathrm{d}u}{\mathrm{d}x}=\sqrt{1-u^2}.$$

当 $u=1$ 时, 方程两端仍成立, 即 $y=x$ 是原方程的一个解.

当 $u\neq 1$ 时, 上式移项可得

$$\frac{\mathrm{d}u}{\sqrt{1-u^2}}=\frac{\mathrm{d}x}{x},$$

积分得到

$$\arcsin u=\ln x+c.$$

还原变量可得

$$y=\begin{cases}x\sin(\ln x+c), & c\text{为任意常数},\\ x.\end{cases}$$

(2) 方程

$$\frac{\mathrm{d}y}{\mathrm{d}x}=\frac{a_1x+b_1y+c_1}{a_2x+b_2y+c_2} \tag{2-10}$$

也可以经过变量分离方法进行求解. 这里, a_1,a_2,b_1,b_2,c_1,c_2 均为常数. 下面分别对常系数的不同情况进行讨论.

- $\frac{a_1}{a_2}=\frac{b_1}{b_2}=\frac{c_1}{c_2}=k$(常数) 时, 方程 (2-10) 可简化为

$$\frac{\mathrm{d}y}{\mathrm{d}x}=k,$$

很容易求出其通解

$$y=kx+c.$$

这里 c 为任意常数.

- $\frac{a_1}{a_2}=\frac{b_1}{b_2}=k\neq\frac{c_1}{c_2}$ 时, 令 $u=a_2x+b_2y$, 则有

$$\frac{\mathrm{d}u}{\mathrm{d}x}=a_2+b_2\frac{\mathrm{d}y}{\mathrm{d}x}=a_2+b_2\frac{ku+c_1}{u+c_2}.$$

该方程为变量分离方程, 结合上节所学方法即可求出其解.

- $\dfrac{a_1}{a_2} \neq \dfrac{b_1}{b_2}$ 时, 若方程 (2-10) 中的 $c_1 = c_2 = 0$, 则方程 (2-10) 为齐次微分方程. 若 c_1, c_2 不全为零, 方程 (2-10) 的分子、分母均为关于 x, y 的一次多项式. 从几何上我们知道

$$\begin{cases} a_1x + b_1y + c_1 = 0, \\ a_2x + b_2y + c_2 = 0, \end{cases}$$

表示 xOy 平面上两条直线的交点. 设交点为 (α, β), 令

$$\begin{cases} X = x - \alpha, \\ Y = y - \beta, \end{cases} \tag{2-11}$$

即

$$\begin{cases} x = X + \alpha, \\ y = Y + \beta, \end{cases}$$

将其代入原方程 (2-10), 作变量变换可得

$$\frac{\mathrm{d}Y}{\mathrm{d}X} = \frac{a_1X + b_1Y + a_1\alpha + b_1\beta + c_1}{a_2X + b_2Y + a_2\alpha + b_2\beta + c_2} = \frac{a_1X + b_1Y}{a_2X + b_2Y}.$$

上述方程是齐次微分方程, 可按照变量分离的方法进行求解, 最后代回原变量就得到原方程的解.

例 2.8　求解方程

$$\frac{\mathrm{d}y}{\mathrm{d}x} = \frac{x + y - 1}{x - y + 2}.$$

解: 首先, 求解方程组

$$\begin{cases} x + y - 1 = 0, \\ x - y + 2 = 0, \end{cases}$$

得到交点 $x = -\dfrac{1}{2}, y = \dfrac{3}{2}$.

其次, 令

$$x = X - \frac{1}{2},$$

$$y = Y + \frac{3}{2},$$

代入原方程可得

$$\frac{\mathrm{d}Y}{\mathrm{d}X} = \frac{X + Y}{X - Y} = \frac{1 + \frac{Y}{X}}{1 - \frac{Y}{X}}.$$

再次, 令 $u = \dfrac{Y}{X}$, 即 $Y = uX$, 代入上式可得

$$\frac{1 - u}{1 + u^2}\mathrm{d}u = \frac{\mathrm{d}X}{X}.$$

方程两端同时积分得到

$$\arctan u - \frac{1}{2}\ln(1+u^2) = \ln|X| + c.$$

代回原变量, 进一步化简可得

$$\arctan\frac{y-\frac{3}{2}}{x+\frac{1}{2}} = \frac{1}{2}\ln\left[(x+\frac{1}{2})^2+(y-\frac{3}{2})^2\right]+c$$

为原方程的解, 这里 c 为任意常数.

利用变量变换方法还可以求解其他一些方程, 例如:

① $\dfrac{\mathrm{d}y}{\mathrm{d}x} = f\left(\dfrac{a_1x+b_1y+c_1}{a_2x+b_2y+c_2}\right)$;

② $\dfrac{\mathrm{d}y}{\mathrm{d}x} = f(ax+by+c)$;

③ $yf(xy)\mathrm{d}x + xg(xy)\mathrm{d}y = 0$;

④ $x^2\dfrac{\mathrm{d}y}{\mathrm{d}x} = f(xy)$;

⑤ $\dfrac{\mathrm{d}y}{\mathrm{d}x} = xf\left(\dfrac{y}{x^2}\right)$;

⑥ $M(x,y)(x\mathrm{d}x+y\mathrm{d}y)+N(x,y)(x\mathrm{d}y-y\mathrm{d}x)=0$(其中 M,N 为 x,y 的齐次函数, 次数不必相同).

例 2.9 求解

$$\frac{\mathrm{d}y}{\mathrm{d}x} = \frac{1}{(x+y)^2}.$$

解: 令 $u=x+y$, 即有

$$\frac{\mathrm{d}u}{\mathrm{d}x} = 1+\frac{\mathrm{d}y}{\mathrm{d}x},$$

代入原方程可得

$$\frac{\mathrm{d}u}{\mathrm{d}x} = \frac{1+u^2}{u^2}.$$

分离变量得到

$$\frac{u^2}{1+u^2}\mathrm{d}u = \mathrm{d}x,$$

两端积分得到

$$u - \arctan u = x + c.$$

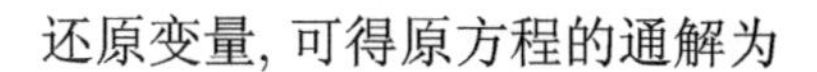

还原变量, 可得原方程的通解为

$$y - \arctan(x + y) = c,$$

其中, c 为任意常数.

2.2　常数变易法

考虑一阶线性微分方程

$$y' + P(x)y = Q(x), \tag{2-12}$$

这里 $P(x), Q(x)$ 是关于 x 的连续函数.

- 右端项 $Q(x) = 0$ 时, 即

$$y' + P(x)y = 0, \tag{2-13}$$

方程 (2-13) 称为一阶齐次线性微分方程.

- $Q(x) \neq 0$ 时, 方程 (2-12) 称为与方程 (2-13) 对应的一阶非齐次线性微分方程.

可以看出, 齐次线性微分方程 (2-13) 为一个变量分离方程, 其通解为

$$y = c\mathrm{e}^{\int -P(x)\mathrm{d}x}, \tag{2-14}$$

这里 c 为任意常数.

对于非齐次线性微分方程 (2-12), 我们介绍一种新方法——常数变易法. 常数变易法实际上是一种待定函数法, 由于齐次线性微分方程 (2-13) 是非齐次线性微分方程 (2-12) 的一种特殊形式, 故而我们从齐次线性微分方程通解的角度出发, 推导出非齐次线性微分方程的通解. 首先, 将对应齐次线性微分方程 (2-13) 通解中的任意常数 c 变为函数形式 $c(x)$. 再将

$$y = c(x)\mathrm{e}^{\int -P(x)\mathrm{d}x} \tag{2-15}$$

代入非齐次线性微分方程 (2-12) 中, 得到

$$c'(x)\mathrm{e}^{\int -P(x)\mathrm{d}x} + c(x)(-P(x))\mathrm{e}^{\int -P(x)\mathrm{d}x} + P(x)c(x)\mathrm{e}^{\int -P(x)\mathrm{d}x} = Q(x).$$

从而有

$$c'(x) = Q(x)\mathrm{e}^{\int P(x)\mathrm{d}x}, \tag{2-16}$$

两端积分得到

$$c(x) = \int Q(x)\mathrm{e}^{\int P(x)\mathrm{d}x}\mathrm{d}x + \tilde{c}.$$

这里 $\tilde{c}$ 为任意常数. 于是非齐次线性微分方程 (2-12) 的通解为

$$y=\left(\int Q(x)\mathrm{e}^{\int P(x)\mathrm{d}x}\mathrm{d}x+\tilde{c}\right)\mathrm{e}^{\int -P(x)\mathrm{d}x}.$$

从上式可以看到, 非齐次线性微分方程的通解由两部分组成. 记

$$\bar{y}=\int Q(x)\mathrm{e}^{\int P(x)\mathrm{d}x}\mathrm{d}x\mathrm{e}^{\int -P(x)\mathrm{d}x},\quad \hat{y}=\tilde{c}\mathrm{e}^{\int -P(x)\mathrm{d}x},$$

$\hat{y}$ 为对应齐次线性微分方程 (2-13) 的通解, 由下面的定理我们知道 $\bar{y}$ 为非齐次线性微分方程 (2-12) 的一个特解.

定理 2.1 一阶非齐次线性微分方程 (2-12) 的任意两解之差必为对应的齐次线性微分方程 (2-13) 之解.

定理 2.2 若 $y=\hat{y}(x)$ 是齐次线性微分方程 (2-13) 的解, $y=\bar{y}(x)$ 是非齐次线性微分方程 (2-12) 的非零解, 则非齐次线性微分方程 (2-12) 的通解可表示为 $y=c\hat{y}(x)+\bar{y}(x)$, 其中 c 为任意常数.

定理 2.3 齐次线性微分方程 (2-13) 任意一解的常数倍或任意两解之和 (或差) 仍是它的解.

常数变易法实际上也是一种变量变换方法, 通过变换方程 (2-15) 将非齐次线性微分方程 (2-12) 化为变量分离方程 (2-16), 从而求出通解.

有时, 我们也可以把非齐次线性微分方程 (2-12) 看成 x 关于 y 的方程

$$\frac{\mathrm{d}x}{\mathrm{d}y}+R(y)x=S(y).$$

按照上述求解过程进行求解.

例如,

$$\frac{\mathrm{d}y}{\mathrm{d}x}=\frac{y^2}{x+y\mathrm{e}^{-\frac{1}{y}}} \tag{2-17}$$

可转化为

$$\frac{\mathrm{d}x}{\mathrm{d}y}-\frac{1}{y^2}x=\frac{1}{y}\mathrm{e}^{-\frac{1}{y}}, \tag{2-18}$$

再继续进行求解.

例 2.10　求解方程 $y'+y\sin x+\mathrm{e}^{\cos x}=0$.

解: 首先, 原方程可写为

$$y'+y\sin x=-\mathrm{e}^{\cos x}.$$

令 $P(x)=\sin x, Q(x)=-\mathrm{e}^{\cos x}$, 则原方程对应的齐次方程

$$y'=-y\sin x$$

的通解为

$$y=c\mathrm{e}^{\int -P(x)\mathrm{d}x}=c\mathrm{e}^{\cos x}.$$

其次, 利用常数变易法将

$$y=c(x)\mathrm{e}^{\cos x}$$

代入原方程, 得到

$$c'(x)\mathrm{e}^{\cos x}=-\mathrm{e}^{\cos x},$$

则有

$$c(x)=-x+\tilde{c}.$$

因此, 原方程的解为

$$y=(-x+\tilde{c})\mathrm{e}^{\cos x},$$

其中, $\tilde{c}$ 为任意常数.

例 2.11　求解方程 (2-17).

解: 方程 (2-17) 可转化为关于 x 的一阶非齐次线性微分方程 (2-18).

首先, 求解对应的齐次方程

$$\frac{\mathrm{d}x}{\mathrm{d}y}=\frac{1}{y^2}x,$$

其通解为

$$x=c\mathrm{e}^{-\frac{1}{y}}.$$

然后, 利用常数变易法, 将

$$x=c(y)\mathrm{e}^{-\frac{1}{y}}$$

代入非齐次线性微分方程 (2-18), 得到

$$c'(y)=\frac{1}{y}.$$

上式仍然是一个变量分离方程, 积分可得

$$c(y) = \ln|y| + \tilde{c},$$

则原方程的通解为

$$x = (\ln|y| + \tilde{c})\mathrm{e}^{-\frac{1}{y}},$$

这里, $\tilde{c}$ 为任意常数.

● 伯努利方程

$$y' + P(x)y = Q(x)y^n, \tag{2-19}$$

其中, $P(x), Q(x)$ 是关于 x 的连续函数, n 为常数, 但 $n \neq 0, 1$. 因为当 $n = 0$ 时, 方程 (2-19) 为一阶非齐次线性方程; 当 $n = 1$ 时, 方程 (2-19) 为变量分离方程.

对于伯努利方程, 我们采用变量变换的方法, 先将方程转化为一阶线性微分方程, 然后利用本节的常数变易法继续进行求解.

方程 (2-19) 两端同时除以 $y^n (y \neq 0)$, 得到

$$y^{-n}y' + P(x)y^{1-n} = Q(x), \tag{2-20}$$

可以看到

$$y^{-n}y' = \frac{1}{1-n}(y^{1-n})'.$$

于是令

$$z = y^{1-n}, \tag{2-21}$$

则有

$$\frac{\mathrm{d}z}{\mathrm{d}x} = (1-n)y^{-n}\frac{\mathrm{d}y}{\mathrm{d}x}. \tag{2-22}$$

将方程 (2-21) 和方程 (2-22) 代入方程 (2-20) 后可得

$$\frac{\mathrm{d}z}{\mathrm{d}x} = (1-n)P(x)z + (1-n)Q(x), \tag{2-23}$$

方程 (2-23) 是一阶非齐次线性方程, 利用常数变易法求出通解后, 再代回原来的变量即可得到伯努利方程 (2-19) 的通解. 另外, 当 $n > 0$ 时, $y = 0$ 也是方程的解.

丹尼尔·伯努利 (Daniel Bernoulli, 1700—1782 年), 瑞士物理学家、数学家、医学家. 17 世纪、18 世纪, 瑞士的伯努利家族出了 8 位数学家, 其中 3 位是杰出数学家. 丹尼尔·伯努利是著名的伯努利家族中最杰出的一位. 他于 1738 年出版了《流体动力学》一书, 这是他最重要的著作. 书中用能量守恒定律解决流体的流动问题, 给出了流体动力学的基本方程, 后人称之为"伯努利方程", 提出了"流速增加、压强降低"的伯努利原理. 他还提出了把气压看成气体分子对容器壁表面撞击而生的效应, 建立了分子运动理论和热学的基本概念, 并指出了压强和分子运动随温度增高而加强的事实. 在数学方面, 有关微积分、微分方程和概率论等, 他也做了大量而重要的工作. 他曾获法兰西科学院的 10 项奖励, 被认为是第一位真正的数学物理学家.

例 2.12　求方程 $\dfrac{\mathrm{d}y}{\mathrm{d}x}-3xy=xy^2$ 的通解.

解: 对应于方程 (2-19), 此时 $n=2$, 故 $y=0$ 也是原方程的解.

当 $y\neq 0$ 时, 令

$$z=y^{-1},$$

则

$$\frac{\mathrm{d}y}{\mathrm{d}x}=-\frac{1}{z^2}\frac{\mathrm{d}z}{\mathrm{d}x},$$

代入原方程后可得

$$\frac{\mathrm{d}z}{\mathrm{d}x}=-3xz-x. \tag{2-24}$$

这是一个一阶非齐次线性微分方程, 易求得其对应的齐次线性方程

$$\frac{\mathrm{d}z}{\mathrm{d}x}=-3xz$$

的通解为

$$z=c\mathrm{e}^{-\frac{3}{2}x^2},$$

其中, c 为任意常数.

利用常数变易法, 将

$$z=c(x)\mathrm{e}^{-\frac{3}{2}x^2}$$

代入方程 (2-24), 得到

$$c'(x)=-x\mathrm{e}^{\frac{3}{2}x^2},$$

积分可得

$$c(x)=-\frac{1}{3}\mathrm{e}^{\frac{3}{2}x^2}+\tilde{c},$$

其中, $\tilde{c}$ 为任意常数. 于是 $z=-\dfrac{1}{3}+\tilde{c}\mathrm{e}^{-\frac{3}{2}x^2}$

因此, 原方程的解为

$$y=\begin{cases}\dfrac{1}{-\dfrac{1}{3}+\tilde{c}\mathrm{e}^{-\frac{3}{2}x^2}},\\ 0.\end{cases}$$

- **里卡蒂 (Riccati) 方程**

对于一阶微分方程

$$\frac{\mathrm{d}y}{\mathrm{d}x}=f(x,y), \tag{2-25}$$

若右端函数 $f(x,y)$ 是一个关于 y 的二次多项式, 则称方程 (2-25) 为二次方程, 可写作如下形式:

$$\frac{\mathrm{d}y}{\mathrm{d}x}=p(x)y^2+q(x)y+r(x), \tag{2-26}$$

其中, 函数 $p(x),q(x),r(x)$ 关于 x 连续, 且 $p(x)\neq 0$. 方程 (2-26) 通常称为里卡蒂方程. 但是, 1841 年, 刘维尔提出: 即使是形式上很简单的里卡蒂方程 (例如 $\frac{\mathrm{d}y}{\mathrm{d}x}=x^2+y^2$), 也不能用初等积分方法求解. 里卡蒂方程曾经被用来证明贝塞尔 (Bessel) 方程的解不是初等函数, 在非线性偏微分方程中也有重要应用.

雅各布·弗朗西斯科·里卡蒂 (Jacob Francisco Riccati, 1676—1754 年), 意大利学者, 生于威尼斯. 他写过数学、物理和哲学著作. 主要从事微分方程的研究, 曾提出了著名的里卡蒂方程, 还给出了用降阶的办法解二阶微分方程的方法, 同时得出了处理高阶微分方程的一种原则方法. 他曾被邀请去彼得堡任科学院院长, 但未赴任. 他仅讨论过里卡蒂方程的一些特例, 但未给出解法. 这些特例后来被伯努利家族的一些成员成功解决. 刘维尔证明了一般的里卡蒂方程不能用有限项的初等函数解出.

定理 2.4 设已知里卡蒂方程 (2-26) 的一个特解 $\varphi(x)$, 则可以用初等积分法求得它的通解.

证明: 对方程 (2-26) 作变换

$$y=u+\varphi(x),$$

则有

$$\frac{\mathrm{d}y}{\mathrm{d}x}=\frac{\mathrm{d}u}{\mathrm{d}x}+\frac{\mathrm{d}\varphi}{\mathrm{d}x}.$$

代入方程 (2-26) 后可得

$$\frac{\mathrm{d}u}{\mathrm{d}x}+\frac{\mathrm{d}\varphi}{\mathrm{d}x}=p(x)[u^2+2\varphi(x)u+\varphi^2(x)]+q(x)[u+\varphi(x)]+r(x). \tag{2-27}$$

由于 $y=\varphi(x)$ 是方程 (2-26) 的一个特解, 即满足

$$\frac{\mathrm{d}\varphi}{\mathrm{d}x}=p(x)\varphi^2(x)+q(x)\varphi(x)+r(x),$$

因此方程 (2-27) 消去相关项后得到

$$\frac{\mathrm{d}u}{\mathrm{d}x}=[2p(x)\varphi(x)+q(x)]u+p(x)u^2,$$

这是一个伯努利方程. 按照前面伯努利方程的初等积分求解方法继续求解即可. ■

定理 2.5　对于里卡蒂方程

$$\frac{\mathrm{d}y}{\mathrm{d}x}+ay^2=bx^m, \tag{2-28}$$

其中 a,b,m 均为常数, 且设 a,x,y 均不为 0, 则当

$$m=0,-2,\frac{-4k}{2k+1},\frac{-4k}{2k-1},\quad k=1,2,\cdots$$

时, 方程 (2-28) 可以通过适当的变量变换化成变量分离方程.

证明: 为了方便起见, 我们考虑 $a=1$ 时的情况. 若 $a\neq 1$, 可以作变量变换 $\bar{x}=ax$ 进行转换. 因此, 现在我们来讨论方程

$$\frac{\mathrm{d}y}{\mathrm{d}x}+y^2=bx^m. \tag{2-29}$$

(1) 当 $m=0$ 时, 方程 (2-29) 为较为简单的变量分离方程

$$\frac{\mathrm{d}y}{\mathrm{d}x}=b-y^2.$$

(2) 当 $m=-2$ 时, 作变换 $z=xy$, 代入方程 (2-29) 可得变量分离方程

$$\frac{\mathrm{d}z}{\mathrm{d}x}=\frac{1}{x}(b+z-z^2).$$

(3) 当 $m=\dfrac{-4k}{2k+1}$ 时, 作变换

$$x=\xi^{\frac{1}{m+1}},\quad y=\frac{b}{m+1}\eta^{-1},$$

代入原方程得到

$$\frac{\mathrm{d}\eta}{\mathrm{d}\xi}+\eta^2=\frac{b}{(m+1)^2}\xi^n, \tag{2-30}$$

其中, $n=\dfrac{-4k}{2k-1}$. 再作一次变量变换

$$\xi=\frac{1}{t},\quad \eta=t-zt^2,$$

方程 (2-30) 化为

$$\frac{\mathrm{d}z}{\mathrm{d}t}+z^2=\frac{b}{(m+1)^2}t^{\lambda}, \tag{2-31}$$

其中, $\lambda=\dfrac{-4(k-1)}{2(k-1)+1}$.

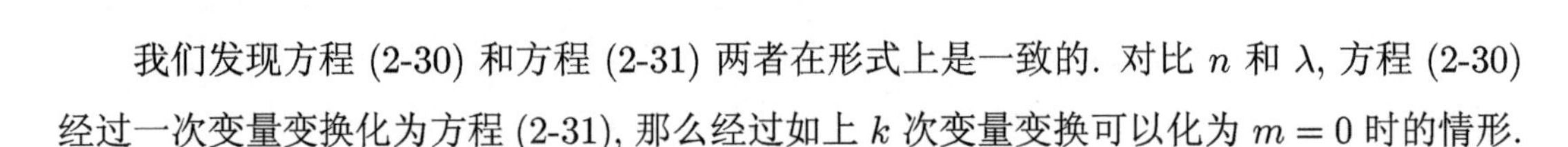

我们发现方程 (2-30) 和方程 (2-31) 两者在形式上是一致的. 对比 n 和 λ, 方程 (2-30) 经过一次变量变换化为方程 (2-31), 那么经过如上 k 次变量变换可以化为 $m=0$ 时的情形.

同样地, 当 $m=\dfrac{-4k}{2k-1}$ 时, 也可以经过如上变量变换化为 $m=0$ 时的情形.■

定理 2.5 的充分条件于 1725 年由丹尼尔 · 伯努利给出; 1841 年, 刘维尔进一步证明了定理 2.5 的必要条件, 这一工作在微分方程的发展史上有很重要的意义.

2.3 积分因子法

2.3.1 恰当微分方程

对于一阶微分方程 (2-1), 如果方程的左端恰好是某个二元函数的全微分, 即

$$M(x,y)\mathrm{d}x+N(x,y)\mathrm{d}y=\mathrm{d}u=\frac{\partial u}{\partial x}\mathrm{d}x+\frac{\partial u}{\partial y}\mathrm{d}y, \tag{2-32}$$

则我们称方程 (2-1) 为恰当微分方程. 那么

$$u(x,y)=c \quad (c\text{为任意常数})$$

即为方程 (2-1) 的通解.

于是我们需要解决两个问题: 一是如何判定方程 (2-1) 是恰当微分方程; 二是已知方程 (2-1) 是恰当微分方程, 如何求其通解. 下面的定理将给出判定条件.

定理 2.6 二元函数 $M(x,y), N(x,y)$ 在某个单连通区域内是 x,y 的连续函数, 且具有连续的一阶偏导数, 则方程 (2-1) 为恰当微分方程的充要条件是

$$\frac{\partial M}{\partial y}=\frac{\partial N}{\partial x}. \tag{2-33}$$

证明: 由方程 (2-32) 可以看到

$$\frac{\partial u}{\partial x}=M, \quad \frac{\partial u}{\partial y}=N. \tag{2-34}$$

进一步求导可得

$$\frac{\partial^2 u}{\partial x\partial y}=\frac{\partial M}{\partial y}, \quad \frac{\partial^2 u}{\partial y\partial x}=\frac{\partial N}{\partial x}.$$

当 $\dfrac{\partial M}{\partial y}, \dfrac{\partial N}{\partial x}$ 连续时,

$$\frac{\partial M}{\partial y}=\frac{\partial N}{\partial x} \tag{2-35}$$

成立. 也就是说, 式 (2-35) 是方程 (2-1) 为恰当微分方程的必要条件.

另一方面, 对式 (2-34) 中的第一个方程两端关于 x 积分, 把 y 看成参数, 可得

$$u=\int M(x,y)\mathrm{d}x+\varphi(y), \tag{2-36}$$

这里, $\varphi(y)$ 关于 y 任意可微. 这样需要选择合适的 $\varphi(y)$ 满足

$$\frac{\partial u}{\partial y}=\frac{\partial}{\partial y}\int M(x,y)\mathrm{d}x+\frac{\mathrm{d}\varphi(y)}{\mathrm{d}y}=N,$$

则

$$\frac{\mathrm{d}\varphi(y)}{\mathrm{d}y}=N-\frac{\partial}{\partial y}\int M(x,y)\mathrm{d}x. \tag{2-37}$$

上式若要成立, 右端需与 x 无关, 即有

$$\begin{aligned}\frac{\partial}{\partial x}\left[N-\frac{\partial}{\partial y}\int M(x,y)\mathrm{d}x\right]&=\frac{\partial N}{\partial x}-\frac{\partial}{\partial x}\left[\frac{\partial}{\partial y}\int M(x,y)\mathrm{d}x\right]\\&=\frac{\partial N}{\partial x}-\frac{\partial}{\partial y}\left[\frac{\partial}{\partial x}\int M(x,y)\mathrm{d}x\right]\\&=\frac{\partial N}{\partial x}-\frac{\partial M}{\partial y}\\&=0.\end{aligned}$$

由此可知,

$$\frac{\partial M}{\partial y}=\frac{\partial N}{\partial x}$$

也是方程 (2-1) 为恰当微分方程的充分条件.　■

若方程 (2-1) 为恰当微分方程, 则我们可采用以下两种方法进行求解.

- **方法一: 用判定条件 (2-33) 求解**

对方程 (2-37) 两端进行积分可得

$$\varphi(y)=\int\left[N-\frac{\partial}{\partial y}\int M(x,y)\mathrm{d}x\right]\mathrm{d}y,$$

将其代入方程 (2-36), 得到

$$u=\int M(x,y)\mathrm{d}x+\int\left[N-\frac{\partial}{\partial y}\int M(x,y)\mathrm{d}x\right]\mathrm{d}y,$$

于是, 恰当微分方程 (2-1) 的通解为

$$\int M(x,y)\mathrm{d}x+\int\left[N-\frac{\partial}{\partial y}\int M(x,y)\mathrm{d}x\right]\mathrm{d}y=c,$$

其中, c 为任意常数.

- **方法二: 采用曲线积分进行求解**

定理 2.7 设二元函数 $M(x,y), N(x,y)$ 在某单连通域 D 内关于 x,y 连续, 且具有连续的一阶偏导数, 则对 D 内任一分段光滑曲线 L, 曲线积分

$$\int_L M(x,y)\mathrm{d}x + N(x,y)\mathrm{d}y \tag{2-38}$$

与路径无关的充要条件是

$$\frac{\partial M}{\partial y} = \frac{\partial N}{\partial x}.$$

定理 2.7 实际上给出了求解恰当微分方程通解的另一种积分方法, 且相比方法一中的积分方法更为简单. 若由判定条件 (2-33) 判断出方程 (2-1) 为恰当微分方程, 则可知曲线积分 (2-38) 在区域 D 内与路径无关. 于是从定点 $A(x_0,y_0)$ 到动点 $B(x,y)$ 的曲线积分可写为

$$\begin{aligned} u(x,y) &= \int_A^B M(x,y)\mathrm{d}x + N(x,y)\mathrm{d}y \\ &= \int_{x_0}^x M(x,y_0)\mathrm{d}x + \int_{y_0}^y N(x,y)\mathrm{d}y \end{aligned} \tag{2-39}$$

或

$$u(x,y) = \int_{y_0}^y N(x_0,y)\mathrm{d}y + \int_{x_0}^x M(x,y)\mathrm{d}x. \tag{2-40}$$

式 (2-39) 与式 (2-40) 的积分路径如图 2-2 所示.

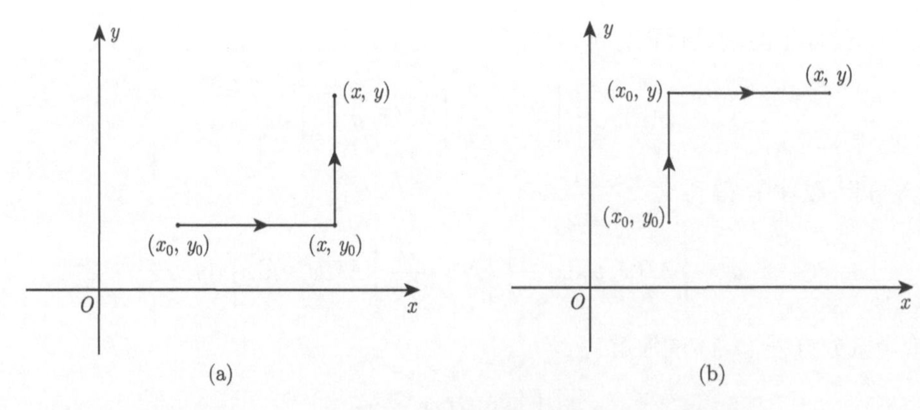

图 2-2 两种积分路径

例 2.13　求方程 $(2x^2+3xy^2)\mathrm{d}x+(3x^2y+3y^3)\mathrm{d}y=0$ 的通解.

解: 首先, 令

$$M=2x^2+3xy^2,\ N=3x^2y+3y^3,$$

因为

$$\frac{\partial M}{\partial y}=6xy=\frac{\partial N}{\partial x},$$

所以原方程为恰当微分方程.

方法一: 求函数 u, 使得

$$\frac{\partial u}{\partial x}=M=2x^2+3xy^2, \tag{2-41}$$

$$\frac{\partial u}{\partial y}=N=3x^2y+3y^3. \tag{2-42}$$

对方程 (2-41) 两端关于 x 进行积分可得

$$u=\frac{2}{3}x^3+\frac{3}{2}x^2y^2+\varphi(y), \tag{2-43}$$

再对方程 (2-43) 中的 u 关于 y 求导, 并结合方程 (2-42) 得到

$$\frac{\partial u}{\partial y}=3x^2y+\frac{\mathrm{d}\varphi}{\mathrm{d}y}=3x^2y+3y^3,$$

则

$$\frac{\mathrm{d}\varphi}{\mathrm{d}y}=3y^3,$$

从而可求得

$$\varphi(y)=\frac{3}{4}y^4.$$

这样, 我们便得到原方程的通解

$$u=\frac{2}{3}x^3+\frac{3}{2}x^2y^2+\frac{3}{4}y^4=c,$$

其中, c 为任意常数.

方法二: 因为 $M,N,\dfrac{\partial M}{\partial y},\dfrac{\partial N}{\partial x}$ 在整个二维实平面上连续, 所以我们可利用定点 $A(0,0)$ 到动点 $B(x,y)$ 的曲线积分进行求解.

$$\begin{aligned}u(x,y)&=\int_A^B M(x,y)\mathrm{d}x+N(x,y)\mathrm{d}y\\&=\int_0^x 2x^2\mathrm{d}x+\int_0^y(3x^2y+3y^3)\mathrm{d}y\\&=\frac{2}{3}x^3+\frac{3}{2}x^2y^2+\frac{3}{4}y^4=c,\end{aligned}$$

其中, c 为任意常数.

例 2.14　求解方程 $(2\sin x+\frac{1}{y})\mathrm{d}x+(\cos y-\frac{x}{y^2})\mathrm{d}y=0$.

解: 令

$$\frac{\partial u}{\partial x}=M=2\sin x+\frac{1}{y}, \tag{2-44}$$

$$\frac{\partial u}{\partial y}=N=\cos y-\frac{x}{y^2}, \tag{2-45}$$

由于

$$\frac{\partial M}{\partial y}=\frac{\partial N}{\partial x}=-\frac{1}{y^2},$$

因此原方程为恰当微分方程.

对方程 (2-44) 两端积分可得

$$u=-2\cos x+\frac{x}{y}+\varphi(y), \tag{2-46}$$

再对方程 (2-46) 求导, 并结合方程 (2-45) 可得

$$\frac{\mathrm{d}\varphi}{\mathrm{d}y}=\cos y,$$

从而得到

$$\varphi(y)=\sin y.$$

这样便求得原方程的通解为

$$u=-2\cos x+\frac{x}{y}+\sin y=c,$$

其中, c 为任意常数.

在求解恰当微分方程时, 还有一种常用的方法——分项组合, 也就是先把那些本身已构成全微分的项分出, 再把剩下的项凑成全微分. 可以熟记一些较为简单的二元函数的全微分, 例如:

$$\begin{aligned}
&y\mathrm{d}x+x\mathrm{d}y=\mathrm{d}(xy),\\
&\frac{y\mathrm{d}x-x\mathrm{d}y}{y^2}=\mathrm{d}\left(\frac{x}{y}\right),\\
&\frac{-y\mathrm{d}x+x\mathrm{d}y}{x^2}=\mathrm{d}\left(\frac{y}{x}\right),\\
&\frac{y\mathrm{d}x-x\mathrm{d}y}{xy}=\mathrm{d}\left(\ln\left|\frac{x}{y}\right|\right),
\end{aligned} \tag{2-47}$$

$$\frac{y\mathrm{d}x - x\mathrm{d}y}{x^2+y^2} = \mathrm{d}\left(\arctan\frac{x}{y}\right),$$

$$\frac{y\mathrm{d}x - x\mathrm{d}y}{x^2-y^2} = \frac{1}{2}\mathrm{d}\left(\ln\left|\frac{x-y}{x+y}\right|\right).$$

例 2.15　用分项组合的方法对例 2.13 进行求解.

解: 原方程可写为

$$\begin{aligned}
&2x^2\mathrm{d}x + (3xy^2\mathrm{d}x + 3x^2y\mathrm{d}y) + 3y^3\mathrm{d}y\\
&= \frac{2}{3}\mathrm{d}x^3 + \frac{3}{2}\mathrm{d}(x^2y^2) + \frac{3}{4}\mathrm{d}y^4\\
&= \mathrm{d}\left(\frac{2}{3}x^3 + \frac{3}{2}x^2y^2 + \frac{3}{4}y^4\right)\\
&= 0,
\end{aligned}$$

则原方程的通解为

$$\frac{2}{3}x^3 + \frac{3}{2}x^2y^2 + \frac{3}{4}y^4 = c,$$

其中, c 为任意常数.

例 2.16　用分项组合的方法求解例 2.14.

解: 原方程可写为

$$\begin{aligned}
&2\sin x\mathrm{d}x + \left(\frac{1}{y}\mathrm{d}x - \frac{x}{y^2}\mathrm{d}y\right) + \cos y\mathrm{d}y\\
&= 2\mathrm{d}(-\cos x) + \mathrm{d}\left(\frac{x}{y}\right) + \mathrm{d}(\sin y)\\
&= \mathrm{d}\left(-2\cos x + \frac{x}{y} + \sin y\right)\\
&= 0,
\end{aligned}$$

则原方程的通解为

$$-2\cos x + \frac{x}{y} + \sin y = c,$$

其中, c 为任意常数.

2.3.2　积分因子法

从上节我们知道, 通过充要条件 (2-33) 可验证微分方程 (2-1) 是不是恰当微分方程, 若是, 则采用上节中的积分方法求得通解; 若不是, 可以想办法看看能否凑成恰当微分方程再进行求解. 也就是说, 寻找一个函数 $\mu(x,y) \neq 0$, 使得

$$\mu(x,y)M(x,y)\mathrm{d}x + \mu(x,y)N(x,y)\mathrm{d}y = 0 \tag{2-48}$$

为恰当微分方程. 这样, 由充要条件 (2-33) 可得

$$\frac{\partial \mu(x,y)M}{\partial y}=\frac{\partial \mu(x,y)N}{\partial x}. \tag{2-49}$$

由此, 只要函数 $\mu(x,y)$ 满足条件 (2-49), 则方程 (2-48) 便可以利用上节中的方法进行求解. 这样的求解方法称为积分因子法, 函数 $\mu(x,y)$ 称为积分因子.

此时, 存在函数 $v(x,y)$, 使得

$$\mu(x,y)M(x,y)\mathrm{d}x+\mu(x,y)N(x,y)\mathrm{d}y=\mathrm{d}v(x,y),$$

则

$$v(x,y)=c$$

即是方程 (2-1) 的通解.

现在的问题是: 如何找到这样的函数 $\mu(x,y)$? 由式 (2-47) 可以看到, 对于方程 $y\mathrm{d}x-x\mathrm{d}y=0$ 有多个积分因子

$$\frac{1}{y^2},\ -\frac{1}{x^2},\ \frac{1}{xy},\ \frac{1}{x^2+y^2},\ \frac{1}{x^2-y^2},$$

所对应的通解也就不一样. 因此, 对于方程 (2-48), 只要其解存在, 积分因子一定存在, 并且解不唯一.

由条件 (2-49) 可得

$$N\frac{\partial \mu}{\partial x}-M\frac{\partial \mu}{\partial y}=\left(\frac{\partial M}{\partial y}-\frac{\partial N}{\partial x}\right)\mu, \tag{2-50}$$

这是一个以 $\mu(x,y)$ 为未知函数的一阶线性偏微分方程, 要求得它的解是非常困难的. 所以, 下面我们将考虑特殊形式的积分因子.

(1) 当 $\mu=\mu(x)$ 时, 即 μ 只与 x 有关, 则式 (2-50) 可化为

$$N\frac{\mathrm{d}\mu}{\mathrm{d}x}=\left(\frac{\partial M}{\partial y}-\frac{\partial N}{\partial x}\right)\mu,$$

即

$$\frac{\mathrm{d}\mu}{\mu}=\frac{\dfrac{\partial M}{\partial y}-\dfrac{\partial N}{\partial x}}{N}\mathrm{d}x.$$

因此, 方程 (2-1) 存在只与 x 有关的积分因子的充要条件是

$$\frac{\dfrac{\partial M}{\partial y}-\dfrac{\partial N}{\partial x}}{N}=\psi(x). \tag{2-51}$$

这里, $\psi(x)$ 仅为 x 的函数. 若条件 (2-51) 成立, 则我们可以求得方程 (2-1) 的一个仅关于 x 的积分因子

$$\mu(x)=\mathrm{e}^{\int\psi(x)\mathrm{d}x}. \tag{2-52}$$

(2) 当 $\mu=\mu(y)$ 时, 即 μ 只与 y 有关, 则式 (2-50) 可化为

$$\frac{\mathrm{d}\mu}{\mu}=\frac{\dfrac{\partial M}{\partial y}-\dfrac{\partial N}{\partial x}}{-M}\mathrm{d}y.$$

于是, 方程 (2-1) 存在只与 y 有关的积分因子的充要条件是

$$\frac{\dfrac{\partial M}{\partial y}-\dfrac{\partial N}{\partial x}}{-M}=\varphi(y). \tag{2-53}$$

这里, $\varphi(y)$ 仅为 y 的函数. 若条件 (2-53) 成立, 则我们可以求得方程 (2-1) 的一个仅关于 y 的积分因子

$$\mu(y)=\mathrm{e}^{\int\varphi(y)\mathrm{d}y}. \tag{2-54}$$

例 2.17　利用积分因子法求解 $\left(y+\mathrm{e}^{\frac{1}{x}}\right)\mathrm{d}x+x^2\mathrm{d}y=0$.

解: 令

$$M=y+\mathrm{e}^{\frac{1}{x}},\quad N=x^2,$$

由于

$$\psi(x)=\frac{\dfrac{\partial M}{\partial y}-\dfrac{\partial N}{\partial x}}{N}=\frac{1-2x}{x^2},$$

则积分因子为

$$\mu=\mathrm{e}^{\int\psi(x)\mathrm{d}x}=\mathrm{e}^{\int\frac{1-2x}{x^2}\mathrm{d}x}=\frac{1}{x^2}\mathrm{e}^{-\frac{1}{x}}.$$

将积分因子 μ 乘原方程两端可得

$$\frac{1}{x^2}\mathrm{e}^{-\frac{1}{x}}\left[\left(y+\mathrm{e}^{\frac{1}{x}}\right)\mathrm{d}x+x^2\mathrm{d}y\right]=0,$$

可化为

$$\frac{1}{x^2}\mathrm{e}^{-\frac{1}{x}}(y\mathrm{d}x+x^2\mathrm{d}y)+\frac{1}{x^2}\mathrm{d}x=0.$$

于是, 有

$$\mathrm{d}\left(\mathrm{e}^{-\frac{1}{x}}y-\frac{1}{x}\right)=0,$$

则原方程的解为

$$\mathrm{e}^{-\frac{1}{x}}y-\frac{1}{x}=c,$$

其中, c 为任意常数.

例 2.18 利用积分因子法求解 $y^2\mathrm{d}x+x\ln y\mathrm{d}y=0$.

解: 令

$$M=y^2,\quad N=x\ln y,$$

由于

$$\varphi(y)=\frac{\dfrac{\partial M}{\partial y}-\dfrac{\partial N}{\partial x}}{-M}=\frac{2y-\ln y}{-y^2},$$

因此积分因子为

$$\mu=\mathrm{e}^{\int\varphi(y)\mathrm{d}y}=\mathrm{e}^{\int\frac{2y-\ln y}{-y^2}\mathrm{d}y}=\frac{1}{y^2}\mathrm{e}^{-\frac{1}{y}(\ln y+1)}.$$

将积分因子 μ 乘原方程两端可得

$$\mathrm{e}^{-\frac{1}{y}(\ln y+1)}\mathrm{d}x+x\ln y\frac{1}{y^2}\mathrm{e}^{-\frac{1}{y}(\ln y+1)}\mathrm{d}y=0.$$

于是, 有

$$\mathrm{d}(x\mathrm{e}^{-\frac{1}{y}(\ln y+1)})=0,$$

则原方程的解为

$$x\mathrm{e}^{-\frac{1}{y}(\ln y+1)}=c,$$

其中, c 为任意常数.

以上我们介绍了只关于 x 或 y 的积分因子的求解方法. 一般情况下, 关于 x,y 的积分因子并不容易求得. 我们只能先求出特殊形状的积分因子, 或者利用分项组合的方法凑出积分因子, 再对新构造的恰当微分方程进一步求解.

2.4 参数表示法

对于一阶微分方程

$$F(x,y,y')=0,\tag{2-55}$$

如果能从中求出 $y' = f(x,y)$, 我们称其为一阶显式微分方程, 可以利用前面几节所讲的方法进行求解; 如果不能显式地表示出 y', 则称其为一阶隐式微分方程. 我们将提供一种新的求解一阶隐式微分方程的方法——参数表示法, 即引入参数, 将方程的解表示出来. 本节我们主要讨论以下 4 种类型:

$$(1) y = f(x,y');\quad (2) x = f(y,y');$$

$$(3) F(x,y') = 0;\quad (4) F(x,y') = 0.$$

2.4.1 可以解出 y(或 x) 的方程

(1) 对于方程

$$y = f(x,y'), \tag{2-56}$$

假设 $f(x,y')$ 存在连续的偏导数. 令

$$y' = p,$$

则方程 (2-56) 可写为

$$y = f(x,p). \tag{2-57}$$

对上述方程两端关于 x 求导可得

$$p = \frac{\partial f}{\partial x} + \frac{\partial f}{\partial p}\frac{\mathrm{d}p}{\mathrm{d}x}, \tag{2-58}$$

由于给定 f, 则 $\dfrac{\partial f}{\partial x}, \dfrac{\partial f}{\partial p}$ 均已知, 因此该方程是关于 x, p 的一阶显式微分方程, 可运用前几节的内容进行下一步求解.

- 若方程 (2-58) 的解的形式为

$$p = \varphi(x,c),$$

代入方程 (2-57), 便可以得到原方程 (2-56) 的通解为

$$y = f(x,\varphi(x,c)).$$

- 若方程 (2-58) 的解的形式为

$$x = \psi(p,c),$$

则原方程 (2-56) 的通解为参数形式的解

$$\begin{cases} x = \psi(p, c), \\ y = f(x, p), \end{cases}$$

其中, p 为参数, c 为任意常数.

- 若方程 (2-58) 的解的形式为

$$\Phi(x, p, c) = 0,$$

则原方程 (2-56) 的通解为参数形式的解

$$\begin{cases} \Phi(x, p, c) = 0, \\ y = f(x, p), \end{cases}$$

其中, p 为参数, c 为任意常数.

例 2.19 试求解微分方程 $2y(y'-1) - xy'^2 = 0$.

解: 该方程可解出 y, 令 $p = y'$, 方程可化为

$$y = \frac{xp^2}{2(p-1)},$$

两端同时对 x 求导可得

$$\begin{aligned} p &= \frac{p^2}{2(p-1)} + \left[\frac{xp}{p-1} - \frac{xp^2}{2(p-1)^2}\right]\frac{\mathrm{d}p}{\mathrm{d}x}, \\ &= \frac{p^2}{2(p-1)} + \frac{xp(p-2)}{2(p-1)^2}\frac{\mathrm{d}p}{\mathrm{d}x}, \end{aligned}$$

即

$$\frac{xp(p-2)}{2(p-1)^2}\frac{\mathrm{d}p}{\mathrm{d}x} = p - \frac{p^2}{2(p-1)} = \frac{p(p-2)}{2(p-1)}.$$

化简可得

$$\left[\frac{\mathrm{d}p}{\mathrm{d}x} - \frac{p-1}{x}\right]\frac{p(p-2)}{p-1} = 0,$$

其有解

$$p = 0,\ p = 2,\ \frac{\mathrm{d}p}{\mathrm{d}x} = \frac{p-1}{x}.$$

前两式代入原方程可得到解

$$y = 0 \quad 及 \quad y = 2x,$$

后一个微分方程有解 $p = 1 + cx$, 代入方程可得到通解为

$$2cy = (1 + cx)^2,$$

其中, c 为任意常数.

例 2.20　求方程 $\left(\frac{\mathrm{d}y}{\mathrm{d}x}\right)^2 - x\frac{\mathrm{d}y}{\mathrm{d}x} + y = 0$ 的解.

解: 令 $\frac{\mathrm{d}y}{\mathrm{d}x} = p$, 则原方程化为

$$p^2 - xp + y = 0, \tag{2-59}$$

对上式两端同时关于 x 求导可得

$$2p\frac{\mathrm{d}p}{\mathrm{d}x} - p - x\frac{\mathrm{d}p}{\mathrm{d}x} + p = 0,$$

化简为

$$(2p - x)\frac{\mathrm{d}p}{\mathrm{d}x} = 0.$$

当 $\frac{\mathrm{d}p}{\mathrm{d}x} = 0$ 时, p 为常数, 即 $p \equiv c$, 则由方程 (2-59) 可知, 原方程的通解为

$$y = cx - c^2. \tag{2-60}$$

当 $2p - x = 0$ 时, 可知

$$x = 2p,$$

代入方程 (2-59) 后可得原方程参数形式的解为

$$\begin{cases} x = 2p, \\ y = p^2, \end{cases}$$

此解为特解, 也可以写成

$$y = \frac{x^2}{4}. \tag{2-61}$$

综上, 原方程的解为

$$y = \begin{cases} cx - c^2, \ c\text{为任意常数} \\ \frac{x^2}{4}. \end{cases}$$

注: 由图 2-3 可知, 特解 (2-61) 与通解 (2-60) 中的每一条积分曲线均相切, 这样的解我们称之为**奇解**.

(2) 同样地, 对于可以解出 x 的方程

$$x = f\left(y, \frac{\mathrm{d}y}{\mathrm{d}x}\right), \tag{2-62}$$

我们仍然采用相同的参数引入, 即令

$$\frac{\mathrm{d}y}{\mathrm{d}x} = p,$$

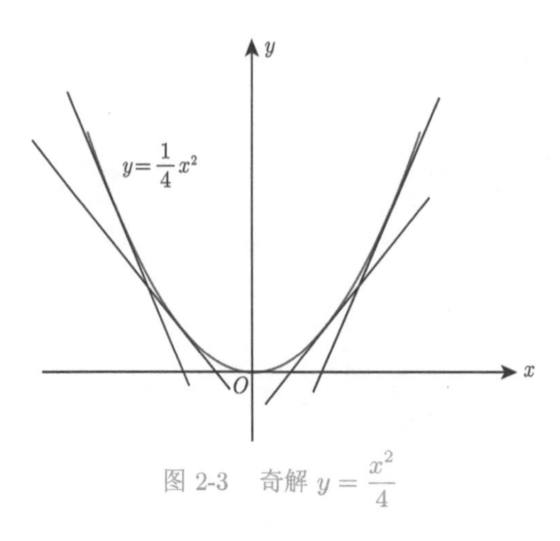

图 2-3　奇解 $y=\frac{x^2}{4}$

则有

$$x=f(y,p).$$

对上式两端同时关于 y 求导可得

$$\frac{1}{p}=\frac{\partial f}{\partial y}+\frac{\partial f}{\partial p}\frac{\mathrm{d}p}{\mathrm{d}y}, \tag{2-63}$$

由于给定 f, 则 $\frac{\partial f}{\partial y},\frac{\partial f}{\partial p}$ 均已知. 那么方程 (2-63) 即为关于 y,p 的一阶微分方程, 可利用前几节中所介绍的方法进一步求解. 设所求通解为

$$\Phi(y,p,c)=0,$$

则方程 (2-62) 的通解为

$$\begin{cases} x=f(y,p), \\ \Phi(y,p,c)=0. \end{cases}$$

例 2.21　求解例 2.20 中方程 $\left(\frac{\mathrm{d}y}{\mathrm{d}x}\right)^2-x\frac{\mathrm{d}y}{\mathrm{d}x}+y=0$ 的通解.

解: 当 $\frac{\mathrm{d}y}{\mathrm{d}x}=0$ 时，代入原方程可知, $y=0$ 为原方程的一个特解.

当 $\frac{\mathrm{d}y}{\mathrm{d}x}\neq 0$ 时, 原方程可另写为

$$x=y'+\frac{y}{y'},$$

令 $y'=p$, 则有

$$x=p+\frac{y}{p}, \tag{2-64}$$

两端同时对 y 求导可得

$$\frac{1}{p}=\frac{\mathrm{d}p}{\mathrm{d}y}+\frac{1}{p^2}\left(p-y\frac{\mathrm{d}p}{\mathrm{d}y}\right),$$

化简可得

$$(p^2-y)\frac{\mathrm{d}p}{\mathrm{d}y}=0.$$

当 $p^2-y=0$ 时, $y=p^2$, 代入方程 (2-64) 可得原方程的一个参数形式的特解

$$\begin{cases} x=2p, \\ y=p^2. \end{cases}$$

当 $\dfrac{\mathrm{d}p}{\mathrm{d}y}=0$ 时, $p\equiv c_1$, c_1 为不为零的任意常数. 代入方程 (2-64) 可得原方程的通解为

$$y=cx-c^2.$$

其中, c 为任意常数, 特解 $y=0$ 也含于其内. 对比例 2.20, 结果相同.

2.4.2 不显含 y 或 x 的方程

(1) 对于方程

$$F(x,y')=0, \tag{2-65}$$

我们仍然令 $y'=p$, 一般选择适当的参数形式

$$\begin{cases} x=\varphi(t), \\ p=\psi(t). \end{cases} \tag{2-66}$$

由于 $\mathrm{d}y=p\mathrm{d}x$, 则有

$$\mathrm{d}y=\psi(t)\varphi'(t)\mathrm{d}t.$$

于是可得

$$y=\int\psi(t)\varphi'(t)\mathrm{d}t+c,$$

结合方程 (2-66), 可知原方程 (2-65) 的参数形式的解为

$$\begin{cases} x=\varphi(t), \\ y=\displaystyle\int\psi(t)\varphi'(t)\mathrm{d}t+c, \end{cases}$$

其中, c 为任意常数.

例 2.22　求解方程 $y'^2+2xy'+x^2=0$. (这里 $y'=\dfrac{\mathrm{d}y}{\mathrm{d}x}$)

解: 令 $y'=p=tx$, 代入原方程可得

$$t^2x^2+2tx^2+x^2=0,$$

化简可得

$$(t+1)^2x^2=0,$$

于是有

$$t=-1.$$

因此,

$$y'=-x.$$

两端积分可得原方程的通解

$$y=-\frac{1}{2}x^2+c,$$

c 为任意常数.

此外, 也可以从本身结构出发求解该方程. 我们发现它可以写成

$$(y'+x)^2=0,$$

从而可得

$$y'=-x.$$

两端积分便可得出原方程的通解.

(2) 形如

$$F(y,y')=0$$

的方程, 其求解方法与方程 (2-65) 的求解方法类似.

仍然记 $y'=p$, 引入参数 t, 选择合适的参数表达形式

$$\begin{cases} y=\varphi(t), \\ p=\psi(t). \end{cases} \tag{2-67}$$

由 $\mathrm{d}y=p\mathrm{d}x$ 可知

$$\mathrm{d}\varphi(t)=\psi(t)\mathrm{d}x.$$

当 $\psi(t)=0$(即 $p=y'=0$) 时, $y=k$(k 为常数) 为方程 $F(y,0)=0$ 的解.

当 $\psi(t)\neq 0$ 时, 得到

$$\mathrm{d}x=\frac{\varphi'(t)}{\psi(t)}\mathrm{d}t,$$

两端积分得到

$$x=\int\frac{\varphi'(t)}{\psi(t)}\mathrm{d}t+c.$$

结合方程 (2-67) 可得原方程的通解

$$\begin{cases} x = \displaystyle\int \frac{\varphi'(t)}{\psi(t)}\mathrm{d}t + c, \quad \text{其中 } c \text{ 为任意常数}, \\ y = \varphi(t). \end{cases}$$

例 2.23 求解方程 $y^3y' = (3 - y')^3$.

解: 记 $p = y'$, 令

$$3 - y' = yt, \tag{2-68}$$

代入原方程可得

$$y^3(3 - yt) = y^3t^3,$$

于是有

$$y = \frac{3}{t} - t^2,$$

则由方程 (2-68) 可得

$$p = y' = t^3.$$

由 $\mathrm{d}x = \dfrac{1}{p}\mathrm{d}y$ 可知

$$\mathrm{d}x = \frac{1}{t^3}\left(-\frac{3}{t^2} - 2t\right)\mathrm{d}t,$$

两端积分可得

$$x = \frac{3}{4t^4} + \frac{2}{t} + c,$$

这里 c 为任意常数. 于是得到原方程参数形式的解为

$$\begin{cases} x = \dfrac{3}{4t^4} + \dfrac{2}{t} + c, \\ y = \dfrac{3}{t} - t^2. \end{cases}$$

例 2.24 求解方程 $y = (y' - 1)\mathrm{e}^{y'}$.

解: 令 $y' = p$, 则有

$$y = (p - 1)\mathrm{e}^p.$$

当 $p = 0$ 时, 代入原方程可得 $y = -1$ 为原方程的一个特解.

当 $p \neq 0$ 时, 由 $\mathrm{d}x = \dfrac{1}{p}\mathrm{d}y$ 可知

$$\mathrm{d}x = \mathrm{e}^p\mathrm{d}p,$$

得到

$$x = \mathrm{e}^p + c.$$

因此, 原方程的通解为

$$\begin{cases} x = \mathrm{e}^p + c, \\ y = (p-1)\mathrm{e}^p, \quad p, c\text{均为任意常数}. \end{cases}$$

在一阶微分方程的求解上, 没有具体的标准方法. 一般需要根据题目本身进行判断, 或者使用一定的解题技巧, 从而设计有效的解题方法. 有些方程可用多种方法进行求解.

例 2.25 求解方程 $(y+xy)\mathrm{d}x - x\mathrm{d}y = 0$.

解: 方法一: 将原方程拆开写为

$$y\mathrm{d}x - x\mathrm{d}y + xy\mathrm{d}x = 0,$$

由分项组合知, 两端可同时乘以积分因子 $\dfrac{1}{xy}$, 得到

$$\frac{y\mathrm{d}x - x\mathrm{d}y}{xy} + \mathrm{d}x = 0,$$

于是有

$$\mathrm{d}\left(\ln\left|\frac{x}{y}\right|\right) + \mathrm{d}x = 0,$$

所以, 原方程的通解为

$$\ln\left|\frac{x}{y}\right| + x = c,$$

其中, c 为任意常数. 另外, $y=0$ 是方程的一个特解.

方法二: 将原方程移项化为变量分离方程

$$\frac{\mathrm{d}y}{\mathrm{d}x} = \left(\frac{1+x}{x}\right)y. \tag{2-69}$$

当 $y=0$ 时, 代入原方程仍成立, 故 $y=0$ 为原方程的一个特解.

当 $y \neq 0$ 时, 方程 (2-69) 可写为

$$\frac{\mathrm{d}y}{y} = \frac{1+x}{x}\mathrm{d}x,$$

两端积分可得

$$\ln\left|\frac{x}{y}\right| + x = c.$$

所以, 原方程的解为

$$\begin{cases} \ln\left|\dfrac{x}{y}\right| + x = c, \\ y = 0, \end{cases}$$

其中, c 为任意常数.

2.5 应用举例

例 2.26 求解 1.1 节中的逻辑斯谛人口模型

$$\frac{\mathrm{d}N}{\mathrm{d}t} = r(1 - \frac{N}{N_m})N, \tag{2-70}$$

其中, N_m 表示自然资源和环境所能容纳的最大人口数量, r 为生命系数, $r(1 - \frac{N}{N_m})$ 为改进后的净增长率.

解: 方程 (2-70) 为一个变量分离方程, 故可写为

$$\frac{\mathrm{d}N}{\left(1 - \dfrac{N}{N_m}\right)N} = \left(\frac{1}{N} + \frac{1}{N_m} \cdot \frac{1}{1 - \dfrac{N}{N_m}}\right)\mathrm{d}N = r\mathrm{d}t,$$

两端积分可得

$$\ln N - \ln\left(1 - \frac{N}{N_m}\right) = rt + c_1,$$

c_1 为任意常数. 化简可得

$$N = \frac{cN_m\mathrm{e}^{rt}}{N_m + c\mathrm{e}^{rt}}, \quad c = \mathrm{e}^{c_1},$$

c 为大于零的任意常数.

代入初值条件 $N(t_0) = N_0$, 得到

$$c = \frac{N_0 N_m}{\mathrm{e}^{rt_0}(N_m - N_0)}.$$

于是, 满足初值条件的解为

$$N = \frac{N_m}{1 + (\dfrac{N_m}{N_0} - 1)\mathrm{e}^{-r(t-t_0)}}. \tag{2-71}$$

数学生物学家 G. F. Gause 对属于原生动物的草履虫做了一个群体增长实验. 把 5 只草履虫放入盛有 $0.5\mathrm{cm}^3$ 的培养基的试管, 6 天中每天计算草履虫的数量. 他发现当数量不

大时, 草履虫的数量以每天 230.9% 的速度增长, 第 4 天达到 375 只的最高水平, 虫体占满了整个试管. 于是记 $r=2.309, N_m=375$, 代入式 (2-71) 可得

$$N=\frac{375}{1+74\mathrm{e}^{-2.309t}},$$

这与实际数据一致, 如图 2-4 所示.

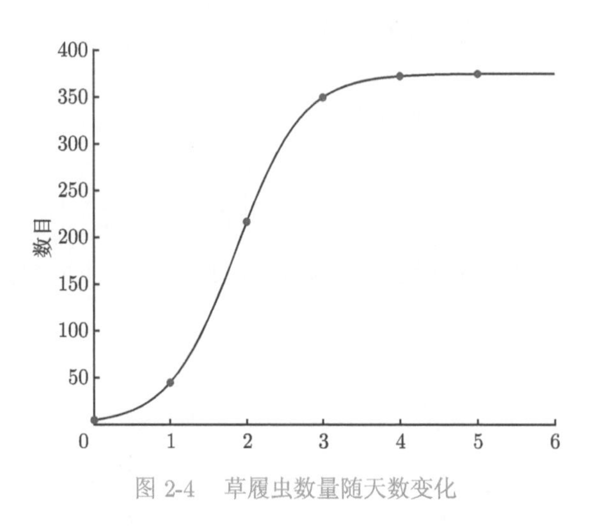

图 2-4　草履虫数量随天数变化

例 2.27　放射性是原子的一种特性, 一种物质的放射性与现存的物质的原子数成正比. 设 $N(t)$ 表示 t 时刻的原子数, 则有

$$\frac{\mathrm{d}N(t)}{\mathrm{d}t}=-\lambda N(t),\quad N(t_0)=N_0, \tag{2-72}$$

其中, λ 为物质的衰变常数, 一般用物质的半衰期 (物质衰变至一半的时间, 比如镭-226 的半衰期为 1600 年) 来衡量物质的衰变速度. 已知镭-226 的存量为 500g, 经过 250 年后镭-226 的存量是多少?

解: 初值问题 (2-72) 为一个带有初值条件的变量分离方程. 分离变量后可得

$$\frac{\mathrm{d}N(t)}{N(t)}=-\lambda\mathrm{d}t,$$

两端积分得到

$$N(t)=c\mathrm{e}^{-\lambda t},$$

c 为大于零的任意常数. 代入 $N(t_0)=N_0$ 后解得

$$c=\mathrm{e}^{\lambda t_0}N_0.$$

于是初值问题 (2-72) 的解为

$$N(t) = N_0 \mathrm{e}^{-\lambda(t-t_0)}. \tag{2-73}$$

由于半衰期

$$\frac{N}{N_0} = \frac{1}{2},$$

代入式 (2-73) 后可得

$$\frac{1}{2} = \mathrm{e}^{-\lambda(t-t_0)},$$

解得

$$\lambda \approx \frac{0.6931}{t-t_0}. \tag{2-74}$$

利用物质的放射性衰变可以测定物质的存在年代. 由式 (2-74) 可得镭-226 的衰变常数

$$\lambda = \frac{0.6931}{1600} = 4.332 \times 10^{-4},$$

代入式 (2-73) 中可得

$$\begin{aligned} N(t) &= N_0 \mathrm{e}^{-\lambda(t-t_0)} = 500\mathrm{e}^{-4.332\times 10^{-4}\times 250} \\ &= 500\mathrm{e}^{-0.1083} \approx 449, \end{aligned}$$

即经过 250 年后镭-226 的存量大约是 449g.

习　题　2

1. 求下列方程的通解.

(1) $\dfrac{\mathrm{d}y}{\mathrm{d}x} = x^2 y$;

(2) $\dfrac{\mathrm{d}y}{\mathrm{d}x} = \dfrac{y}{1+x^2}$;

(3) $x\mathrm{d}y + y^{\frac{1}{3}}\mathrm{d}x = 0$;

(4) $(2+x)y\mathrm{d}x + (2-y)x\mathrm{d}y = 0$;

(5) $(y+x)\mathrm{d}y + (x-y)\mathrm{d}x = 0$;

(6) $x\dfrac{\mathrm{d}y}{\mathrm{d}x} + \sqrt{x^2-y^2} = y$;

(7) $\cot y\mathrm{d}x - \tan x\mathrm{d}y = 0$;

(8) $y\dfrac{\mathrm{d}y}{\mathrm{d}x} = \dfrac{4+y^2}{1+x^2}$;

(9) $\dfrac{\mathrm{d}y}{\mathrm{d}x} = \dfrac{2x}{y}\mathrm{e}^{y^2}$;

(10) $\dfrac{dy}{dx} = e^{x+y}$;

(11) $(\ln x - \ln y)dy + (\ln y - \ln x)dx = 0$;

(12) $(x+1)\dfrac{dy}{dx} = e^{-y} - 2$.

2. 通过适当的变量变换求解下列方程.

(1) $\dfrac{dy}{dx} = \dfrac{y + xe^{\frac{y}{x}}}{x}$;

(2) $\dfrac{dy}{dx} = \dfrac{4x - 2y + 1}{2x - y - 4}$;

(3) $\dfrac{dy}{dx} = \dfrac{x - 2y + 5}{2x - y - 4}$;

(4) $\dfrac{dy}{dx} = \dfrac{x + 3y - 5}{x + y - 1}$;

(5) $\dfrac{dy}{dx} = \dfrac{y + 2}{x + y - 2}$;

(6) $(x+y)^2\dfrac{dy}{dx} = 9$;

(7) $\dfrac{dy}{dx} - \dfrac{y}{x} = \sqrt{x^2 + y^2}$;

(8) $\dfrac{dy}{dx} = \dfrac{x}{y}\dfrac{1}{\cos\dfrac{y}{x}} + \dfrac{y}{x}$;

(9) $\dfrac{dy}{dx} = \dfrac{y^4 - x^2}{2xy^3 + x^2y}$;

(10) $\dfrac{dy}{dx} = \dfrac{2x^3 + 3xy^2 + x}{x^2y + y^3 - y}$.

3. 求下列方程满足初值条件的解.

(1) $(2 + e^x)y\dfrac{dy}{dx} = e^x, \quad y(1) = 2$;

(2) $x(1+x)dx - y(1+y)dy = 0, \quad y(0) = 1$;

(3) $\dfrac{dy}{dx} = 2|y|^{\frac{1}{2}}, \quad y(0) = 0$;

(4) $xydx + \dfrac{1}{2}(x^2 + y)dy = 0, \quad y(0) = 2$;

(5) $(x+1)\dfrac{dy}{dx} - 2y = e^x(x+1)^3, \quad y(0) = 1$;

(6) $\dfrac{dy}{dx} = 2\sqrt{\dfrac{y}{x}}, \quad y(1) = 1$.

4. 通过适当的变量变换求解下列微分方程.

(1) $\dfrac{dy}{dx} = f(2x + y)$, $f(u)$ 为 u 的连续函数;

(2) $\dfrac{dy}{dx} = \dfrac{1}{(x+y)^2}$;

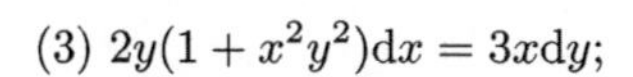

(3) $2y(1+x^2y^2)\mathrm{d}x = 3x\mathrm{d}y$;

(4) $\dfrac{x}{y}\dfrac{\mathrm{d}y}{\mathrm{d}x} = \dfrac{1+x^2y^2}{1-x^2y^2}$.

5. 求下列方程的通解.

(1) $\dfrac{\mathrm{d}y}{\mathrm{d}x} - 3y = 2\mathrm{e}^x$;

(2) $\dfrac{1}{x}\dfrac{\mathrm{d}y}{\mathrm{d}x} + y = 1$;

(3) $\dfrac{\mathrm{d}y}{\mathrm{d}x} + \dfrac{y}{x} = \sin x$;

(4) $\dfrac{\mathrm{d}y}{\mathrm{d}x} = y\cos x + 2x\mathrm{e}^{\sin x}$;

(5) $\dfrac{\mathrm{d}y}{\mathrm{d}x} - \dfrac{3y}{x-1} = (x-1)^2$;

(6) $\dfrac{\mathrm{d}y}{\mathrm{d}x} + \dfrac{1-2x^2}{x}y = 1$;

(7) $\dfrac{\mathrm{d}y}{\mathrm{d}x} = \dfrac{-2y}{x} + \dfrac{\ln x}{x}y^2$;

(8) $\dfrac{1}{x}\dfrac{\mathrm{d}y}{\mathrm{d}x} = x^2y^2 - y$;

(9) $\dfrac{\mathrm{d}y}{\mathrm{d}x} = \dfrac{2x^4+3y^3}{xy^2}$;

(10) $\dfrac{\mathrm{d}y}{\mathrm{d}x} = \dfrac{1}{x-2y^2}$;

6. 求解方程 $\dfrac{\mathrm{d}y}{\mathrm{d}x} = y^2 - 2y$, 并画出积分曲线分布情况.

7. 已知 $f(x)\displaystyle\int_0^x f(t)\mathrm{d}t = 2(x \neq 0)$, 求函数 $f(x)$ 的一般表达式.

8. 求一曲线, 使得曲线上任一点的切线的纵截距是切点的横坐标和纵坐标的等差中项.

9. 已知 $x'(0)$ 存在, 求 $x(t)$, 满足

$$x(t+s) = \frac{x(t)+x(s)}{1-x(t)x(s)}.$$

10. 设 $f(x)$ 在区间 $[0,+\infty)$ 上连续, 且 $\lim\limits_{x\to\infty} f(x) = b$, 又 $a>0$, 求证方程

$$\frac{\mathrm{d}y}{\mathrm{d}x} + ay = f(x)$$

的一切解 $y(x)$ 均满足

$$\lim_{x\to+\infty} y(x) = \frac{b}{a}.$$

11. 求下列方程的通解.

(1) $(y-3x^2)\mathrm{d}x - (4y-x)\mathrm{d}y = 0$;

(2) $\left(\dfrac{y^2}{(x-y)^2} - \dfrac{1}{x}\right)\mathrm{d}x + \left(\dfrac{1}{y} - \dfrac{x^2}{(x-y)^2}\right)\mathrm{d}y = 0$;

(3) $\left(\dfrac{1}{y}\sin\dfrac{x}{y}-\dfrac{y}{x^2}\cos\dfrac{y}{x}+1\right)\mathrm{d}x+\left(\dfrac{1}{x}\cos\dfrac{y}{x}-\dfrac{x}{y^2}\sin\dfrac{x}{y}+\dfrac{1}{y^2}\right)\mathrm{d}y=0$;

(4) $(\mathrm{e}^x+3y^2)\mathrm{d}x+2xy\mathrm{d}y=0$;

(5) $(y-1-xy)\mathrm{d}x+x\mathrm{d}y=0$;

(6) $(x^2+y+x^3\cos y)\mathrm{d}x+\left(x^2y-x-\dfrac{x^4}{2}\sin y\right)\mathrm{d}y=0$.

12. 讨论方程

$$M(x,y)\mathrm{d}x+N(x,y)\mathrm{d}y=0$$

分别具有形式为 $\mu(x+y)$ 和 $\mu(xy)$ 的积分因子的充要条件.

13. 求出伯努利方程 (2-19) 的积分因子.

14. 一个质量为 m 的质点从速度等于零的时刻起做直线运动, 有一个和时间成正比 (比例系数为 K_1) 的力作用在它上面, 而且质点又受到介质的阻力影响, 阻力和速度成正比 (比例系数为 K_2). 试求此质点的速度与时间的关系.

15. 求解下列方程.

(1) $y=\left(\dfrac{\mathrm{d}y}{\mathrm{d}x}\right)^2-x\dfrac{\mathrm{d}y}{\mathrm{d}x}+\dfrac{x^2}{3}$;

(2) $\left(\dfrac{\mathrm{d}y}{\mathrm{d}x}\right)^3+x\dfrac{\mathrm{d}y}{\mathrm{d}x}-y=0$;

(3) $y=y'\mathrm{e}^{y'}$;

(4) $y'^3-x^3(1-y')=0$;

(5) $x^2y'=x^2y^2+xy+1$;

(6) $x^2(y'-y^2)=1$.

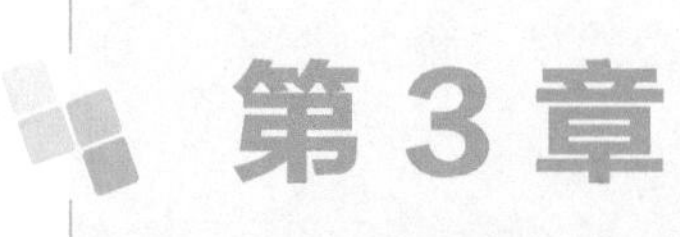

第3章 一阶常微分方程解的存在性理论

3.1 解的存在唯一性定理

考虑一阶微分方程初值问题

$$\begin{cases}\dfrac{\mathrm{d}y}{\mathrm{d}x}=f(x,y),\\ y(x_0)=y_0,\end{cases}\tag{3-1}$$

其中第一式右端的函数 $f(x,y)$ 在矩形区域

$$\Omega=\{(x,y)\big||x-x_0|\leqslant a,|y-y_0|\leqslant b\}$$

上连续. 若存在常数 $L>0$, 使得对所有 $(x,y_1),(x,y_2)\in\Omega$ 都有

$$|f(x,y_1)-f(x,y_2)|\leqslant L|y_1-y_2|$$

成立, 则称 $f(x,y)$ 在 Ω 上关于 y 满足利普希茨 (Lipschitz) 条件, L 称为利普希茨常数.

利普希茨 (Rudolf Otto Sigismund Lipschitz, 1832—1903 年), 德国数学家. 1847 年进入柯尼斯堡大学, 不久转入柏林大学跟随狄利克雷学习数学, 19 岁 (1851 年) 时获得博士学位, 1864 年起任波恩大学教授, 先后当选为巴黎、柏林、哥廷根、罗马等科学院的通讯院士. 利普希茨在数论、贝塞尔函数论、傅里叶级数、常微分方程、分析力学、位势理论及微分几何学等方面都有贡献. 1873 年, 他提出了著名的"利普希茨条件", 对柯西提出的微分方程初值问题解的存在唯一性定理做出改进, 得到柯西-利普希茨存在性定理. 他的专著《分析基础》从有理整数论到函数理论做了系统阐述. 在代数数论领域, 他引进相应的符号表示法及其计算法则, 建立起被称为"利普希茨代数"的超复数系. 在微分几何方面, 他自 1869 年起对黎曼关于 n 维流形的度量结构的工作进行进一步阐述和推广, 开创了微分不变量理论的研究, 因此被认为是协变微分的奠基人之一.

定理 3.1 (存在唯一性定理) 若 $f(x,y)$ 在矩形域 Ω 上连续且关于 y 满足利普希茨

条件, 则微分方程初值问题 (3-1) 存在定义在区间 $|x-x_0|\leqslant h$ 上的唯一解 $y=\varphi(x)$, 且满足初值条件 $\varphi(x_0)=y_0$, 其中

$$h=\min\left\{a,\frac{b}{M}\right\},\quad M=\max_{(x,y)\in\Omega}|f(x,y)|.$$

该定理的证明较长, 主要分为以下几步:

(1) 将微分方程初值问题 (3-1) 解的存在唯一性问题转化为一个等价的积分方程解的存在唯一性问题;

(2) 构造积分方程的迭代函数序列;

(3) 证明此迭代函数序列的收敛性;

(4) 证明此迭代函数序列的极限函数就是积分方程的解;

(5) 证明解的唯一性.

为简便起见, 我们仅证明解在区间 $[x_0,x_0+h]$ 上存在且唯一, 在区间 $[x_0-h,x_0]$ 上的证明过程类似, 可参考文献 [7,8]. 下面给出该定理的详细证明.

证明: (1) 证明解的等价性.

若 $y=y(x)$ 是微分方程初值问题 (3-1) 的解, 对微分方程初值问题 (3-1) 中的第一式两端积分可得

$$y(x)=y_0+\int_{x_0}^{x}f(s,y(s))\mathrm{d}s. \tag{3-2}$$

若 $y=y(x)$ 是积分方程 (3-2) 的解, 对积分方程 (3-2) 两端关于 x 求导, 便可得到微分方程初值问题 (3-1) 中的第一式. 而且当 $x=x_0$ 时, 代入积分方程 (3-2) 可得 $y(x_0)=y_0$. 因此, $y=y(x)$ 也是微分方程初值问题 (3-1) 的解. 这样, 便建立了微分方程初值问题 (3-1) 与积分方程 (3-2) 之间的解的等价关系. 为了证明定理 3.1, 只需证明积分方程 (3-2) 的解的存在唯一性.

(2) 构造皮卡 (Picard) 迭代函数序列.

选取一个连续函数 $\varphi_0(x)$, 代入积分方程 (3-2), 得到连续函数

$$\varphi_1(x)=y_0+\int_{x_0}^{x}f(s,\varphi_0(s))\mathrm{d}s,$$

且 $\varphi_1(x_0)=y_0$. 若 $\varphi_1(x)=\varphi_0(x)$, 则 $\varphi_0(x)$ 就是积分方程 (3-2) 的解. 否则, 继续将 $\varphi_1(x)$

代入积分方程 (3-2) 右端, 得到连续函数

$$\varphi_2(x) = y_0 + \int_{x_0}^{x} f(s, \varphi_1(s))\mathrm{d}s,$$

且 $\varphi_2(x_0) = y_0$. 若 $\varphi_2(x) = \varphi_1(x)$, 则 $\varphi_1(x)$ 即是积分方程 (3-2) 的解. 重复上述过程, 可得到迭代函数序列 $\{\varphi_i(x), i = 0, 1, 2, \cdots\}$, 满足

$$\varphi_n(x) = y_0 + \int_{x_0}^{x} f(s, \varphi_{n-1}(s))\mathrm{d}s, \tag{3-3}$$

且 $\varphi_n(x_0) = y_0$. 这样的连续函数序列 $\{\varphi_i(x), i = 0, 1, 2, \cdots\}$ 称为**皮卡迭代函数序列**.

若这个过程一直继续下去, 找不到某个 n, 使得 $\varphi_n(x) = \varphi_{n-1}(x)$, 而是存在一个极限函数 $\varphi_(x)$, 使得

$$\lim_{n\to\infty} \varphi_n(x) = \varphi_(x).$$

那么, 对方程 (3-3) 两端取极限可得

$$\begin{aligned}
\varphi_(x) = \lim_{n\to\infty} \varphi_n(x) &= \lim_{n\to\infty} \left[y_0 + \int_{x_0}^{x} f(s, \varphi_{n-1}(s))\mathrm{d}s\right] \\
&= y_0 + \lim_{n\to\infty} \int_{x_0}^{x} f(s, \varphi_{n-1}(s))\mathrm{d}s \\
&= y_0 + \int_{x_0}^{x} \lim_{n\to\infty} f(s, \varphi_{n-1}(s))\mathrm{d}s \\
&= y_0 + \int_{x_0}^{x} f(s, \varphi(s))\mathrm{d}s,
\end{aligned}$$

且 $\varphi(x_0) = y_0$. 因此, $\varphi(x)$ 即是积分方程 (3-2) 的解. 这种通过构造迭代函数序列求极限进而求出初值问题解的方法, 称为**皮卡逐步逼近法**. 由方程 (3-3) 构造出的函数 $\varphi_n(x)$ 称为微分方程初值问题 (3-1) 的**第 n 次近似解**.

在 $\varphi_0(x)$ 的选取上, 我们往往取 $\varphi_0(x) = y_0$. 皮卡迭代函数序列计算公式为

$$\begin{cases}
\varphi_0(x) = y_0, \\
\varphi_n(x) = y_0 + \displaystyle\int_{x_0}^{x} f(s, \varphi_{n-1}(s))\mathrm{d}s, \quad x_0 \leqslant x \leqslant x_0 + h, \quad n = 1, 2, \cdots.
\end{cases} \tag{3-4}$$

(3) 证明收敛性.

引理 3.1 对一切正整数 n, $x_0 \leqslant x \leqslant x_0+h$, 则 $\varphi_n(x)$ 连续且满足

$$|\varphi_n(x)-y_0| \leqslant b. \tag{3-5}$$

证明: 由数学归纳法可知, 当 $\varphi_0(x)=y_0$ 时, $\varphi_0(x)$ 在区间 $[x_0,x_0+h]$ 上有定义、连续且满足条件 (3-5). 假设 $\varphi_n(x)$ 在 $[x_0,x_0+h]$ 上有定义、连续且满足条件 (3-5), 由方程 (3-3) 可知, $\varphi_{n+1}(x)$ 在 $[x_0,x_0+h]$ 上有定义、连续且满足

$$\begin{aligned}|\varphi_{n+1}(x)-y_0| &\leqslant \int_{x_0}^{x}|f(s,\varphi_n(s))|\mathrm{d}s\\ &\leqslant M(x-x_0)\leqslant Mh\leqslant b,\end{aligned}$$

其中, $M=\max|f(x,y)|$. ■

引理 3.2 迭代函数序列 $\{\varphi_n(x)\}$ 在 $x_0 \leqslant x \leqslant x_0+h$ 上是一致收敛的.

证明: 由于级数

$$\varphi_0(x)+\sum_{k=1}^{\infty}[\varphi_k(x)-\varphi_{k-1}(x)], \quad x_0\leqslant x\leqslant x_0+h \tag{3-6}$$

的部分和为

$$\varphi_0(x)+\sum_{k=1}^{n}[\varphi_k(x)-\varphi_{k-1}(x)]=\varphi_n(x),$$

因此迭代函数序列 $\{\varphi_n(x)\}$ 的一致收敛性与级数 (3-6) 的一致收敛性等价. 因此, 要证明 $\{\varphi_n(x)\}$ 在 $x_0\leqslant x\leqslant x_0+h$ 上一致收敛, 只需证明级数 (3-6) 在 $x_0\leqslant x\leqslant x_0+h$ 上一致收敛.

由计算公式 (3-4) 可得

$$|\varphi_1(x)-\varphi_0(x)|=|\varphi_1(x)-y_0|=\left|\int_{x_0}^{x}f(s,\varphi_0(s))\mathrm{d}s\right|\leqslant M(x-x_0),$$

$$\begin{aligned}|\varphi_2(x)-\varphi_1(x)| &\leqslant \int_{x_0}^{x}|f(s,\varphi_1(s))-f(s,\varphi_0(s))|\mathrm{d}s\\ &\leqslant \int_{x_0}^{x}L|\varphi_1(s)-\varphi_0(s)|\mathrm{d}s \quad (\text{利普希茨条件})\\ &\leqslant L\int_{x_0}^{x}M(s-x_0)\mathrm{d}s\\ &=\frac{ML}{2}(x-x_0)^2.\end{aligned}$$

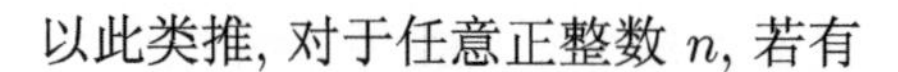

以此类推, 对于任意正整数 n, 若有

$$|\varphi_n(x)-\varphi_{n-1}(x)|\leqslant\frac{ML^{n-1}}{n!}(x-x_0)^n$$

成立, 则

$$\begin{aligned}|\varphi_{n+1}(x)-\varphi_n(x)|&=\left|\int_{x_0}^{x}f(s,\varphi_n(s))\mathrm{d}s-\int_{x_0}^{x}f(s,\varphi_{n-1}(s))\mathrm{d}s\right|\\&\leqslant\int_{x_0}^{x}|f(s,\varphi_n(s))-f(s,\varphi_{n-1}(s))|\mathrm{d}s\\&\leqslant L\int_{x_0}^{x}|\varphi_n(s)-\varphi_{n-1}(s)|\mathrm{d}s\\&\leqslant L\int_{x_0}^{x}\frac{ML^{n-1}}{n!}(s-x_0)^n\mathrm{d}s\\&=\frac{ML^n}{(n+1)!}(x-x_0)^{n+1}.\end{aligned}$$

由数学归纳法可得, 对于任意正整数 k, 当 $x_0\leqslant x\leqslant x_0+h$ 时,

$$|\varphi_k(x)-\varphi_{k-1}(x)|\leqslant\frac{ML^{k-1}}{k!}(x-x_0)^k\leqslant\frac{ML^{k-1}}{k!}h^k,\tag{3-7}$$

那么就有

$$\begin{aligned}\sum_{k=1}^{\infty}[\varphi_k(x)-\varphi_{k-1}(x)]&\leqslant\sum_{k=1}^{\infty}|\varphi_k(x)-\varphi_{k-1}(x)|\\&\leqslant\sum_{k=1}^{\infty}\frac{ML^{k-1}}{k!}h^k.\end{aligned}$$

令 $a_k=\dfrac{ML^{k-1}}{k!}h^k$, 由于

$$\lim_{k\to\infty}\frac{a_{k+1}}{a_k}=\lim_{k\to\infty}\frac{ML^k}{(k+1)!}h^{k+1}\cdot\frac{k!}{ML^{k-1}h^k}=\lim_{k\to\infty}\frac{Lh}{k+1}=0,$$

因此由魏尔斯特拉斯 (Weierstrass) 判别法可知, 级数 $\displaystyle\sum_{k=1}^{\infty}\frac{ML^{k-1}}{k!}h^k$ 在区间 $x_0\leqslant x\leqslant x_0+h$ 上一致收敛. 于是

$$\varphi_n(x)=\varphi_0(x)+\sum_{k=1}^{n}[\varphi_k(x)-\varphi_{k-1}(x)]$$

也一致收敛, 即序列 $\{\varphi_n(x)\}$ 在区间 $x_0\leqslant x\leqslant x_0+h$ 上一致收敛. ■

(4) 证明迭代函数序列的极限函数是积分方程的解.

引理 3.3 $\varphi(x)$ 是积分方程 (3-2) 定义在区间 $x_0 \leqslant x \leqslant x_0+h$ 上的连续解.

证明: 由利普希茨条件可得

$$|f(x,\varphi_n(x))-f(x,\varphi(x))| \leqslant L|\varphi_n(x)-\varphi(x)|.$$

又因为 $\{\varphi_n(x)\}$ 在区间 $x_0 \leqslant x \leqslant x_0+h$ 上一致收敛, 若收敛于 $\varphi(x)$, 则函数序列 $\{f(x,\varphi_n(x))\}$ 在区间 $x_0 \leqslant x \leqslant x_0+h$ 上也一致收敛于 $f(x,\varphi(x))$.

对计算公式 (3-4) 中的第二式两端取极限可得

$$\begin{aligned}\lim_{n\to\infty}\varphi_n(x) &= \lim_{n\to\infty}\left[y_0+\int_{x_0}^{x} f(s,\varphi_{n-1}(s))\mathrm{d}s\right]\\ &= y_0+\int_{x_0}^{x}\lim_{n\to\infty} f(s,\varphi_{n-1}(s))\mathrm{d}s,\end{aligned}$$

则有

$$\varphi(x)=y_0+\int_{x_0}^{x} f(s,\varphi(s))\mathrm{d}s.$$

因此, $\varphi(x)$ 是积分方程 (3-2) 定义于区间 $x_0 \leqslant x \leqslant x_0+h$ 上的连续解. ■

(5) 证明解的唯一性.

由引理 3.3可知, $\varphi(x)$ 是积分方程 (3-2) 的一个连续解. 若还存在另一个连续解 $\psi(x)$, 则由利普希茨条件得到

$$\begin{aligned}|\varphi(x)-\psi(x)| &= \left|\int_{x_0}^{x} f(s,\varphi(s))-f(s,\psi(s))\mathrm{d}s\right|\\ &\leqslant L\int_{x_0}^{x}|\varphi(s)-\psi(s)|\mathrm{d}s.\end{aligned} \tag{3-8}$$

令 $g(x)=|\varphi(x)-\psi(x)|$, 则式 (3-8) 化为

$$g(x) \leqslant L\int_{x_0}^{x} g(s)\mathrm{d}s.$$

而

$$\left(\int_{x_0}^{x} g(s)\mathrm{d}s\right)'=g(x) \leqslant L\int_{x_0}^{x} g(s)\mathrm{d}s,$$

于是令

$$u(x)=\int_{x_0}^{x} g(s)\mathrm{d}s,$$

则

$$u'(x)-Lu(x) \leqslant 0.$$

上式两端同乘 e^{-Lx}, 并在区间 $[x_0,x]$ 上积分可得

$$\begin{aligned}\int_{x_0}^{x}[u'(x)-Lu(x)]\mathrm{e}^{-Lx}\mathrm{d}x&=\int_{x_0}^{x}u'(x)\mathrm{e}^{-Lx}\mathrm{d}x-\int_{x_0}^{x}Lu(x)\mathrm{e}^{-Lx}\mathrm{d}x\\&=u(x)\mathrm{e}^{-Lx}\Big|_{x_0}^{x}+L\int_{x_0}^{x}u(x)\mathrm{e}^{-Lx}\mathrm{d}x-\int_{x_0}^{x}Lu(x)\mathrm{e}^{-Lx}\mathrm{d}x\\&=u(x)\mathrm{e}^{-Lx}-u(x_0)\mathrm{e}^{-Lx_0}\\&\leqslant 0,\end{aligned}$$

从而得到

$$u(x)\mathrm{e}^{-Lx}\leqslant u(x_0)\mathrm{e}^{-Lx_0}=\mathrm{e}^{-Lx_0}\int_{x_0}^{x_0}g(s)\mathrm{d}s=0,$$

所以 $u(x)\leqslant 0$, 即

$$\int_{x_0}^{x}g(s)\mathrm{d}s=\int_{x_0}^{x}|\varphi(s)-\psi(s)|\mathrm{d}s\leqslant 0.$$

由式 (3-8) 可知

$$|\varphi(x)-\psi(x)|\leqslant 0,$$

因此

$$\varphi(x)-\psi(x)=0,$$

即积分方程 (3-2) 的解是唯一的.

引理 3.4　设 $\varphi(x),\psi(x)$ 均为积分方程 (3-2) 在区间 $[x_0,x_0+h]$ 上的连续解, 则一定有 $\varphi(x)\equiv\psi(x),\ x\in[x_0,x_0+h]$.

由以上 (1)～(5) 部分的证明过程可以看到, 积分方程 (3-2) 在区间 $[x_0,x_0+h]$ 上解的存在唯一性须满足定理 3.1中的条件. 因此, 与之等价的微分方程初值问题 (3-1) 的解的存在唯一性即定理 3.1便得到了证明. 在推导过程中, 我们同时给出了用皮卡逐步逼近法求第 n 次近似解的计算公式 (3-4), 也给出了其邻近两次近似解的误差估计, 它可作为达到某种精度时的控制条件. 类似引理 3.2 的证明过程, 可同样得到第 n 次近似解 $\varphi_n(x)$ 和微分方程初值问题 (3-1) 的准确解 $\varphi(x)$ 在区间 $[x_0-h,x_0+h]$ 内的误差估计

$$|\varphi_n(x)-\varphi(x)|\leqslant\frac{ML^n}{(n+1)!}h^{n+1}.\tag{3-9}$$

注 1: 积分曲线的切线斜率 $f(x,y)$ 介于直线 BC_1 的斜率 M 与 B_1C 的斜率 $-M$ 之间. 当 $M\leqslant\dfrac{b}{a}$ 时, 如图 3-1(a) 所示, 解 $y=\varphi(x)$ 在 $x_0-a\leqslant x\leqslant x_0+a$ 中有定义; 而当 $M>\dfrac{b}{a}$ 时, 如图 3-1(b) 所示, 切线斜率超出直线 BC_1,B_1C 所夹区域, 那么解 $y=\varphi(x)$ 就

有可能超出矩形域 Ω, 使得 $f(x,y)$ 无定义. 所以, 只有当 $x_0-\dfrac{b}{M}\leqslant x\leqslant x_0+\dfrac{b}{M}$ 时, 才能保证解 $y=\varphi(x)$ 在 Ω 内. 因此, 解的存在区间为 $|x-x_0|\leqslant h=\min\left\{a,\dfrac{b}{M}\right\}$. 为方便说明, 图 3-1 中取点 (x_0,y_0) 为坐标原点 $(0,0)$.

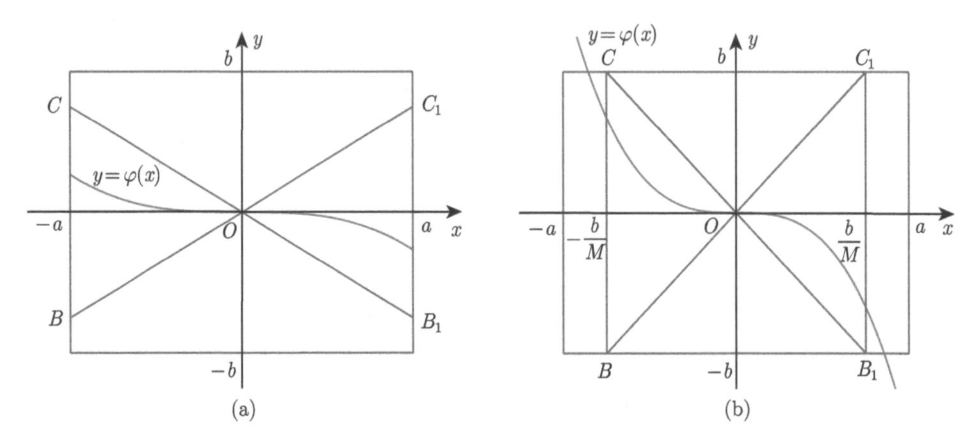

图 3-1　定理 3.1中 h 的几何意义

注 2: 定理 3.1中要求函数 $f(x,y)$ 关于 y 满足利普希茨条件, 这往往比较难于验证. 我们经常用 $f(x,y)$ 在 Ω 上关于 y 的偏导数是否存在来判断. 因为若 $f(x,y),f_y(x,y)$ 在 Ω 上连续, 则 $f_y(x,y)$ 在 Ω 上有界. 令 $|f_y(x,y)|\leqslant L$ 在 Ω 上成立, 则 $f(x,y)$ 满足利普希茨条件

$$\begin{aligned}|f(x,y_1)-f(x,y_2)|&=|f_y(x,y_2+\theta(y_1-y_2))||y_1-y_2|\\&\leqslant L|y_1-y_2|.\end{aligned}$$

但这一条件要求较高, 由于满足利普希茨条件的偏导数不一定存在, 如 $f(x,y)=|y|$, 因此当偏导数 $f_y(x,y)$ 不存在的时候, 不能轻易判断, 还需用其他方法进行利普希茨条件的验证.

注 3: 如果右端函数 $f(x,y)$ 对于 y 没有任何限制, 即 $\Omega=\{(x,y)\big|\alpha\leqslant x\leqslant\beta,-\infty<y<+\infty\}$, 则对任一初值 $(x_0,y_0)(x_0\in[\alpha,\beta])$ 所确定的解在整个区间 $[\alpha,\beta]$ 上都有定义. 读者可将定理 3.1的推导过程进行拓展验证.

定理 3.2　对于一阶隐式方程

$$F(x,y,y')=0,\tag{3-10}$$

如果在点 (x_0,y_0,y_0') 的某一邻域中满足

① $F(x,y,y')$ 对所有变量 (x,y,y') 连续, 且存在连续偏导数,

② $F(x_0,y_0,y_0')=0$,

③ $\dfrac{\partial F(x_0,y_0,y_0')}{\partial y'}\neq 0$,

则方程 (3-10) 存在唯一解

$$y=\varphi(x),\quad |x-x_0|\leqslant h\ (h\text{ 为足够小的正数}),$$

且满足初值条件

$$\varphi(x_0)=y_0,\quad \varphi'(x_0)=y_0'.$$

证明: 由隐函数存在定理, 结合条件① ~ ③可知, 方程 (3-10) 中的一阶导数 y' 可唯一表示为 x,y 的函数

$$y'=f(x,y),$$

其中, $f(x,y)$ 在 (x_0,y_0) 的某一邻域内连续, 且满足 $y_0'=f(x_0,y_0)$.

对方程 (3-10) 两端关于 y 求导得到

$$\frac{\partial F}{\partial y}+\frac{\partial F}{\partial y'}\cdot\frac{\partial y'}{\partial y}=\frac{\partial F}{\partial y}+\frac{\partial F}{\partial f}\cdot\frac{\partial f}{\partial y}=0,$$

从而有

$$\frac{\partial f}{\partial y}=-\frac{\partial F}{\partial y}\Big/\frac{\partial F}{\partial f}.$$

由③知 $\dfrac{\partial F}{\partial f}\neq 0$, 且有界, 因此满足定理 3.1中的条件, 从而可知方程 (3-10) 满足初值条件的解存在且唯一. ■

例 3.1 求方程

$$\frac{\mathrm{d}y}{\mathrm{d}x}=1+y^2$$

满足 $y(0)=0$ 的第三次近似解.

解: 由皮卡迭代函数序列计算公式 (3-4) 可得

$$\begin{aligned}
&\varphi_0(x)=y(0)=0,\\
&\varphi_1(x)=\int_0^x(1+\varphi_0(s)^2)\mathrm{d}s=x,\\
&\varphi_2(x)=\int_0^x(1+\varphi_1(s)^2)\mathrm{d}s=\int_0^x(1+s^2)\mathrm{d}s=x+\frac{1}{3}x^3,
\end{aligned}$$

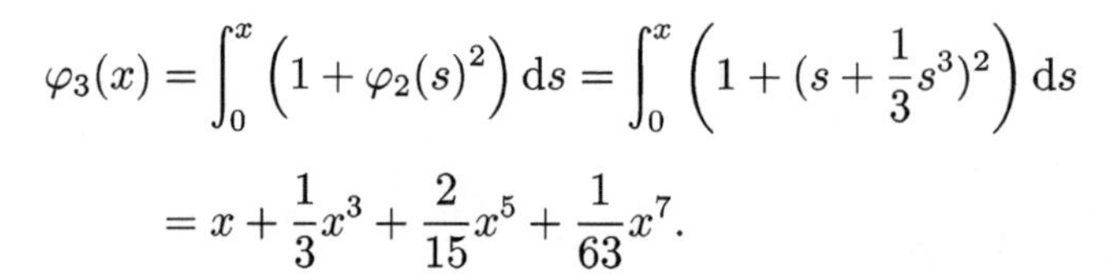

$$\varphi_3(x)=\int_0^x\left(1+\varphi_2(s)^2\right)\mathrm{d}s=\int_0^x\left(1+(s+\frac{1}{3}s^3)^2\right)\mathrm{d}s$$
$$=x+\frac{1}{3}x^3+\frac{2}{15}x^5+\frac{1}{63}x^7.$$

例 3.2 方程

$$\frac{\mathrm{d}y}{\mathrm{d}x}=x^2+y$$

定义在矩形域 $\Omega:-1\leqslant x\leqslant 1,-1\leqslant y\leqslant 1$ 上, 试讨论确定经过点 $(0,0)$ 的解的存在区间, 并求出与准确解的误差不超过 0.05 的近似解的表达式.

解: 由定理 3.1可知, $f(x,y)=x^2+y$ 在矩形域 Ω 上连续, 且 $\dfrac{\partial f}{\partial y}=1$, 故取利普希茨常数 $L=1$, 则原方程在点 $(0,0)$ 处存在唯一解 $y=\varphi(x)$.

令 $a=1,b=1$, 则

$$M=\max|f(x,y)|=2,$$

所以解的存在区间为 $|x|\leqslant h$, 其中 $h=\min\left\{1,\dfrac{1}{2}\right\}=\dfrac{1}{2}$. 由误差估计式 (3-9) 可得

$$|\varphi_n(x)-\varphi(x)|\leqslant\frac{ML^n}{(n+1)!}h^{n+1}=\frac{2^n}{(n+1)!}\left(\frac{1}{2}\right)^{n+1}$$
$$=\frac{1}{2(n+1)!}\leqslant 0.05. \tag{3-11}$$

由式 (3-11) 解得 $(n+1)!\geqslant 10$, 得到 $n=3$. 故

$$\varphi_0(x)=0,$$
$$\varphi_1(x)=\int_0^x(s^2+\varphi_0(s))\mathrm{d}s=\frac{1}{3}x^3,$$
$$\varphi_2(x)=\int_0^x(s^2+\varphi_1(s))\mathrm{d}s=\int_0^x\left(s^2+\frac{1}{3}s^3\right)\mathrm{d}s$$
$$=\left(\frac{1}{3}s^3+\frac{1}{12}s^4\right)\Big|_0^x=\frac{1}{3}x^3+\frac{1}{12}x^4,$$
$$\varphi_3(x)=\int_0^x(s^2+\varphi_2(s))\mathrm{d}s=\int_0^x\left(s^2+\frac{1}{3}s^3+\frac{1}{12}s^4\right)\mathrm{d}s$$
$$=\left(\frac{1}{3}s^3+\frac{1}{12}s^4+\frac{1}{60}s^5\right)\Big|_0^x=\frac{1}{3}x^3+\frac{1}{12}x^4+\frac{1}{60}x^5.$$

3.2 解的延拓定理

从上一节中解的存在唯一性定理可以看到, 微分方程初值问题 (3-1) 的解的存在区间仅限于 $|x-x_0|\leqslant h=\min\{a,\frac{b}{M}\}$. 这说明解的存在唯一性区间仅限于局部范围内. 而在一

些实际应用问题中，我们希望解的存在区间尽量大一些，于是提出了下面解的延拓概念.

假设微分方程初值问题 (3-1) 的右端函数 $f(x,y)$ 在某一区域 G 内连续，对于任意一点 $(x_0,y_0)\in G$，存在 $\Omega=\{(x,y)|$ 以 (x_0,y_0) 为中心形成的闭矩形域 $\}\subset G$，若在 Ω 上 $f(x,y)$ 关于 y 满足利普希茨条件，则称 $f(x,y)$ 关于 y 满足**局部利普希茨条件**.

定理 3.3 (解的延拓定理)　若微分方程初值问题 (3-1) 的右端函数 $f(x,y)$ 在有界区域 G 内连续，且在 G 内关于 y 满足局部利普希茨条件，则微分方程初值问题 (3-1) 通过 G 内任何一点 (x_0,y_0) 的解 $y=\varphi(x)$ 可以延拓至接近区域 G 的边界.

证明: 由定理 3.1可知，过点 (x_0,y_0) 的解 $y=\varphi(x)$ 在区间 $|x-x_0|\leqslant h$ 上有定义. 令

$$x_1=x_0+h,\ y_1=\varphi(x_1)=\varphi(x_0+h),$$

其中，h 为正常数. 因为 $f(x,y)$ 在 G 内关于 y 满足局部利普希茨条件，所以在区域 $\Omega_1=\{(x,y)|$ 以 (x_1,y_1) 为中心形成的闭矩形域 $\}\subset G$ 上存在解 $y=\varphi_1(x)$ 通过点 (x_1,y_1)，在区间 $|x-x_1|\leqslant h_1$(h_1 为正常数) 上有定义，且满足 $\varphi_1(x_1)=y_1$. 从而有 $\varphi_1(x_1)=\varphi(x_1)$，在公共的区间 $x_1-h_1\leqslant x\leqslant x_1$ 上，由解的唯一性可得 $\varphi_1(x)=\varphi(x)$，于是可将解延拓为

$$y=\begin{cases}\varphi(x), & x_0-h\leqslant x\leqslant x_0+h,\\ \varphi_1(x), & x_0+h\leqslant x\leqslant x_0+h+h_1.\end{cases}$$

继续重复上面的延拓过程，令 $x_2=x_0+h+h_1$，$y_2=\varphi_1(x_2)$，存在 $\Omega_2=\{(x,y)|$ 以 (x_2,y_2) 为中心形成的闭矩形域 $\}\subset G$，使得解 $y=\varphi_2(x)$ 通过点 (x_2,y_2)，在 $|x-x_2|\leqslant h_2$(h_2 为正常数) 上有定义，且满足 $\varphi_2(x_2)=y_2$. 由解的存在唯一性可得，在公共区间 $x_2-h_2\leqslant x\leqslant x_2$ 上，$\varphi_2(x)=\varphi_1(x)$. 于是，在区间 $x_0-h\leqslant x\leqslant x_2+h_2$ 上，解可以延拓为

$$y=\begin{cases}\varphi(x), & x_0-h\leqslant x\leqslant x_0+h,\\ \varphi_1(x), & x_0+h\leqslant x\leqslant x_0+h+h_1,\\ \varphi_2(x), & x_0+h+h_1\leqslant x\leqslant x_0+h+h_1+h_2.\end{cases}$$

由此可见，解的存在区间向 x_0 右侧得到了延拓. 继续多次重复上述延拓过程，便可将解 $y=\varphi(x)$ 一直延拓至 G 的右边界.

同样地，也可以向 x_0 左侧进行延拓，一直延拓至 G 的左边界. 从而定理得证. ■

在几何意义上，实际上是在原来的积分曲线 $y=\varphi(x)$ 左右两端各接上许多积分曲线段，直到区域 G 的边界，这时的解称为微分方程初值问题 (3-1) 的**饱和解**. 而且，任意一个

饱和解的最大存在区间必定是一个开区间, 否则可继续延拓. 具体的延拓情况分为以下几种 (以向 x 右端延拓为例):

(1) 如果 G 是有界区域, 则过点 (x_0, y_0) 的解 $y=\varphi(x)$ 延拓至 $x_0 \leqslant x < d$ 上, 即当 $x \to d$ 时, $(x, \varphi(x)) \to$ 区域 G 的边界;

(2) 如果 G 是无界区域, 解 $y=\varphi(x)$ 要么延拓到区间 $x_0 \leqslant x < +\infty$, 要么延拓到区间 $x_0 \leqslant x < d$, d 为有限数, 这时当 $x \to d$ 时, $y=\varphi(x) \to \infty$, 或者点 $(x, \varphi(x)) \to$ 区域 G 的边界.

文献 [9] 中提出了下面的定理.

定理 3.4 设 $f(x,y)$ 在 xOy 平面上的每一点均连续, 对 y 满足局部利普希茨条件, 且有正常数 N, 使得

$$|f(x,y)| \leqslant N|y|,$$

则微分方程初值问题 (3-1) 的解在 $(-\infty, +\infty)$ 上存在.

例 3.3 求方程 $\dfrac{\mathrm{d}y}{\mathrm{d}x} = 1 - y^2$ 分别通过点 $(0,2)$ 和 $(0,0)$ 的解的存在区间.

解: 方程右端函数 $1-y^2$ 在整个 xOy 平面上有定义, 且满足定理 3.1及定理 3.3 中的条件, 可求得方程的通解为

$$y = \frac{c\mathrm{e}^{2x} - 1}{c\mathrm{e}^{2x} + 1},$$

其中 c 为任意常数. 故过点 $(0,2)$ 的解为

$$y = \frac{-3\mathrm{e}^{2x} - 1}{-3\mathrm{e}^{2x} + 1}.$$

该解在区间 $\left(-\infty, \dfrac{1}{2}\ln\dfrac{1}{3}\right) \cup \left(\dfrac{1}{2}\ln\dfrac{1}{3}, +\infty\right)$ 上有定义, 因此过点 $(0,2)$ 的解的存在区间为 $\left(-\infty, \dfrac{1}{2}\ln\dfrac{1}{3}\right)$.

同样地, 过点 $(0,0)$ 的解为

$$y = \frac{\mathrm{e}^{2x} - 1}{\mathrm{e}^{2x} + 1},$$

该解在区间 $(-\infty, +\infty)$ 上有定义, 因此过点 $(0,0)$ 的解的存在区间为 $(-\infty, +\infty)$.

例 3.4 求方程 $\dfrac{\mathrm{d}y}{\mathrm{d}x} = \ln x$ 过点 $(1,1)$ 的解的存在区间.

解: 方程在 $x>0$ 的平面上有定义, 且满足定理 3.1及定理 3.3 中的条件, 其通解为

$$y = x(\ln x - 1) + c,$$

其中 c 为任意常数. 故过点 $(1,1)$ 的解为

$$y = x(\ln x - 1) + 2,$$

其存在区间为 $(0,+\infty)$.

3.3　解对初值的连续性定理

在定理 3.1 中, 我们给出了微分方程初值问题 (3-1) 在解的存在区间内解的存在性和唯一性. 若初值条件改变, 则问题的解及其存在区间也将随着改变. 如例 3.3中经过点 $(0,2)$ 和 $(0,0)$ 的解分别为

$$y = \frac{-3\mathrm{e}^{2x} - 1}{-3\mathrm{e}^{2x} + 1}, \qquad y = \frac{\mathrm{e}^{2x} - 1}{\mathrm{e}^{2x} + 1}.$$

这意味着微分方程初值问题 (3-1) 的解不仅依赖于自变量 x, 也依赖于初值 (x_0, y_0).

因此, 当初值条件也在不断变化时, 解 $y = \varphi(x)$ 可以看作是关于 x, x_0, y_0 的三元函数

$$y = \varphi(x, x_0, y_0), \tag{3-12}$$

且当 $x = x_0$ 时, $y = \varphi(x_0, x_0, y_0) = y_0$.

在式 (3-12) 的存在区间内任取一点 x_1, 则有

$$y_1 = \varphi(x_1, x_0, y_0). \tag{3-13}$$

由定理 3.1可知, 过点 (x_1, y_1) 的曲线即是过点 (x_0, y_0) 的曲线, 于是有

$$y = \varphi(x, x_1, y_1).$$

将 (x_0, y_0) 代入上式得到

$$y_0 = \varphi(x_0, x_1, y_1). \tag{3-14}$$

因为 (x_1, y_1) 为任意点, 所以由式 (3-14) 可得

$$y_0 = \varphi(x_0, x, y). \tag{3-15}$$

由式 (3-12) 和式 (3-15) 可得到如下定理.

定理 3.5 (解关于初值的对称性定理)　若微分方程初值问题 (3-1) 存在唯一解 $y = \varphi(x, x_0, y_0)$, 则在解的存在区间内

$$y_0 = \varphi(x_0, x, y)$$

也成立.

这说明在解的存在区间上式 (3-12) 中的 (x, y) 与 (x_0, y_0) 可以互调位置.

引理 3.5 若函数 $f(x, y)$ 在域 Ω 内连续, 且关于 y 满足利普希茨条件 (常数 L), 则对于方程 $\dfrac{\mathrm{d}y}{\mathrm{d}x} = f(x, y)$ 的任意两个解 $\varphi(x), \psi(x)$, 在它们的公共存在区间内某一点 x_0 处, 有

$$|\varphi(x) - \psi(x)| \leqslant |\varphi(x_0) - \psi(x_0)| \mathrm{e}^{L|x - x_0|}.$$

证明: 设解 $\varphi(x), \psi(x)$ 在公共存在区间 $[c, d]$ 上有定义, 令

$$u(x) = [\varphi(x) - \psi(x)]^2, \quad x \in [c, d],$$

于是有

$$\begin{aligned} u'(x) &= 2[\varphi(x) - \psi(x)][\varphi'(x) - \psi'(x)] \\ &= 2[\varphi(x) - \psi(x)][f(x, \varphi) - f(x, \psi)] \\ &\leqslant 2L[\varphi(x) - \psi(x)]^2 \\ &= 2Lu(x). \end{aligned}$$

两端同乘 e^{-2Lx}, 有

$$[u'(x) - 2Lu(x)]\mathrm{e}^{-2Lx} \leqslant 0,$$

得到

$$\frac{\mathrm{d}[u(x)\mathrm{e}^{-2Lx}]}{\mathrm{d}x} \leqslant 0.$$

所以, 对任意 $x \in [c, d]$, 有

$$u(x)\mathrm{e}^{-2Lx} \leqslant u(x_0)\mathrm{e}^{-2Lx_0}, \quad x_0 \leqslant x \leqslant d,$$

于是有

$$u(x) \leqslant u(x_0)\mathrm{e}^{2L(x - x_0)}. \tag{3-16}$$

另一方面, 当 $c \leqslant x \leqslant x_0$ 时, 对微分方程初值问题 (3-1) 中的第一式作变量变换, 令 $t = -x$, 则 $-x_0 \leqslant t \leqslant -c$, $t_0 = -x_0$, 微分方程初值问题变为

$$\frac{\mathrm{d}y}{\mathrm{d}x} = -f(-t, y).$$

于是解的形式为 $\varphi(-t)$, $\psi(-t)$. 令

$$v(t)=[\varphi(-t)-\psi(-t)]^2,$$

由式 (3-16) 可得

$$v(t)\leqslant v(t_0)\mathrm{e}^{2L(t-t_0)},\quad t_0\leqslant t\leqslant -c,$$

还原 t, 得到

$$v(-x)\leqslant v(-x_0)\mathrm{e}^{2L(-x+x_0)},\quad -x_0\leqslant -x\leqslant -c,$$

于是有

$$u(x)\leqslant u(x_0)\mathrm{e}^{2L(x_0-x)},\quad c\leqslant x\leqslant x_0. \tag{3-17}$$

由式 (3-16) 和式 (3-17) 得

$$u(x)\leqslant u(x_0)\mathrm{e}^{2L|x-x_0|},\quad c\leqslant x\leqslant d.$$

两边取平方根, 便可得到

$$|\varphi(x)-\psi(x)|\leqslant|\varphi(x_0)-\psi(x_0)|\mathrm{e}^{L|x-x_0|},\quad c\leqslant x\leqslant d. \quad ■$$

定理 3.6 (解对初值的连续依赖性定理) 设 $f(x,y)$ 在区域 G 内连续, 且关于 y 满足局部利普希茨条件, 点 $(x_0,y_0)\in G$, 微分方程初值问题 (3-1) 中的第一式满足初值条件 $y(x_0)=y_0$ 的解为 $y=\varphi(x,x_0,y_0)$, 在区间 $[a,b]$ 上有定义, 且 $x_0\in[a,b]$, 则对任意给定的 $\varepsilon>0$, 存在 $\delta=\delta(\varepsilon,a,b)>0$, 使得当

$$(x_1-x_0)^2+(y_1-y_0)^2<\delta^2$$

时, 微分方程初值问题 (3-1) 中的第一式满足初值条件 $y(x_1)=y_1$ 的解 $y=\varphi(x,x_1,y_1)$ 在区间 $[a,b]$ 上也有定义, 且

$$|\varphi(x,x_1,y_1)-\varphi(x,x_0,y_0)|<\varepsilon,\quad x\in[a,b].$$

证明: 我们分以下三步进行讨论.

(1) 解 $y=\varphi(x,x_0,y_0)$ 所对应的积分曲线记为

$$S=\{(x,y)\big|y=\varphi(x,x_0,y_0)\equiv\varphi(x),x\in[a,b]\},$$

$S \subset G$ 为有界闭集. 对任意有限个点 $P_i \in S(i = 1, \cdots, N)$, 存在以 P_i 为中心的小开圆 $C_i \subset G$, 使得在 C_i 内 $f(x, y)$ 关于 y 满足利普希茨条件, L 为利普希茨常数中的最大值. 由有限覆盖定理可知

$$S \subset \bigcup_{i=1}^{N} C_i \subset G,$$

也就是说, 这有限个小开圆在区间 $[a, b]$ 上覆盖了积分曲线 S.

设 $\rho > 0$ 表示 S 与 $\bigcup_{i=1}^{N} C_i$ 边界的距离. 若取

$$\eta = \min\left\{\varepsilon, \frac{\rho}{2}\right\},$$

则以 S 上每一点 P_i 为中心、以 η 为半径的圆的全体, 连同它们的圆周一起构成包含 S 的有界闭域

$$D = \overline{\bigcup_{P_i \in S} B(P_i, \eta)}\ .$$

所以 $S \subset D \subset G$, $f(x, y)$ 在 D 上关于 y 满足利普希茨条件, L 即为其利普希茨常数.

(2) 接下来证明对任意的 $\varepsilon > 0$, 存在 $\delta = \delta(\varepsilon, a, b) > 0$ $(\delta < \eta)$, 使得当

$$(x_1 - x_0)^2 + (y_1 - y_0)^2 < \delta^2$$

时, 解 $y = \varphi(x, x_1, y_1) \equiv \psi(x)$ 在区间 $[a, b]$ 上有定义.

由定理 3.3和 (1) 可知, 解 $y = \varphi(x, x_0, y_0)$ 可以一直延拓至 D 的边界 ∂D 上. 设边界 ∂D 上的两个点为 $(c, \psi(c)), (d, \psi(d))$, 这里 $c < d$, 则必有 $[a, b] \subset [c, d]$.

否则, 假设 $c > a, d < b$, 由引理 3.5可知

$$|\psi(x) - \varphi(x)| \leqslant |\psi(x_1) - \varphi(x_1)|\mathrm{e}^{L|x - x_1|}, \quad c \leqslant x \leqslant d.$$

由解 $\varphi(x)$ 的连续性可知, 当 $|x - x_0| \leqslant \delta_2$ 时, 有

$$|\varphi(x) - \varphi(x_0)| < \delta_1 = \frac{1}{2}\eta\mathrm{e}^{-L(b-a)}.$$

令 $\delta = \min\{\delta_1, \delta_2\}$, 当 $(x_1 - x_0)^2 + (y_1 - y_0)^2 \leqslant \delta^2$ 时, 有

$$\begin{aligned}
|\psi(x) - \varphi(x)|^2 \leqslant & |\psi(x_1) - \varphi(x_1)|^2\mathrm{e}^{2L|x - x_1|} \\
= & |\psi(x_1) - \varphi(x_0) + \varphi(x_0) - \varphi(x_1)|^2\mathrm{e}^{2L|x - x_1|} \\
\leqslant & (|\psi(x_1) - \varphi(x_0)| + |\varphi(x_0) - \varphi(x_1)|)^2\mathrm{e}^{2L|x - x_1|} \\
\leqslant & 2(|\psi(x_1) - \varphi(x_0)|^2 + |\varphi(x_0) - \varphi(x_1)|^2)\mathrm{e}^{2L|x - x_1|}
\end{aligned}$$

$$
\begin{aligned}
&=2(|y_1-y_0|^2+|\varphi(x_0)-\varphi(x_1)|^2)\mathrm{e}^{2L|x-x_1|}\\
&\leqslant 2(\delta^2+{\delta_1}^2)\mathrm{e}^{2L|x-x_1|}\\
&\leqslant 4\delta_1^2\mathrm{e}^{2L(b-a)}\\
&=\eta^2,\quad c\leqslant x\leqslant d,
\end{aligned}\tag{3-18}
$$

则有

$$|\psi(c)-\varphi(c)|<\eta,\quad |\psi(d)-\varphi(d)|<\eta.$$

这说明点 $(c,\psi(c))$ 和 $(d,\psi(d))$ 均落在域 D 的内部, 而不在边界 ∂D 上, 与前面假设矛盾. 因此, 解 $\psi(x)$ 在区间 $[a,b]$ 上有定义.

(3) 将上述证明过程中的区间 $[c,d]$ 换为 $[a,b]$, 重复式 (3-18) 的推导过程, 便可得到, 当 $(x_1-x_0)^2+(y_1-y_0)^2\leqslant\delta^2$ 时, 有

$$|\varphi(x,x_1,y_1)-\varphi(x,x_0,y_0)|<\eta\leqslant\varepsilon,\quad x\in[a,b].\quad \blacksquare$$

推论 3.1 (解对初值的连续性定理)　设函数 $f(x,y)$ 在区域 G 内连续, 且关于 y 满足局部利普希茨条件, 则微分方程初值问题 (3-1) 的解 $y=\varphi(x,x_0,y_0)$ 作为 x,x_0,y_0 的函数在其存在范围内是连续的.

证明: 由定理 3.6和定理 3.3可知, 解 $\varphi(x,x_0,y_0)$ 可作为自变量 x 和初值 (x_0,y_0) 的三元连续函数. 设它达到饱和解时的最大存在区间是

$$\alpha(x_0,y_0)<x<\beta(x_0,y_0).$$

令

$$V=\{(x,x_0,y_0)\big|\alpha(x_0,y_0)<x<\beta(x_0,y_0),(x_0,y_0)\in G\},$$

则解 $y=\varphi(x,x_0,y_0)$ 在 V 上有定义.

过任给一点 $(\overline{x},x_1,y_1)$ 的解 $\varphi(x,x_1,y_1)$ 的最大存在区间必然包含 $\overline{x},x_1$, 故存在区间 $[a,b]$, 使得 $a<\overline{x},x_1<b$, 且 $\varphi(x,x_1,y_1)$ 在区间 $[a,b]$ 上有定义, 并对 x 连续. 因此, 对任意的 $\varepsilon>0$, 存在 $\delta_1>0$, 使得当 $|x-\overline{x}|<\delta_1$ 时, 有 $x\in[a,b]$, 且

$$|\varphi(x,x_1,y_1)-\varphi(\overline{x},x_1,y_1)|<\frac{\varepsilon}{2}.$$

由定理 3.6可得, 对任意的 $\varepsilon>0$, 存在 $\delta_2=\delta_2(\varepsilon,a,b)>0$, 使得当

$$(x_1-x_0)^2+(y_1-y_0)^2<{\delta_2}^2$$

时, 解 $y=\varphi(x,x_0,y_0)$ 在 $[a,b]$ 上也有定义, 且

$$|\varphi(x,x_0,y_0)-\varphi(x,x_1,y_1)|<\frac{\varepsilon}{2}.$$

取 $\delta=\min\{\delta_1,\delta_2\}$, 则当

$$(x-\overline{x})^2+(x_1-x_0)^2+(y_1-y_0)^2<\delta^2$$

时, 有

$$\begin{aligned}&|\varphi(x,x_0,y_0)-\varphi(\overline{x},x_1,y_1)|\\ \leqslant&|\varphi(x,x_0,y_0)-\varphi(x,x_1,y_1)|+|\varphi(x,x_1,y_1)-\varphi(\overline{x},x_1,y_1)|\\ \leqslant&\frac{\varepsilon}{2}+\frac{\varepsilon}{2}\\ =&\varepsilon,\end{aligned}$$

故 $y=\varphi(x,x_0,y_0)$ 在任意点 $(\overline{x},x_1,y_1)$ 处连续, 也就是在其存在范围内连续. ■

定义 3.1 含有参数 λ 的微分方程

$$\frac{\mathrm{d}y}{\mathrm{d}x}=f(x,y,\lambda), \tag{3-19}$$

定义在区域 $G_\lambda=\{(x,y)\in G,\alpha<\lambda<\beta\}$ 上. 设函数 $f(x,y,\lambda)$ 在 G_λ 内有定义, 若对任意的 $(x,y,\lambda)\in G_\lambda$, 存在以它为中心的球 $B\subset G_\lambda$ 和与 λ 无关的常数 $L>0$, 使得对任意的 $(x,y_1,\lambda),(x,y_2,\lambda)\in B$, 有

$$|f(x,y_1,\lambda)-f(x,y_2,\lambda)|\leqslant L|y_1-y_2|,$$

则称 $f(x,y,\lambda)$ 在 G_λ 内关于 y**一致地满足局部利普希茨条件**.

由定理 3.1可知, 对任意的 $\lambda_0\in(\alpha,\beta)$, 微分方程初值问题 (3-1) 通过点 $(x_0,y_0)\in G$ 的解 $y=\varphi(x,x_0,y_0,\lambda)$ 唯一确定, 且满足 $y_0=\varphi(x_0,x_0,y_0,\lambda_0)$.

定理 3.7 (解对初值和参数的连续依赖性定理) 设函数 $f(x,y,\lambda)$ 在 G_λ 内连续且关于 y 一致地满足局部利普希茨条件, 给定 $(x_0,y_0,\lambda_0)\in G_\lambda$, 过点 $(x_0,y_0,\lambda_0)\in G_\lambda$ 并满足初值条件 $y(x_0)=y_0$ 的解 $y=\varphi(x,x_0,y_0,\lambda_0)$ 在区间 $[a,b]$ 上有定义, $a\leqslant x_0\leqslant b$, 则对任意的 $\varepsilon>0$, 存在 $\delta=\delta(\varepsilon,a,b)>0$, 使得当

$$(x_1-x_0)^2+(y_1-y_0)^2+(\lambda-\lambda_0)^2<\delta^2$$

时, 方程 (3-19) 满足初值条件 $y(x_1)=y_1$ 的解 $y=\varphi(x,x_1,y_1,\lambda)$ 在区间 $[a,b]$ 上也有定义, 且

$$|\varphi(x,x_1,y_1,\lambda)-\varphi(x,x_0,y_0,\lambda_0)|<\varepsilon,\quad x\in[a,b].$$

定理 3.8 (解对初值和参数的连续性定理)　设函数 $f(x,y,\lambda)$ 在 G_λ 内连续, 且在 G_λ 内关于 y 一致地满足局部利普希茨条件, 则方程 (3-19) 的解 $y=\varphi(x,x_0,y_0,\lambda)$ 作为 x,x_0,y_0,λ 的函数在它的存在范围内是连续的.

3.4　解对初值的可微性定理

定理 3.9 (解对初值的可微性定理)　如果函数 $f(x,y)$ 及 $\dfrac{\partial f(x,y)}{\partial y}$ 都在区域 G 内连续, 则微分方程初值问题 (3-1) 的解 $y=\varphi(x,x_0,y_0)$ 作为 x,x_0,y_0 的函数在它的存在范围内是连续可微的.

证明: 以下分 4 步进行证明.

(1) 因为 $\dfrac{\partial f}{\partial y}$(记为 f'_y) 在区域 G 内连续, 所以 $f(x,y)$ 在 G 内关于 y 满足局部利普希茨条件. 由解对初值的连续性定理可知, 微分方程初值问题 (3-1) 的解 $y=\varphi(x,x_0,y_0)$ 作为 x,x_0,y_0 的函数在它的存在范围内存在且连续.

(2) 因为 $y=\varphi(x,x_0,y_0)$ 是微分方程初值问题 (3-1) 的解, 得到 $\dfrac{\partial\varphi}{\partial x}$ 存在且有

$$\frac{\partial\varphi}{\partial x}=f(x,\varphi(x,x_0,y_0)).$$

由 $f(x,y)$ 及 $\varphi(x,x_0,y_0)$ 连续可知, $\dfrac{\partial\varphi}{\partial x}$ 连续. 所以, 解 $y=\varphi(x,x_0,y_0)$ 在它的存在范围内关于 x 是连续可微的.

(3) 记过点 (x_0,y_0) 和 $(x_0+\Delta x_0,y_0)$($|\Delta x_0|$ 充分小, 且 $\Delta x_0\neq0$) 的解分别为

$$y=\varphi(x,x_0,y_0)\equiv\varphi,\quad y=\varphi(x,x_0+\Delta x_0,y_0)\equiv\psi.$$

由定理 3.1中给出的微分方程初值问题 (3-1) 和积分方程 (3-2) 的等价性得到

$$\varphi=y_0+\int_{x_0}^{x}f(x,\varphi)\mathrm{d}x,\quad \psi=y_0+\int_{x_0+\Delta x_0}^{x}f(x,\psi)\mathrm{d}x. \tag{3-20}$$

两者相减得到

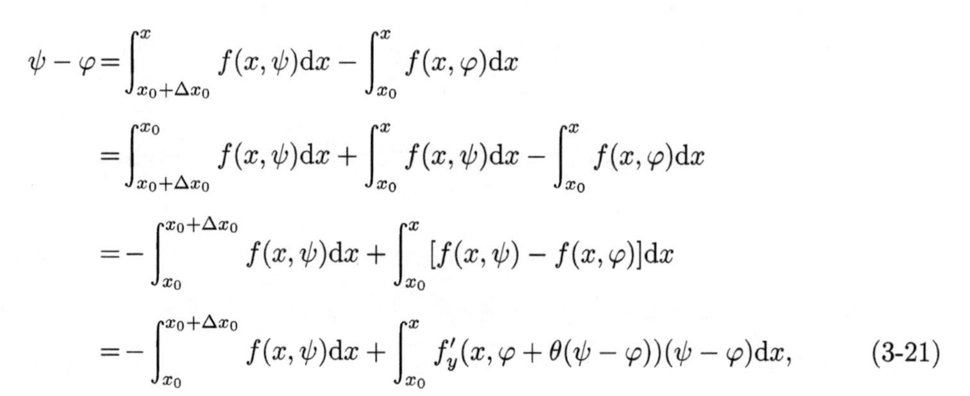

$$
\begin{aligned}
\psi-\varphi &= \int_{x_0+\Delta x_0}^{x} f(x,\psi)\mathrm{d}x - \int_{x_0}^{x} f(x,\varphi)\mathrm{d}x \\
&= \int_{x_0+\Delta x_0}^{x_0} f(x,\psi)\mathrm{d}x + \int_{x_0}^{x} f(x,\psi)\mathrm{d}x - \int_{x_0}^{x} f(x,\varphi)\mathrm{d}x \\
&= -\int_{x_0}^{x_0+\Delta x_0} f(x,\psi)\mathrm{d}x + \int_{x_0}^{x} [f(x,\psi)-f(x,\varphi)]\mathrm{d}x \\
&= -\int_{x_0}^{x_0+\Delta x_0} f(x,\psi)\mathrm{d}x + \int_{x_0}^{x} f'_y(x,\varphi+\theta(\psi-\varphi))(\psi-\varphi)\mathrm{d}x,
\end{aligned} \tag{3-21}
$$

其中, $0<\theta<1$. 方程 (3-21) 的最后一个等式由微分中值定理得到. 由 f'_y,φ,ψ 的连续性及积分中值定理可得

$$
\int_{x_0}^{x_0+\Delta x_0} f(x,\psi)\mathrm{d}x = \Delta x_0 f(x_0,y_0) + \Delta x_0\gamma_1, \tag{3-22}
$$

$$
f'_y(x,\varphi+\theta(\psi-\varphi)) = f'_y(x,\varphi)+\gamma_2, \tag{3-23}
$$

其中, 当 $\Delta x_0\to 0$ 时, $\gamma_1\to 0,\gamma_2\to 0$. 当 $\Delta x_0=0$ 时, 由式 (3-20) 可知 $\varphi=\psi$, 则 $\gamma_2=0$, 且由式 (3-22) 可知, $\gamma_1=0$.

方程 (3-21) 两端同除以 Δx_0, 可得

$$
\begin{aligned}
\frac{\psi-\varphi}{\Delta x_0} &= -\frac{1}{\Delta x_0}\int_{x_0}^{x_0+\Delta x} f(x,\psi)\mathrm{d}x + \int_{x_0}^{x} f'_y(x,\varphi+\theta(\psi-\varphi))\frac{\psi-\varphi}{\Delta x_0}\mathrm{d}x \\
&= \int_{x_0}^{x} (f'_y(x,\varphi)+\gamma_2)\frac{\psi-\varphi}{\Delta x_0}\mathrm{d}x - f(x_0,y_0) - \gamma_1.
\end{aligned} \tag{3-24}
$$

令 $z=\dfrac{\psi-\varphi}{\Delta x_0}$, 则上式变为

$$
z = \int_{x_0}^{x} (f'_y(x,\varphi)+\gamma_2)z\mathrm{d}x - f(x_0,y_0) - \gamma_1.
$$

两端关于 x 求导, 得到与之等价的微分方程初值问题

$$
\begin{cases}
\dfrac{\mathrm{d}z}{\mathrm{d}x} = (f'_y(x,\varphi)+\gamma_2)z, \\
z(x_0) = -f(x_0,y_0)-\gamma_1, \quad \Delta x_0\neq 0.
\end{cases} \tag{3-25}
$$

当 $\Delta x_0=0$ 时, 由于 $\gamma_1=\gamma_2=0$, 初值问题 (3-25) 可化为初值问题

$$
\begin{cases}
\dfrac{\mathrm{d}z}{\mathrm{d}x} = f'_y(x,\varphi)z, \\
z(x_0) = -f(x_0,y_0).
\end{cases} \tag{3-26}
$$

因为 φ 和 ψ 是式 (3-20) 的连续解, 则 $z=\dfrac{\psi-\varphi}{\Delta x_0}$ 是初值问题 (3-25) 的解. 当 $\Delta x_0=0$ 时, 实际上 $\varphi\equiv\psi$, 所以 z 也是初值问题 (3-26) 的解. 因此, 仅考虑初值问题 (3-25) 即可.

由于初值问题 (3-25) 中的右端函数 $(f_y'(x,\varphi)+\gamma_2)z$ 关于 $x,y,\Delta x_0$ 是连续的, 且关于 z 一致地满足局部利普希茨条件, 因此 z 是 $x,x_0,z_0,\Delta x_0$ 的连续函数, 于是

$$\lim_{\Delta x_0\to 0}z=\lim_{\Delta x_0\to 0}\frac{\psi-\varphi}{\Delta x_0}=\frac{\partial\varphi}{\partial x_0}$$

存在, 且满足初值问题 (3-25). 由变量分离法可解得

$$z=-(f(x_0,y_0)+\gamma_1)\mathrm{e}^{\int_{x_0}^{x}(f_y'(x,\varphi)-\gamma_2)\mathrm{d}x},$$

因此

$$\frac{\partial\varphi}{\partial x_0}=-f(x_0,y_0)\mathrm{e}^{\int_{x_0}^{x}f_y'(x,\varphi)\mathrm{d}x}. \tag{3-27}$$

(4) 同样地, 可证得 $\dfrac{\partial\varphi}{\partial y_0}$ 存在且连续.

设 $y=\varphi(x,x_0,y_0+\Delta y_0)\equiv\overline{\psi}(|\Delta y_0|$ 充分小) 是微分方程初值问题 (3-1) 通过点 $(x_0,y_0+\Delta y_0)$ 的解. 类似 (3) 中的推导过程, 可得 $u=\dfrac{\overline{\psi}-\varphi}{\Delta y_0}$ 是初值问题

$$\begin{cases}\dfrac{\mathrm{d}u}{\mathrm{d}x}=(f_y'(x,\varphi)+\gamma_3)u,\\ u(x_0)=1,\end{cases}$$

的解. 其中, 当 $\Delta y_0\to 0$ 时, $\gamma_3\to 0$, 且当 $\Delta y_0=0$ 时, $\gamma_3=0$. 此时, u 为初值问题

$$\begin{cases}\dfrac{\mathrm{d}u}{\mathrm{d}x}=f_y'(x,\varphi)u,\\ u(x_0)=1,\end{cases} \tag{3-28}$$

的解. 因此, u 为 $x,x_0,u_0,\Delta y_0$ 的连续函数, 且有

$$\frac{\partial\varphi}{\partial y_0}=\lim_{\Delta y_0\to 0}\frac{\overline{\psi}-\varphi}{\Delta y_0}=\mathrm{e}^{\int_{x_0}^{x}f_y'(x,\varphi)\mathrm{d}x}. \quad ■ \tag{3-29}$$

由解对初值的可微性定理得知, $\dfrac{\partial\varphi}{\partial x_0}$ 和 $\dfrac{\partial\varphi}{\partial y_0}$ 分别是初值问题 (3-26) 和初值问题 (3-28) 的解, 且由式 (3-27) 和式 (3-29) 表示出来.

例 3.5　设初值问题

$$\begin{cases}\dfrac{\mathrm{d}y}{\mathrm{d}x}=\sin(xy^2),\\ y(x_0)=y_0,\end{cases}$$

的解为 $y=\varphi(x,x_0,y_0)$, 试求 $\left.\dfrac{\partial\varphi(x,x_0,y_0)}{\partial x_0}\right|_{x_0=1,y_0=0}$ 和 $\left.\dfrac{\partial\varphi(x,x_0,y_0)}{\partial y_0}\right|_{x_0=1,y_0=0}$.

解: 令

$$f(x,y)=\sin(xy^2),$$

则有

$$\frac{\partial f}{\partial y}=\cos(xy^2)\cdot 2yx.$$

由于 $f(x,y)$ 与 $\dfrac{\partial f}{\partial y}$ 均在 xOy 平面上连续, 且满足定理 3.9的条件. 而且由原方程可知, $y=0$ 也是满足初值条件 $y(1)=0$ 的解, 有 $\varphi(x,1,0)=0$. 因此, 由式 (3-27) 和式 (3-29) 可得

$$\left.\frac{\partial\varphi(x,x_0,y_0)}{\partial x_0}\right|_{x_0=1,y_0=0}=-f(1,0)\mathrm{e}^{\int_1^x 2x\varphi\cos(x\varphi^2(x,1,0))\mathrm{d}x}=0,$$

$$\left.\frac{\partial\varphi(x,x_0,y_0)}{\partial y_0}\right|_{x_0=1,y_0=0}=\mathrm{e}^{\int_1^x 2x\varphi\cos(x\varphi^2(x,1,0))\mathrm{d}x}=1.$$

3.5 包络和奇解

一阶微分方程

$$\frac{\mathrm{d}y}{\mathrm{d}x}=f(x,y) \tag{3-30}$$

的通解往往是含有一个任意常数的解, 它在几何上表示一族积分曲线

$$\varphi(x,y,c)=0. \tag{3-31}$$

例如:

(1) $x^2+y^2=c,\quad c>0;$

(2) $y^2+(x-c)^2=1,\quad -\infty<c<+\infty;$

(3) $y-(x-c)^2=2,\quad -\infty<c<+\infty.$

易知, (1) 为以原点为中心的一族同心圆, (2) 为以 $(c,0)$ 为中心、1 为半径的一族圆, (3) 为一族抛物曲线, 如图 3-2 所示.

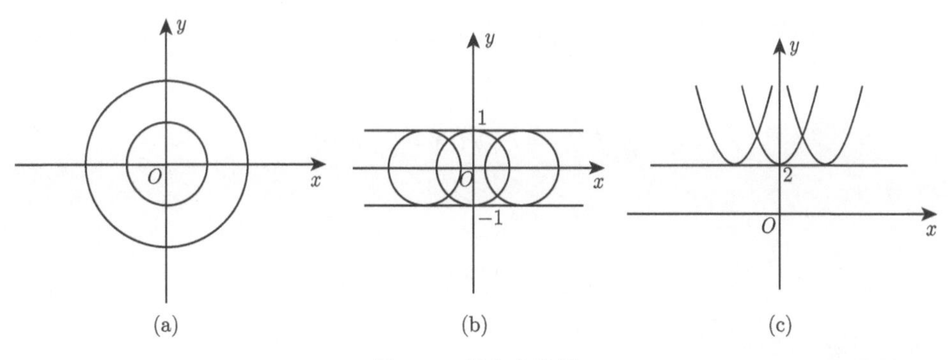

图 3-2　积分曲线图

对于图 3-2(b), 我们发现两条直线 $y=\pm1$ 的每一点总与 (2) 所表示的积分曲线族中的圆在该点相切; 图 3-2(c) 也是如此, 直线 $y=2$ 上的每一点总与 (3) 所表示的其中一条抛物线在该点相切. 于是, 提出曲线的包络定义.

定义 3.2　设在平面上有一条连续可微的曲线 Γ. 如果对于任一点 $P\in\Gamma$, 在点 P 的某一邻域内, 积分曲线族 (3-31) 中都有一条曲线通过点 P, 且在点 P 处与曲线 Γ 相切, 则称曲线 Γ 为积分曲线族 (3-31) 的一支**包络**.

所以, 在图 3-2(b) 中, 两条直线 $y=\pm1$ 是积分曲线族 $y^2+(x-c)^2=1$ 的包络; 在图 3-2(c) 中, 直线 $y=2$ 是积分曲线族 $y-(x-c)^2=2$ 的包络. 但是, 并不是每一族积分曲线都有包络. (1) 中所表示的同心圆就没有包络. 下面我们给出积分曲线族存在包络的必要条件.

定理 3.10 (c-判别法)　若曲线 Γ 是积分曲线族 (3-31) 的一支包络, 则它同时满足

$$\begin{cases}\varphi(x,y,c)=0,\\ \varphi'_c(x,y,c)=0,\end{cases}\tag{3-32}$$

消去 c, 得到

$$V(x,y)=0.\tag{3-33}$$

证明: 包络 Γ 可写为如下参数形式:

$$x=f(c),\quad y=g(c),$$

其中, c 为积分曲线族 (3-31) 中的参数. 积分曲线族 (3-31) 可另写为

$$\varphi(f(c),g(c),c)=0.\tag{3-34}$$

由于包络是连续可微的, 因此 $f(c)$ 和 $g(c)$ 对 c 也是连续可微的, 对方程 (3-34) 关于 c 求导可得

$$\varphi'_x f'(c) + \varphi'_y g'(c) + \varphi'_c = 0, \tag{3-35}$$

其中

$$\varphi'_x = \varphi'_x(f(c), g(c), c),\ \varphi'_y = \varphi'_y(f(c), g(c), c).$$

对任意常数 c, 当

$$(f'(c), g'(c)) = (0,0) \text{ 或 } (\varphi'_x, \varphi'_y) = (0,0) \tag{3-36}$$

时, 由式 (3-35) 可得

$$\varphi'_c(f(c), g(c), c) = 0. \tag{3-37}$$

当式 (3-36) 不成立时, 即

$$(f'(c), g'(c)) \neq (0,0) \text{ 且 } (\varphi'_x, \varphi'_y) \neq (0,0),$$

这时包络 Γ 在点 $P(c) = (f(c), g(c))$ 处的切向量 $(f'(c), g'(c))$ 与通过点 $P(c)$ 的曲线 $\varphi(x, y, c) = 0$ 在 $P(c)$ 点的切向量 $(-\varphi'_y, \varphi'_x)$ 都是非退化的. 又因为这两个切向量在点 $P(c)$ 处是共线的, 所以得到

$$f'(c)\varphi'_x + g'(c)\varphi'_y = 0.$$

于是, 由式 (3-35) 同样得到式 (3-37) 成立.

因此, 若给定积分曲线族 (3-31) 的包络, 对于任意常数 c, 式 (3-34) 和式 (3-37) 必然同时成立. 于是, c-判别法是包络存在的必要条件. ■

例 3.6 求曲线族 $(x-c)^2 + y^2 = 4c$ 的包络.

解: 由 c-判别法可得

$$\begin{cases} (x-c)^2 + y^2 = 4c, \\ -2(x-c) = 4, \end{cases}$$

消去 c, 得到曲线

$$y^2 = 4x + 4.$$

经检验, 该曲线为所求曲线族的包络, 如图 3-3 所示.

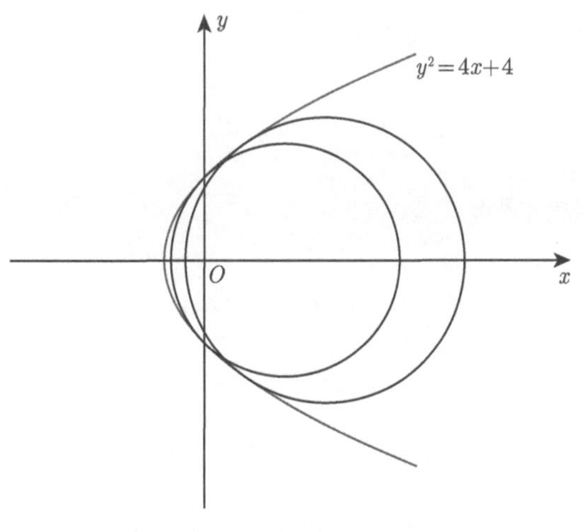

图 3-3　包络 $y^2 = 4x + 4$

由 c-判别法可知, 满足条件 (3-32) 或条件 (3-33) 的曲线并不一定就是积分曲线族 (3-31) 的包络, 还需要进一步验证. 例如, 积分曲线族 $y^2 + cx = 0$ 由 c-判别法可得到点 $(0,0)$, 该点不是这个积分曲线族的包络. 下面的定理给出了包络存在的充分条件.

定理 3.11　设由积分曲线族 (3-31) 的 c-判别法 (3-33) 确定了一条连续可微的曲线 $V(x,y)=0$, 或写成参数形式

$$\Gamma:\ x = u(c),\quad y = v(c),$$

且满足条件

$$(u'(c), v'(c)) \neq (0,0),\quad (\varphi'_x, \varphi'_y) \neq (0,0), \tag{3-38}$$

其中 $\varphi'_x = \varphi'_x(u(c), v(c), c)$, $\varphi'_y = \varphi'_y(u(c), v(c), c)$, 则 Γ 是积分曲线族 (3-31) 的一支包络.

证明: 在曲线 Γ 上任取一点 $P(c) = (u(c), v(c))$, 则有

$$\varphi(u(c), v(c), c) = 0,\ \varphi'_c(u(c), v(c), c) = 0.$$

由于 $(\varphi'_x, \varphi'_y) \neq (0,0)$, 利用隐函数存在定理可知, 方程 (3-34) 在点 $P(c)$ 处可确定一条连续可微的曲线

$$\Gamma_c: y = h(x),\quad 或\ x = m(y).$$

该曲线在点 $P(c)$ 的斜率为

$$k = -\frac{\varphi'_x(u(c), v(c), c)}{\varphi'_y(u(c), v(c), c)};$$

或者可表示为曲线 Γ_c 在 $P(c)$ 处有切向量

$$\boldsymbol{t}_1 = (-\varphi'_y, \varphi'_x).$$

而曲线 Γ 在点 $P(c)$ 的切向量为

$$\boldsymbol{t}_2 = (u'(c), v'(c)).$$

由式 (3-35) 可知

$$u'(c)\varphi'_x + v'(c)\varphi'_y = 0,$$

这意味着切向量 $\boldsymbol{t}_1$ 和 $\boldsymbol{t}_2$ 在 $P(c)$ 点处是共线的.

又因为对于曲线 Γ, 当 c 固定时, Γ 为一个点, 所以它不包含于积分曲线族 (3-31) 内. 也就是说, 曲线 Γ 与积分曲线族 (3-31) 中的曲线不同, 但在点 $P(c)$ 处切向量共线. 于是, 证得这样的曲线 Γ 是积分曲线族 (3-31) 的一支包络. ■

例 3.7 利用定理 3.11 检验曲线 $y^2 = 4x + 4$ 是例 3.6 中曲线族的包络.

解: 令

$$\varphi(x, y, c) = (x - c)^2 + y^2 - 4c.$$

曲线 $y^2 = 4x + 4$ 可写为参数形式

$$\begin{cases} x = u(c) = c - 2, \\ y = v(c) = \pm 2\sqrt{c - 1}, \quad (c > 1). \end{cases}$$

因为

$$(u'(c), v'(c)) = \left(1, \pm\frac{1}{\sqrt{c-1}}\right) \neq (0, 0),$$

且

$$(\varphi'_x, \varphi'_y) = (-4, \pm 4\sqrt{c-1}) \neq (0, 0),$$

由定理 3.11 可知, $y^2 = 4x + 4$ 是曲线族 $\varphi(x, y, c) = 0$ 的一支包络.

例 3.8 求解方程

$$-\frac{1}{4}\left(\frac{\mathrm{d}y}{\mathrm{d}x}\right)^2 + x\frac{\mathrm{d}y}{\mathrm{d}x} - y = 0.$$

解: 令 $p = \dfrac{\mathrm{d}y}{\mathrm{d}x}$, 则方程化为

$$-\frac{1}{4}p^2 + xp - y = 0, \tag{3-39}$$

两端同时关于 x 求导, 可得

$$-\frac{1}{2}p\frac{\mathrm{d}p}{\mathrm{d}x}+x\frac{\mathrm{d}p}{\mathrm{d}x}=0,$$

即

$$\frac{\mathrm{d}p}{\mathrm{d}x}\left(-\frac{1}{2}p+x\right)=0.$$

则有

$$\frac{\mathrm{d}p}{\mathrm{d}x}=0,\quad p\equiv c,$$

其中, c 为任意常数. 代入方程 (3-39) 可得通解

$$y=cx-\frac{1}{4}c^2. \tag{3-40}$$

当 $-\frac{1}{2}p+x=0$ 时, 即 $x=\frac{1}{2}p$, 由方程 (3-39) 得到一个参数形式的特解

$$\begin{cases}x=\dfrac{1}{2}p,\\ y=\dfrac{1}{4}p^2.\end{cases} \tag{3-41}$$

图 3-4 给出了例 3.8的通解和特解的图形. 我们发现通解 (3-40) 不包含特解 (3-41), 而且在特解的每一点上都有通解中的某个解在该点与其相切. 对于这样特殊的几何意义, 我们引入奇解的概念.

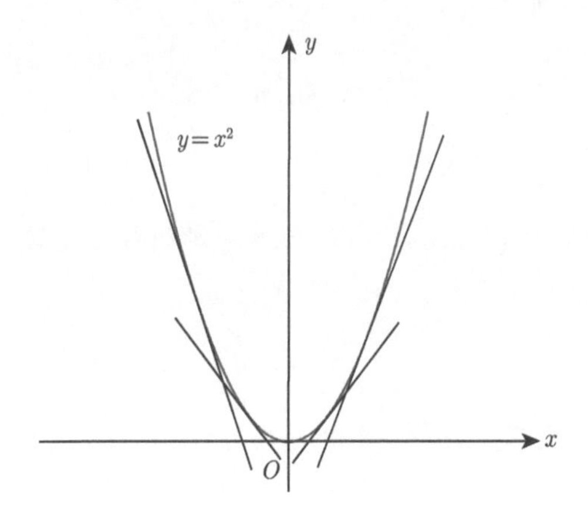

图 3-4　例 3.8 的通解和特解的图形

定义 3.3　设一阶微分方程

$$F(x,y,y')=0 \tag{3-42}$$

有一个特解

$$\Gamma:\ y=\varphi(x). \tag{3-43}$$

如果对每一点 $P\in\Gamma$, 在点 P 的任何邻域内微分方程 (3-42) 有一个不同于 Γ 的解在该点与 Γ 相切, 则称 $y=\varphi(x)$ 是微分方程 (3-42) 的**奇解**.

例 3.8中的特解 (3-41) 便是原方程的奇解. 下面我们给出奇解存在的必要条件.

定理 3.12 (p-判别法) 设函数 $F(x,y,y')$ 对 $(x,y,y')\in G$ 是连续的 (令 $y'=p$), 且关于 y 和 p 存在连续的偏导数 F'_y,F'_p. 若函数 $y=\varphi(x)$ 是微分方程 (3-42) 的一个奇解, 且

$$(x,\varphi(x),\varphi'(x))\in G,$$

则奇解满足

$$\begin{cases}F(x,y,p)=0,\\ F'_p(x,y,p)=0,\end{cases} \tag{3-44}$$

从中消去 p, 得到

$$W(x,y)=0. \tag{3-45}$$

证明: 由于 $y=\varphi(x)$ 是微分方程 (3-42) 的解, 其满足式 (3-44) 中的第一式. 我们采用反证法来证明第二式成立. 假设存在某个点 (x_0,y_0,p_0) 使得

$$F'_p(x_0,y_0,p_0)\neq 0,$$

其中, $y_0=\varphi(x_0),\ p_0=\varphi'(x_0)$.

由于 $F(x_0,y_0,p_0)=0,(x_0,y_0,p_0)\in G$, 根据隐函数存在定理可知, 微分方程 (3-42) 在点 (x_0,y_0) 处存在唯一解

$$y'=f(x,y), \tag{3-46}$$

且满足 $f(x_0,y_0)=p_0$. 故而微分方程 (3-42) 所有满足 $y(x_0)=y_0,y'(x_0)=p_0$ 的解必定是微分方程 (3-46) 的解.

又因为函数 $f(x,y)$ 在点 (x_0,y_0) 的某邻域内连续, 且对 y 有连续偏导数

$$f'_y(x_0,y_0)=-\frac{F'_y(x,y,f(x,y))}{F'_p(x,y,f(x,y))},$$

则由定理 3.1可知, 微分方程 (3-42) 满足初值条件 $y(x_0)=y_0$ 的解是存在且唯一的. 这与奇解的定义矛盾. 因而 $y=\varphi(x)$ 必然满足式 (3-44) 中的第二式. ■

该定理同时也给出了奇解可能存在的范围. 我们可以从式 (3-44) 中去寻找奇解. 当然, 寻找到的解是否是奇解, 还需进一步验证.

对于例 3.8中的奇解, 可以验证其满足 p-判别法. 但是, 我们需要强调的是: 由 p-判别法得到的不一定是微分方程 (3-42) 的解; 若是解, 也不一定是奇解.

例如方程 $y'^2-4y^2=0$, 由 p-判别法可得

$$\begin{cases} p^2-4y^2=0, \\ 2p=0. \end{cases} \tag{3-47}$$

消去 p, 得到 $y=0$. 而 $y=0$ 是原方程的解, 却不是奇解. 因为原方程的通解为 $y=c\mathrm{e}^{-2x}$, 而 $y=0$ 含于通解内.

一般情况下, 若能求出原方程的通解, 可以结合几何图形、斜率等因素验证; 若不能求出原方程的通解, 我们给出判别奇解的一个充分条件.

定理 3.13 [10]　设函数 $F(x,y,p)$ 对 $(x,y,p)\in G$ 是二阶连续可微的. 若微分方程 (3-42) 由 p-判别法得到

$$F(x,y,p)=0,\quad F'_p(x,y,p)=0,$$

消去 p 后得到的函数 $y=\varphi(x)$ 是微分方程 (3-42) 的解. 如果它满足

$$F'_y(x,\varphi(x),\varphi'(x))\neq 0,$$

$$F''_{pp}(x,\varphi(x),\varphi'(x))\neq 0,$$

$$F'_p(x,\varphi(x),\varphi'(x))=0,$$

则 $y=\varphi(x)$ 是微分方程 (3-42) 的奇解.

例 3.9　方程

$$yy'^2=(y+1)\mathrm{e}^x$$

是否存在奇解?

解: 令 $y'=p$, 则

$$F(x,y,p)=yp^2-(y+1)\mathrm{e}^x.$$

由 p-判别法知

$$yp^2-(y+1)\mathrm{e}^x=0, \tag{3-48}$$

$$2yp = 0. \tag{3-49}$$

由式 (3-49) 解得

(1) $y = 0$ 不是原方程的解;

(2) $p = 0$ 时, 代入式 (3-48) 得到

$$y = \varphi(x) = -1.$$

因为

$$F'_y(x,-1,0) = (p^2 - \mathrm{e}^x)\Big|_{(x,-1,0)} = -\mathrm{e}^x \neq 0,$$

$$F''_{pp}(x,-1,0) = 2y\Big|_{(x,-1,0)} = -2 \neq 0,$$

$$F'_p(x,-1,0) = 2yp\Big|_{(x,-1,0)} = 0,$$

由定理 3.13可得, $y = -1$ 是原方程的奇解.

例 3.10 求方程 $2y(y'-1) - xy'^2 = 0$ 的奇解.

解: 令 $p = y'$, 则原方程写为

$$2y(p-1) - xp^2 = 0. \tag{3-50}$$

对上式关于 p 求导可得

$$2y - 2px = 0, \tag{3-51}$$

由 p-判别法, 将式 (3-51) 代入式 (3-50) 消去 p, 可得

$$y^2 - 2xy = 0, \tag{3-52}$$

解得

$$y = 0, \quad y = 2x.$$

它们均为原方程的解. 由定理 3.13容易验证, $y = 2x$ 即为原方程的奇解.

事实上, $y = 2x$ 也是积分曲线族

$$2cxy = (1 + cx^2)^2$$

的包络, 如图 3-5 所示.

- **克莱罗 (Clairaut) 方程**

$$y = xp + f(p), \quad p = \frac{\mathrm{d}y}{\mathrm{d}x}, \tag{3-53}$$

其中, $f(p)$ 是关于 p 的连续可微函数.

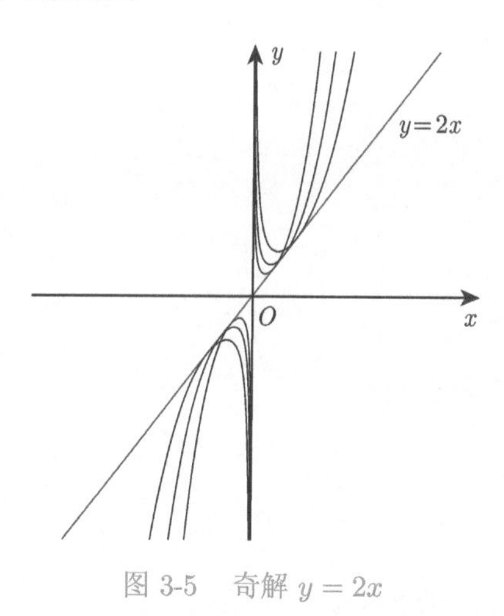

图 3-5 奇解 $y=2x$

对方程 (3-53) 进行求解, 两端关于 x 分别求导可得

$$p=x\frac{\mathrm{d}p}{\mathrm{d}x}+p+f'(p)\frac{\mathrm{d}p}{\mathrm{d}x},$$

化简得到

$$\frac{\mathrm{d}p}{\mathrm{d}x}(x+f'(p))=0.$$

若 $\frac{\mathrm{d}p}{\mathrm{d}x}=0$, 则 $p\equiv c$, 代入方程 (3-53) 中, 得到

$$y=cx+f(c), \tag{3-54}$$

即为方程 (3-53) 的通解, 其中 c 为任意常数.

若 $x+f'(p)=0$, 结合原方程可得参数形式的一个特解

$$\begin{cases} x+f'(p)=0, \\ y=xp+f(p). \end{cases} \tag{3-55}$$

该解恰与从通解 (3-54) 表示的积分曲线中求包络的 c-判别法求解过程一致. 经验证, 该解确为通解 (3-54) 的包络. 因此, 克莱罗方程的通解为一直线族, 只需将方程中的 p 代以任意常数 c 即可得到. 而特解 (3-55) 即为克莱罗方程的奇解.

例 3.11 求解例 3.8.

解: 令 $p=\frac{\mathrm{d}y}{\mathrm{d}x}$, 则原方程可化为方程 (3-39), 整理得到

$$y=xp-\frac{1}{4}p^2,$$

该方程为克莱罗方程. 于是由上述讨论可得其通解为

$$y = cx - \frac{1}{4}c^2.$$

由特解 (3-55) 可得

$$\begin{cases} x - \dfrac{1}{2}p = 0, \\ y = xp - \dfrac{1}{4}p^2. \end{cases} \tag{3-56}$$

消去 p, 得到 $y = x^2$ 即为原方程的奇解.

习 题 3

1. 求方程 $\dfrac{\mathrm{d}y}{\mathrm{d}x} = \sqrt{1-y^2}$ 的解的存在区间.

2. 求方程 $\dfrac{\mathrm{d}y}{\mathrm{d}x} = 2x + y^2$ 通过点 $(0,0)$ 的第二次近似解.

3. 求方程 $\dfrac{\mathrm{d}y}{\mathrm{d}x} = x - \dfrac{y^2}{2}$ 通过点 $(\dfrac{1}{2}, 1)$ 的第二次近似解.

4. 求初值问题

$$\begin{cases} \dfrac{\mathrm{d}y}{\mathrm{d}x} = 2x^2 - y, \quad \Omega: |x+1| \leqslant 1, \quad |y| \leqslant 1, \\ y(0) = -4, \end{cases}$$

的解的存在区间, 并求第二次近似解, 给出在解的存在区间的误差估计.

5. 证明误差估计不等式 (3-9).

6. 对于方程 $\dfrac{\mathrm{d}y}{\mathrm{d}x} = \sin\dfrac{y}{x}$, 试求

$$\left.\frac{\partial y(x, x_0, y_0)}{\partial x_0}\right|_{x_0=1, y_0=0}, \quad \left.\frac{\partial y(x, x_0, y_0)}{\partial y_0}\right|_{x_0=1, y_0=0}.$$

7. 设 $y = \varphi(x, x_0, y_0, \lambda)$ 是初值问题

$$\frac{\mathrm{d}y}{\mathrm{d}x} = \sin(\lambda x y), \quad \varphi = \varphi(x_0, x_0, y_0, \lambda) = y_0$$

的饱和解, 其中 λ 是参数, 求 $\dfrac{\partial \varphi}{\partial x_0}$, $\dfrac{\partial \varphi}{\partial y_0}$ 在 $(x, 0, 0, 1)$ 处的表达式.

8. 利用压缩映射原理证明方程 $\cos x = x$ 在 $[0,1]$ 上存在唯一的解.

9. 讨论微分方程 $\dfrac{\mathrm{d}y}{\mathrm{d}x} = \dfrac{y^2-1}{2}$ 分别通过点 $(0,0)$ 和 $(\ln 2, -3)$ 的解的存在区间.

10. 讨论微分方程初值问题

$$\begin{cases} \dfrac{\mathrm{d}y}{\mathrm{d}x} = 1 + y^2, \quad \Omega: |x+1| \leqslant 1, \quad |y| \leqslant 1, \\ y(0) = 0, \end{cases}$$

的解的存在区间.

11. 证明: 对任意的 x_0 及 $y_0 \in (0,1)$, 微分方程初值问题

$$\begin{cases} \dfrac{\mathrm{d}y}{\mathrm{d}x} = \dfrac{y^2 - y}{1 + x^2 + y^2}, \quad \Omega : |x+1| \leqslant 1, \quad |y| \leqslant 1, \\ y(x_0) = y_0, \end{cases}$$

的解在整个实数轴上存在.

12. 设 $f(x,y)$ 在整个平面上连续且满足利普希茨条件

$$|f(x,y_1) - f(x,y_2)| \leqslant L|y_1 - y_2|, \quad L > 0,$$

求证:

(1) 初值问题

$$\begin{cases} \dfrac{\mathrm{d}y}{\mathrm{d}x} = f(x,y)\sin\dfrac{x}{n}, \\ y(0) = 0, \end{cases}$$

的解 $y_n(x)$ 在整个实数轴上存在.

(2) $\lim\limits_{n\to\infty} y_n(x) = 0$.

13. 设 $f(y)$ 在 $(-\infty, +\infty)$ 上连续且单调增. 证明: 对任意给定的常数 c, 初值问题

$$\begin{cases} \dfrac{\mathrm{d}y}{\mathrm{d}x} = -f(y) + c, \\ y(x_0) = y_0, \end{cases}$$

在 $[x_0, +\infty)$ 上存在唯一的解.

14. 设 $y = \varphi_n(x)$ 是初值问题

$$\begin{cases} \dfrac{\mathrm{d}y}{\mathrm{d}x} = 1 + y^2, \\ y\left(\dfrac{1}{n}\right) = \dfrac{1}{n^2}, \end{cases}$$

的解, n 为正整数. 证明: 对任意的 $\varepsilon > 0$, 存在 N, 当 $n > N$ 时, $\varphi_n(x)$ 在闭区间 $\left[-\dfrac{\pi}{2} + \varepsilon, \dfrac{\pi}{2} - \varepsilon\right]$ 上有定义, 且在此区间上满足 $|\varphi_n(x) - \tan x| < \varepsilon$.

15. 设初值问题

$$\begin{cases} (1+x^2)\dfrac{\mathrm{d}y}{\mathrm{d}x} - 2xy = 2xy^2, \\ y(x_0) = y_0, \end{cases}$$

的解为 $y = \varphi(x, x_0, y_0)$. 试求

$$\left.\frac{\partial\varphi(x,x_0,y_0)}{\partial x_0}\right|_{x_0=y_0=0} \text{和} \left.\frac{\partial\varphi(x,x_0,y_0)}{\partial y_0}\right|_{x_0=y_0=0},$$

并证明 $\dfrac{\partial\varphi(x,x_0,y_0)}{\partial x_0}$ 和 $\dfrac{\partial\varphi(x,x_0,y_0)}{\partial y_0}$ 都满足方程

$$(1+x^2)\frac{\mathrm{d}z}{\mathrm{d}x} - 2xz = 4x\varphi(x,x_0,y_0)z.$$

16. 求下列曲线族的包络, 并绘出图形.

(1) $(x-c)^2+(y-c)^2=9$;

(2) $y=\dfrac{9}{2c}+\dfrac{c}{2}x^2$;

(3) $c^2y+cx^2-1=0$;

(4) $(x-c)^2-y(y-3)^2=0$.

17. 解下列方程, 若存在奇解, 则求出奇解.

(1) $y^2+y'^2=1$;

(2) $xy'^2-2yy'+9x=0$;

(3) $y=2xy'+y'^2$;

(4) $y=xy'+\dfrac{1}{y'}$;

(5) $(y-1)^2y'^2=\dfrac{4}{9}y$;

(6) $y=xy'+y'^2$.

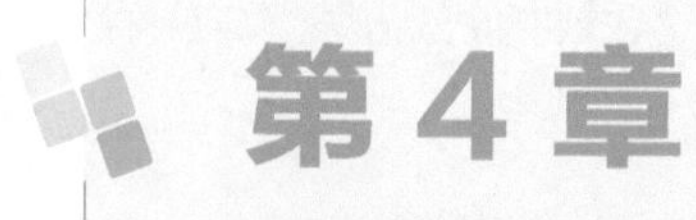

第 4 章 高阶常微分方程的解析方法

4.1 高阶线性微分方程的一般理论

本章将介绍高阶微分方程 (即二阶及二阶以上微分方程) 的解析方法. 对于一般的高阶微分方程, 实际上没有普遍的解法. 本章我们也仅针对一些特殊类型的高阶微分方程的解析方法进行介绍, 如常数变易法、特征根法、比较系数法、拉普拉斯变换法、降阶法以及幂级数法.

4.1.1 线性微分方程模型

我们将未知函数 x 及其各阶导数 $\dfrac{\mathrm{d}x}{\mathrm{d}t},\cdots,\dfrac{\mathrm{d}^n x}{\mathrm{d}t^n}$ 至多为一次的 n 阶微分方程

$$\frac{\mathrm{d}^n x}{\mathrm{d}t^n}+a_1(t)\frac{\mathrm{d}^{n-1}x}{\mathrm{d}t^{n-1}}+\cdots+a_{n-1}(t)\frac{\mathrm{d}x}{\mathrm{d}t}+a_n(t)x=f(t) \tag{4-1}$$

称为 n 阶线性微分方程, 其中, 函数 $a_i(t)(i=1,2,\cdots,n)$ 和 $f(t)$ 均关于 t 连续, $t\in[a,b]$.

当右端项 $f(t)=0$ 时, 即

$$\frac{\mathrm{d}^n x}{\mathrm{d}t^n}+a_1(t)\frac{\mathrm{d}^{n-1}x}{\mathrm{d}t^{n-1}}+\cdots+a_{n-1}(t)\frac{\mathrm{d}x}{\mathrm{d}t}+a_n(t)x=0, \tag{4-2}$$

我们将方程 (4-2) 称为n 阶齐次线性微分方程. 而 $f(t)\neq 0$ 时, 方程 (4-1) 称为对应于方程 (4-2) 的n 阶非齐次线性微分方程. 例如:

(1) $t^2\dfrac{\mathrm{d}^2x}{\mathrm{d}t^2}+5t=0$, 二阶、线性、非齐次;

(2) $t^3\dfrac{\mathrm{d}^2x}{\mathrm{d}t^2}+tx=0$, 二阶、线性、齐次;

(3) $3t^3\dfrac{\mathrm{d}^3x}{\mathrm{d}t^3}+t\dfrac{\mathrm{d}x}{\mathrm{d}t}+32=0$, 三阶、线性、非齐次;

(4) $t^2\dfrac{\mathrm{d}^3x}{\mathrm{d}t^3}+5x=0$, 三阶、线性、齐次.

类似第 3 章, 可给出 n 阶非齐次线性微分方程 (4-1) 的解的存在唯一性定理.

定理 4.1 (存在唯一性定理) 若 $a_i(t)(i=1,2,\cdots,n)$ 及 $f(t)$ 均关于 t 连续, $t\in[a,b]$,

则对于任意 $t_0\in[a,b]$ 及任意初值 $x_0,x_0^{(1)},\cdots,x_0^{(n-1)}$, n 阶非齐次线性微分方程 (4-1) 存在定义在区间 $[a,b]$ 上的唯一解 $x=\varphi(t)$, 且满足初值条件

$$\varphi(t_0)=x_0,\frac{\mathrm{d}\varphi(t_0)}{\mathrm{d}t}=x_0^{(1)},\cdots,\frac{\mathrm{d}^{n-1}\varphi(t_0)}{\mathrm{d}t^{n-1}}=x_0^{(n-1)}.$$

下面将分别给出 n 阶齐次线性微分方程 (4-2) 和 n 阶非齐次线性微分方程 (4-1) 的解的性质和结构, 从而介绍一些常用的解析方法.

4.1.2 齐次线性微分方程

首先, 我们先介绍一些基本概念.

- 线性相关、线性无关

定义函数组 $x_1(t),x_2(t),\cdots,x_k(t)$ 在 $t\in[a,b]$ 上连续, 如果存在不全为零的常数 c_1, $c_2,\cdots,c_k$, 使得恒等式

$$c_1x_1(t)+c_2x_2(t)+\cdots+c_kx_k(t)\equiv 0$$

对所有的 $t\in[a,b]$ 都成立, 则我们称函数组 $x_1(t),x_2(t),\cdots,x_k(t)$ 是线性相关的; 反之, 则称该函数组在 $t\in[a,b]$ 上是线性无关的. 例如:

(1) $\cos t$ 和 $\sin t$ 在 $-\infty<t<+\infty$ 上是线性无关的;

(2) $\tan^2 x$ 和 $1-\sec^2 x$ 在区间 $t\in\left(-\frac{\pi}{2},\frac{\pi}{2}\right)$ 上是线性相关的;

(3) 函数 $1,t,t^2,\cdots,t^n$ 在任何区间上都是线性无关的, 因为

$$c_1+c_2t+c_3t^2+\cdots+c_{n+1}t^n=0,\tag{4-3}$$

若存在某个 $c_i\neq 0$, 则方程 (4-3) 最多有 n 个不同的零根, 并不能使得方程 (4-3) 在任一区间上恒成立. 故而若要使方程 (4-3) 在任何区间上恒成立, 只有所有的 $c_i=0$ 才满足. 因此, 函数 $1,t,t^2,\cdots,t^n$ 在任何区间上都是线性无关的.

注: 函数组的线性无关与线性相关依赖于所取的区间. 例如, 函数 $x_1(t)=|t|$ 和 $x_2(t)=t$ 在区间 $(-\infty,+\infty)$ 上是线性无关的, 分别在区间 $(-\infty,0)$ 和 $(0,+\infty)$ 上是线性相关的.

- 朗斯基 (Wronsky) 行列式

给定 $t\in[a,b]$ 上的 n 个 $n-1$ 次可微函数 $x_1(t),x_2(t),\cdots,x_n(t)$, 所构成的行列式

$$W[x_1(t), x_2(t), \cdots, x_n(t)] = W(t) = \begin{vmatrix} x_1(t) & x_2(t) & \cdots & x_n(t) \\ x_1'(t) & x_2'(t) & \cdots & x_n'(t) \\ \vdots & \vdots & & \vdots \\ x_1^{(n-1)}(t) & x_2^{(n-1)}(t) & \cdots & x_n^{(n-1)}(t) \end{vmatrix} \tag{4-4}$$

称为这些函数的朗斯基行列式.

现在, 我们讨论 n 阶齐次线性微分方程 (4-2) 的解的性质和结构. 为了方便起见, 引入线性微分算子 L, 将其作用于函数 x 上, 使得

$$L[x] \equiv \frac{\mathrm{d}^n x}{\mathrm{d}t^n} + a_1(t)\frac{\mathrm{d}^{n-1}x}{\mathrm{d}t^{n-1}} + \cdots + a_{n-1}(t)\frac{\mathrm{d}x}{\mathrm{d}t} + a_n(t)x.$$

于是, 可以得到如下性质:

① $L[cx] = cL[x]$, c 为常数;

② $L[x_1 + x_2] = L[x_1] + L[x_2]$.

这样, n 阶非齐次线性微分方程 (4-1) 和 n 阶齐次线性方程 (4-2) 可分别记为

$$L[x] = f(t),\ L[x] = 0. \tag{4-5}$$

由此, 我们可给出如下定理.

定理 4.2 (叠加原理) 如果函数 $x_1(t), x_2(t), \cdots, x_k(t)$ 是 n 阶齐次线性微分方程 (4-2) 的 k 个解, 则它们的线性组合

$$c_1x_1(t) + c_2x_2(t) + \cdots + c_kx_k(t)$$

也是 n 阶齐次线性微分方程 (4-2) 的解, 这里 $c_1, c_2, \cdots, c_k$ 是任意常数.

证明: 因为 $x_i(t)(i = 1, 2, \cdots, k)$ 是 n 阶齐次线性微分方程 (4-2) 的解, 故有

$$L[x_i(t)] = 0,\ i = 1, 2, \cdots, k.$$

由性质① 和② 可得

$$L[c_1x_1(t) + c_2x_2(t) + \cdots + c_kx_k(t)] = \sum_{i=1}^{k} c_iL[x_i(t)] = 0.$$

因此, $c_1x_1(t) + c_2x_2(t) + \cdots + c_kx_k(t)$ 是 n 阶齐次线性微分方程 (4-2) 的解. ■

例 4.1 验证函数 $\sin t, \cos t, \varphi(t) = c_1 \sin t + c_2 \cos t$ 是方程 $x'' + x = 0$ 的解.

解: 分别将函数 $\sin t, \cos t, \varphi(t)$ 代入原方程可得

$$
\begin{aligned}
&(\sin t)'' + \sin t = 0,\\
&(\cos t)'' + \cos t = 0,\\
&\varphi''(t) + \varphi(t) = c_1[(\sin t)'' + \sin t] + c_2[(\cos t)'' + \cos t] = 0.
\end{aligned}
$$

所以, 函数 $\sin t, \cos t, \varphi(t)$ 都是原方程的解.

由定理 4.2 可知, 当 $k = n$ 时,

$$
c_1x_1(t) + c_2x_2(t) + \cdots + c_nx_n(t) \tag{4-6}
$$

也是 n 阶齐次线性微分方程 (4-2) 的解, 含有 n 个任意常数. 因此, 我们来探讨解 (4-6) 是不是 n 阶齐次线性微分方程 (4-2) 的通解, 或者有没有什么限制条件使得解 (4-6) 成为 n 阶齐次线性微分方程 (4-2) 的通解. 下面的几个定理将逐步推导出构成 n 阶齐次线性微分方程 (4-2) 通解所要满足的条件.

定理 4.3 若函数 $x_1(t), x_2(t), \cdots, x_n(t)$ 在 $t \in [a, b]$ 上线性相关, 则在区间 $[a, b]$ 上它们的朗斯基行列式 $W(t) \equiv 0$.

证明: 因为函数 $x_1(t), x_2(t), \cdots, x_n(t)$ 在 $t \in [a, b]$ 上线性相关, 则存在不全为零的一组常数 $c_i(i = 1, 2, \cdots, n)$, 使得

$$
c_1x_1(t) + c_2x_2(t) + \cdots + c_nx_n(t) \equiv 0 \tag{4-7}
$$

恒成立. 对方程 (4-7) 两端关于 t 依次求导, 可得

$$
\begin{cases}
c_1x_1'(t) + c_2x_2'(t) + \cdots + c_nx_n'(t) \equiv 0,\\
c_1x_1''(t) + c_2x_2''(t) + \cdots + c_nx_n''(t) \equiv 0,\\
\qquad \cdots\cdots\\
c_1x_1^{(n-1)}(t) + c_2x_2^{(n-1)}(t) + \cdots + c_nx_n^{(n-1)}(t) \equiv 0.
\end{cases} \tag{4-8}
$$

方程 (4-7) 和方程组 (4-8) 可看成一个关于 $c_1, c_2, \cdots, c_n$ 的 n 阶齐次线性代数方程组, 其系数矩阵的行列式恰为朗斯基行列式 $W(t)$. 由于 $c_1, c_2, \cdots, c_n$ 不全为零, 故系数矩阵的秩小于 n, 即 $W(t) \equiv 0$. ■

推论 4.1 如果函数组 $x_1(t), x_2(t), \cdots, x_n(t)$ 的朗斯基行列式在某个 $t_0 \in [a, b]$ 处不等于零, 即 $W(t_0) \neq 0$, 则该函数组在区间 $[a, b]$ 上线性无关.

上述推论的逆推论一般不成立. 即: 若函数组 $x_1(t), x_2(t), \cdots, x_n(t)$ 的朗斯基行列式恒为零, 它们不一定是线性相关的. 例如:

$$x_1(t) = \begin{cases} 2t, & -1 \leqslant t < 0, \\ 0, & 0 \leqslant t \leqslant 1, \end{cases}$$

和

$$x_2(t) = \begin{cases} 0, & -1 \leqslant t < 0, \\ t^2, & 0 \leqslant t \leqslant 1, \end{cases}$$

在区间 $[-1, 1]$ 上有 $W[x_1(t), x_2(t)] \equiv 0$, 但它们在此区间上却是线性无关的. 因为假设存在恒等式

$$c_1x_1(t) + c_2x_2(t) \equiv 0, \ t \in [-1, 1], \tag{4-9}$$

则当 $t \in [-1, 0]$ 时, 可推出 $c_1 = 0$; 而当 $t \in [0, 1]$ 时, 又可推出 $c_2 = 0$. 因此, 在区间 $[-1, 1]$ 上, 除了 $c_1 = c_2 = 0$ 外, 找不到一组不全为零的常数使得恒等式 (4-9) 对一切 $t \in [-1, 1]$ 成立, 故函数 $x_1(t), x_2(t)$ 是线性无关的.

但是, 如果函数组 $x_1(t), x_2(t), \cdots, x_n(t)$ 是 n 阶齐次线性微分方程 (4-2) 的解, 则上述推论的逆推论成立.

定理 4.4　若 n 阶齐次线性微分方程 (4-2) 的解组 $x_1(t), x_2(t), \cdots, x_n(t)$ 在区间 $t \in [a, b]$ 上线性无关, 则它们的朗斯基行列式 $W(t)$ 在此区间的任何点上都不等于零, 即 $W(t) \neq 0, t \in [a, b]$.

证明: 采用反证法. 假设存在某个 $t_0 \in [a, b]$, 使得 $W(t_0) = 0$. 则方程组

$$\begin{cases} c_1x_1(t_0) + c_2x_2(t_0) + \cdots + c_nx_n(t_0) = 0, \\ c_1x_1'(t_0) + c_2x_2'(t_0) + \cdots + c_nx_n'(t_0) = 0, \\ \qquad \cdots\cdots \\ c_1x_1^{(n-1)}(t_0) + c_2x_2^{(n-1)}(t_0) + \cdots + c_nx_n^{(n-1)}(t_0) = 0, \end{cases} \tag{4-10}$$

的系数行列式为零, 这意味着方程组 (4-10) 有非零解 $c_i (i = 1, 2, \cdots, n)$. 于是, 构造函数

$$x(t) = c_1x_1(t) + c_2x_2(t) + \cdots + c_nx_n(t),$$

由定理 4.2可知, $x(t)$ 为 n 阶齐次线性微分方程 (4-2) 的解. 而零解即 $x(t) = 0$ 也是 n 阶齐性线性微分方程 (4-2) 的解, 由解的唯一性定理知,

$$c_1x_1(t) + c_2x_2(t) + \cdots + c_nx_n(t) = 0,$$

而这里 $c_i(i=1,2,\cdots,n)$ 不全为零, 这与假设中 $x_1(t),x_2(t),\cdots,x_n(t)$ 线性无关矛盾. ■

推论 4.2 n 阶齐次线性微分方程 (4-2) 的 n 个解 $x_1(t),x_2(t),\cdots,x_n(t)$ 在其定义区间 $[a,b]$ 上线性无关的充要条件是存在点 $t_0\in[a,b]$, 使得 $W(t_0)\neq 0$.

由定理 4.3 和定理 4.4 可知, 由 n 阶齐次线性微分方程 (4-2) 的 n 个解构成的朗斯基行列式或者恒等于零, 或者在方程的系数为连续的区间内处处不等于零.

根据定理 4.1, n 阶齐次线性微分方程 (4-2) 满足初值条件

$$\begin{cases} x_1(t_0)=1,x_1'(t_0)=0,\cdots,x_1^{(n-1)}(t_0)=0,\\ x_2(t_0)=0,x_2'(t_0)=1,\cdots,x_2^{(n-1)}(t_0)=0,\\ \qquad\cdots\cdots\\ x_n(t_0)=0,x_n'(t_0)=0,\cdots,x_n^{(n-1)}(t_0)=1, \end{cases}$$

的解 $x_1(t),x_2(t),\cdots,x_n(t)$ 一定存在, 由上述条件又可得到

$$W[x_1(t_0),x_2(t_0),\cdots,x_n(t_0)]\neq 0,$$

由推论 4.2 便可推出, 解 $x_1(t),x_2(t),\cdots,x_n(t)$ 是线性无关的.

定理 4.5 n 阶齐次线性微分方程 (4-2) 一定存在 n 个线性无关的解.

由此, 我们给出 n 阶齐次线性微分方程 (4-2) 的通解结构.

定理 4.6 (齐次通解结构) 若函数 $x_1(t),x_2(t),\cdots,x_n(t)$ 是 n 阶齐次线性微分方程 (4-2) 的 n 个线性无关的解, 则 n 阶齐次线性微分方程 (4-2) 的通解可表示为

$$x(t)=c_1x_1(t)+c_2x_2(t)+\cdots+c_nx_n(t), \tag{4-11}$$

其中, $c_i(i=1,2,\cdots,n)$ 为任意常数. 通解 (4-11) 也包含了 n 阶齐次线性微分方程 (4-2) 所有的解.

证明: 由定理 4.2 和定理 4.5 可知, 式 (4-11) 是 n 阶齐次线性微分方程 (4-2) 的解, 且包含 n 个任意常数, 而这些常数也是彼此独立的, 因为

$$\begin{vmatrix} \dfrac{\partial x}{\partial c_1} & \dfrac{\partial x}{\partial c_2} & \cdots & \dfrac{\partial x}{\partial c_n}\\ \dfrac{\partial x'}{\partial c_1} & \dfrac{\partial x'}{\partial c_2} & \cdots & \dfrac{\partial x'}{\partial c_n}\\ \vdots & \vdots & & \vdots\\ \dfrac{\partial x^{(n-1)}}{\partial c_1} & \dfrac{\partial x^{(n-1)}}{\partial c_2} & \cdots & \dfrac{\partial x^{(n-1)}}{\partial c_n} \end{vmatrix}=W[x_1(t),x_2(t),\cdots,x_n(t)]\neq 0,\ t\in[a,b],$$

所以, 式 (4-11) 是 n 阶齐次线性微分方程 (4-2) 的通解.

另外, 要证明通解 (4-11) 也包含了 n 阶齐次线性微分方程 (4-2) 所有的解, 只需要证明对任意给定的初值条件

$$x(t_0)=x_0, x'(t_0)=x'_0, \cdots, x^{(n-1)}(t_0)=x_0^{(n-1)}, \tag{4-12}$$

n 阶齐次线性微分方程 (4-2) 的唯一解仅与常数 $c_1, c_2, \cdots, c_n$ 的取值有关.

将通解 (4-11) 代入 (4-12) 可得

$$\begin{cases} c_1x_1(t_0)+c_2x_2(t_0)+\cdots+c_nx_n(t_0)=x_0, \\ c_1x'_1(t_0)+c_2x'_2(t_0)+\cdots+c_nx'_n(t_0)=x'_0, \\ \qquad\cdots\cdots \\ c_1x_1^{(n-1)}(t_0)+c_2x_2^{(n-1)}(t_0)+\cdots+c_nx_n^{(n-1)}(t_0)=x_0^{(n-1)}. \end{cases} \tag{4-13}$$

可以看到, 方程组 (4-13) 的系数矩阵为 $W(t_0)$. 因为函数 $x_1(t), x_2(t), \cdots, x_n(t)$ 线性无关, 由定理 4.4 可知 $W(t_0)\neq 0$, 所以方程组 (4-13) 存在一组唯一确定的常数 $\bar{c}_1, \bar{c}_2, \cdots, \bar{c}_n$, 从而 n 阶齐次线性微分方程 (4-2) 的解在任意给定条件下也就由通解 (4-11) 唯一确定. ■

n 阶齐次线性微分方程 (4-2) 的 n 个线性无关解称为该方程的一个**基本解组**, 基本解组不是唯一的. 特别地, 当 $W(t_0)=1$ 时, 称其为**标准基本解组**.

推论 4.3　n 阶齐次线性微分方程 (4-2) 的线性无关解的最多个数等于它的阶数 n, 即 n 阶齐次线性微分方程的所有解构成了一个 n 维线性空间.

定理 4.7　设 $x_1(t), x_2(t), \cdots, x_n(t)$ 是 n 阶齐次线性微分方程 (4-2) 的 n 个解, 则下列命题是等价的:

(1) n 阶齐次线性微分方程 (4-2) 的通解为 $x(t)=\sum_{i=1}^{n} c_ix_i(t)$;

(2) $x_1(t), x_2(t), \cdots, x_n(t)$ 是 n 阶齐次线性微分方程 (4-2) 的基本解组;

(3) $x_1(t), x_2(t), \cdots, x_n(t)$ 在定义区间 $[a,b]$ 内是线性无关的;

(4) 存在某点 $t_0\in[a,b]$, 朗斯基行列式 $W(t_0)\neq 0$;

(5) 对任意一点 $t\in[a,b]$, 朗斯基行列式 $W(t)\neq 0$.

定理 4.8 (刘维尔公式)　设 $x_1(t), x_2(t), \cdots, x_n(t)$ 是 n 阶齐次线性微分方程 (4-2) 在

区间 $[a,b]$ 上的任意 n 个解, $W(t)$ 是它们的朗斯基行列式, 则对任意一点 $t_0\in[a,b]$ 都有

$$W(t)=W(t_0)\exp\left(-\int_{t_0}^{t}a_1(s)\mathrm{d}s\right). \tag{4-14}$$

推论 4.4 由刘维尔公式 (4-14) 可知, n 阶齐次线性微分方程 (4-2) 的基本解组的朗斯基行列式 $W(t)$ 若在某一点 $t_0\in[a,b]$ 处为零, 则在整个区间 $[a,b]$ 上恒为零; 反之, 若在某一点 $t_0\in[a,b]$ 处不为零, 则在整个区间 $[a,b]$ 上恒不为零.

这与定理 4.7 是一致的.

刘维尔 (Joseph Liouville, 1809—1882 年), 法国数学家, 一生从事数学、力学和天文学的研究, 法文《纯粹与应用数学杂志》创办人, 曾任法兰西学院、巴黎大学教授. 他涉猎广泛, 成果丰富, 尤其对双周期椭圆函数、微分方程边值问题和数论中的超越数问题有深入研究, 对函数论、微分方程和数论有重要贡献. 他首先用逐次逼近法证明了一个二阶常微分方程解的存在性, 提出了通过解积分方程求解微分方程, 和施图姆合作开创了微分方程边值问题的新方向. 他在数学研究中有很重要的学术贡献.

推论 4.5 对于二阶微分方程

$$x''+p(t)x'+q(t)x=0, \tag{4-15}$$

若 $x_1(t)$ 是二阶微分方程 (4-15) 的一个解, 则利用刘维尔公式 (4-14) 可求出与它线性无关的另外一个解, 从而给出二阶微分方程 (4-15) 的通解.

证明: 设 $x_1(t)$ 为二阶微分方程 (4-15) 的已知解, 现在我们来求另一解 $x_2(t)$. 对任意一点 $t\in(a,b)$, 由刘维尔公式 (4-14) 可得

$$W(t)=x_1x_2'-x_1'x_2=c\exp\left(-\int p(t)\mathrm{d}t\right), \tag{4-16}$$

上式两端同乘以 $\dfrac{1}{x_1^2}$ 得到

$$\frac{1}{x_1^2}(x_1x_2'-x_1'x_2)=\mathrm{d}\left(\frac{x_2}{x_1}\right)=\frac{c}{x_1^2}\exp\left(-\int p(t)\mathrm{d}t\right),$$

于是有

$$x_2=x_1\left[\int\frac{c}{x_1^2}\exp\left(-\int p(t)\mathrm{d}t\right)\mathrm{d}t+c_1\right],$$

其中 c,c_1 为任意常数.

我们选取 c, c_1 的值便可得到二阶微分方程 (4-15) 的另一解. 为简便起见, 取 $c = 1, c_1 = 0$, 得到

$$x_2 = x_1 \int \frac{1}{x_1^2} \exp\left(-\int p(t)\mathrm{d}t\right) \mathrm{d}t.$$

而且由式 (4-16) 可知

$$W(t) = \begin{vmatrix} x_1 & x_2 \\ x_1' & x_2' \end{vmatrix} = \exp\left(-\int p(t)\mathrm{d}t\right) \neq 0,$$

所以解 $x_2(t)$ 与 $x_1(t)$ 是线性无关的. 从而二阶微分方程 (4-15) 的通解为

$$x(t) = c_2 x_1 + c_3 x_1 \int \frac{1}{x_1^2} \exp\left(-\int p(t)\mathrm{d}t\right) \mathrm{d}t, \tag{4-17}$$

其中 c_2, c_3 为任意常数. ■

例 4.2　求解方程 $t^2 x'' - 2tx' + 2x = 0$, 已知其中一个解 $x_1 = t$.

解: 方程可另写为

$$x'' - \frac{2}{t} x' + \frac{2}{t^2} x = 0.$$

令

$$p(t) = -\frac{2}{t},\ q(t) = \frac{2}{t^2},$$

由式 (4-17) 可得

$$\begin{aligned} x(t) &= c_1 x_1 + c_2 x_1 \int \frac{1}{x_1^2} \exp\left(-\int p(t)\mathrm{d}t\right) \mathrm{d}t \\ &= c_1 t + c_2 t \int \frac{1}{t^2} \exp\left(-\int (-\frac{2}{t})\mathrm{d}t\right) \mathrm{d}t \\ &= c_1 t + c_2 t \int 1 \mathrm{d}t \\ &= c_1 t + c_2 t (t + c_3) \\ &= c_2 t^2 + c_4 t,\ (c_4 = c_1 + c_2 c_3) \end{aligned}$$

其中 c_1, c_2, c_3 均为任意常数.

4.1.3　非齐次线性微分方程

在一阶线性微分方程的求解中, 我们在已知一阶齐次线性方程的通解结构后, 利用常数变易法便可求出对应的非齐次线性方程的通解. 那么, 对于高阶非齐次线性微分方程的求解, 我们仍然可采用常数变易法.

n 阶非齐次线性微分方程 (4-1) 对应的 n 阶齐次线性微分方程 (4-2) 实际上是它的一种特殊形式.

性质 4.1 若 $x_1(t)$ 是 n 阶非齐次线性微分方程 (4-1) 的解, $x_2(t)$ 是对应的 n 阶齐次线性微分方程 (4-2) 的解, 则 $x_1(t)+x_2(t)$ 是 n 阶非齐次线性微分方程 (4-1) 的解.

性质 4.2 n 阶非齐次线性微分方程 (4-1) 的任意两个解之差是对应的 n 阶齐次线性微分方程 (4-2) 的解.

于是, 我们可以给出 n 阶非齐次线性微分方程 (4-1) 的通解结构.

定理 4.9 (非齐次通解结构) 设 $x_1(t), x_2(t), \cdots, x_n(t)$ 为 n 阶齐次线性微分方程 (4-2) 的基本解组, $\bar{x}(t)$ 是 n 阶非齐次线性方程 (4-1) 的某一解, 则 n 阶非齐次线性微分方程 (4-1) 的通解可表示为

$$x(t)=c_1x_1(t)+c_2x_2(t)+\cdots+c_nx_n(t)+\bar{x}(t), \tag{4-18}$$

其中 $c_i(i=1,2,\cdots,n)$ 为任意常数. 而且, 此通解也包含了所有的解.

证明: 由性质 4.1可知, $x(t)$ 仍然是 n 阶非齐次线性微分方程 (4-1) 的解. 又因为其中含有 n 个任意常数, 且彼此独立, 所以 $x(t)$ 又是 n 阶非齐次线性微分方程 (4-1) 的通解.

令 $\tilde{x}(t)$ 为 n 阶非齐次线性微分方程 (4-1) 的任一解, 则由性质 4.2可知, $\tilde{x}(t)-\bar{x}(t)$ 为其对应的 n 阶齐次线性微分方程 (4-2) 的解. 这样, 存在一组不全为零的常数 $\tilde{c}_1, \tilde{c}_2, \cdots, \tilde{c}_n$, 使得

$$\tilde{x}(t)-\bar{x}(t)=\tilde{c}_1x_1(t)+\tilde{c}_2x_2(t)+\cdots+\tilde{c}_nx_n(t).$$

于是便可得到通解 (4-18), 由于 $\tilde{x}(t)$ 为任一解, 所以通解 (4-18) 包含了所有的解. ■

由定理 4.9可知, 求 n 阶非齐次线性微分方程 (4-1) 的通解可以通过对应的齐次线性微分方程的通解与它的一个特解求和得到. 这与一阶非齐次线性微分方程的通解结构相同, 我们仍然可以利用常数变易法对 n 阶非齐次线性微分方程 (4-1) 进行求解, 只是在过程中增加了一些技巧.

令 $x_1(t), x_2(t), \cdots, x_n(t)$ 为 n 阶齐次线性微分方程 (4-2) 的基本解组, 假设

$$x(t)=c_1(t)x_1(t)+c_2(t)x_2(t)+\cdots+c_n(t)x_n(t) \tag{4-19}$$

为 n 阶非齐次线性微分方程 (4-1) 的通解. 只要能找到使 n 阶非齐次线性微分方程 (4-1) 成立的系数 $c_i(t)(i=1,2,\cdots,n)$, 便可得到其通解. 将方程 (4-19) 代入 n 阶非齐次线性微分方程 (4-1) 后, 可以得到 $c_i(t)(i=1,2,\cdots,n)$ 必须满足的一个条件, 我们还需要找到其他 $n-1$ 个限制条件才能求出这些系数.

下面, 我们给出一个较为简便的方法来构造这 $n-1$ 个限制条件. 对方程 (4-19) 两端同时关于 t 求导可得

$$\begin{aligned} x'(t) = & c_1(t)x_1'(t) + c_2(t)x_2'(t) + \cdots + c_n(t)x_n'(t) + \\ & c_1'(t)x_1(t) + c_2'(t)x_2(t) + \cdots + c_n'(t)x_n(t). \end{aligned}$$

令

$$c_1'(t)x_1(t) + c_2'(t)x_2(t) + \cdots + c_n'(t)x_n(t) = 0$$

作为第一个限制条件, 于是得到

$$x'(t) = c_1(t)x_1'(t) + c_2(t)x_2'(t) + \cdots + c_n(t)x_n'(t).$$

对上式关于 t 继续求导

$$\begin{aligned} x'(t) = & c_1(t)x_1''(t) + c_2(t)x_2''(t) + \cdots + c_n(t)x_n''(t) + \\ & c_1'(t)x_1'(t) + c_2'(t)x_2'(t) + \cdots + c_n'(t)x_n'(t), \end{aligned}$$

令

$$c_1'(t)x_1'(t) + c_2'(t)x_2'(t) + \cdots + c_n'(t)x_n'(t) = 0$$

作为第二个限制条件, 可得到

$$x''(t) = c_1(t)x_1''(t) + c_2(t)x_2''(t) + \cdots + c_n(t)x_n''(t).$$

以此类推, 继续求导 $n-1$ 次得到第 $n-1$ 个限制条件

$$c_1'(t)x_1^{(n-2)}(t) + c_2'(t)x_2^{(n-2)}(t) + \cdots + c_n'(t)x_n^{(n-2)}(t) = 0,$$

和表达式

$$x^{(n-1)}(t) = c_1(t)x_1^{(n-1)}(t) + c_2(t)x_2^{(n-1)}(t) + \cdots + c_n(t)x_n^{(n-1)}(t).$$

最后, 对上式两端关于 t 继续求导可得

$$\begin{aligned} x^{(n)}(t) = & c_1(t)x_1^{(n)}(t) + c_2(t)x_2^{(n)}(t) + \cdots + c_n(t)x_n^{(n)}(t) + \\ & c_1'(t)x_1^{(n-1)}(t) + c_2'(t)x_2^{(n-1)}(t) + \cdots + c_n'(t)x_n^{(n-1)}(t). \end{aligned}$$

将以上得到的 $x', x'', \cdots, x^{(n)}$ 表达式全部代入 n 阶非齐次线性微分方程 (4-1), 由于 $x_1(t)$, $x_2(t), \cdots, x_n(t)$ 为 n 阶齐次线性微分方程 (4-2) 的基本解组, 从而化简可得

$$c_1'(t)x_1^{(n-1)}(t) + c_2'(t)x_2^{(n-1)}(t) + \cdots + c_n'(t)x_n^{(n-1)}(t) = f(t),$$

这便可作为求解系数 $c_i(t), i=1,2,\cdots,n$ 的第 n 个限制条件. 综上所述, 系数 $c_i(t), i=1,2,\cdots,n$ 由如下代数方程组决定:

$$\begin{cases} c_1'(t)x_1(t)+c_2'(t)x_2(t)+\cdots+c_n'(t)x_n(t)=0, \\ c_1'(t)x_1'(t)+c_2'(t)x_2'(t)+\cdots+c_n'(t)x_n'(t)=0, \\ \quad\cdots\cdots \\ c_1'(t)x_1^{(n-2)}(t)+c_2'(t)x_2^{(n-2)}(t)+\cdots+c_n'(t)x_n^{(n-2)}(t)=0, \\ c_1'(t)x_1^{(n-1)}(t)+c_2'(t)x_2^{(n-1)}(t)+\cdots+c_n'(t)x_n^{(n-1)}(t)=f(t). \end{cases} \tag{4-20}$$

而方程组 (4-20) 的系数行列式恰好是 n 阶非齐次线性微分方程 (4-1) 的 n 个线性无关解的朗斯基行列式 $W(t)=W[x_1(t),x_2(t),\cdots,x_n(t)]$. 因为 $W(t)\neq 0$, 所以方程组 (4-20) 存在唯一解.

设

$$c_i'(t)=\varphi_i(t),\ i=1,2,\cdots,n,$$

积分可得

$$c_i(t)=\int\varphi_i(t)\mathrm{d}t+\gamma_i,\ i=1,2,\cdots,n,$$

其中 γ_i 为任意常数. 将上式代入方程 (4-19) 可得 n 阶非齐次线性微分方程 (4-1) 的通解

$$x(t)=\sum_{i=1}^{n}\gamma_i x_i(t)+\sum_{i=1}^{n}x_i(t)\int\varphi_i(t)\mathrm{d}t.$$

我们发现, 上式右端的第一项即为对应 n 阶齐次线性微分方程 (4-2) 的通解, 第二项可看作 n 阶非齐次线性微分方程 (4-1) 的一个特解

$$\bar{x}(t)=\sum_{i=1}^{n}x_i(t)\int\varphi_i(t)\mathrm{d}t.$$

定理 4.10 如果 $x_1(t), x_2(t)$ 分别是方程 (4-21) 和方程 (4-22) 的解, 则 $x_1(t)+x_2(t)$ 是方程 (4-23) 的解.

$$\frac{\mathrm{d}^n x}{\mathrm{d}t^n}+a_1(t)\frac{\mathrm{d}^{n-1}x}{\mathrm{d}t^{n-1}}+\cdots+a_{n-1}(t)\frac{\mathrm{d}x}{\mathrm{d}t}+a_n(t)x=f_1(t), \tag{4-21}$$

$$\frac{\mathrm{d}^n x}{\mathrm{d}t^n}+a_1(t)\frac{\mathrm{d}^{n-1}x}{\mathrm{d}t^{n-1}}+\cdots+a_{n-1}(t)\frac{\mathrm{d}x}{\mathrm{d}t}+a_n(t)x=f_2(t), \tag{4-22}$$

$$\frac{\mathrm{d}^n x}{\mathrm{d}t^n}+a_1(t)\frac{\mathrm{d}^{n-1}x}{\mathrm{d}t^{n-1}}+\cdots+a_{n-1}(t)\frac{\mathrm{d}x}{\mathrm{d}t}+a_n(t)x=f_1(t)+f_2(t). \tag{4-23}$$

例 4.3　试验证 $x''-2x'+x=0$ 有基本解组 $\mathrm{e}^t, t\mathrm{e}^t$, 并求方程 $x''-2x'+x=t-1$ 的通解.

解: 将 $\mathrm{e}^t, t\mathrm{e}^t$ 分别代入

$$(\mathrm{e}^t)''-2(\mathrm{e}^t)'+\mathrm{e}^t=0,$$

$$(t\mathrm{e}^t)''-2(t\mathrm{e}^t)'+t\mathrm{e}^t=0,$$

原齐次线性方程仍成立, 而且 $\dfrac{t\mathrm{e}^t}{\mathrm{e}^t}=t\neq$ 常数, 所以 $\mathrm{e}^t, t\mathrm{e}^t$ 为原齐次方程的基本解组.

利用常数变易法, 令

$$x=c_1(t)\mathrm{e}^t+c_2(t)t\mathrm{e}^t,$$

由方程组 (4-20) 可得

$$\begin{cases} c_1'(t)\mathrm{e}^t+c_2'(t)t\mathrm{e}^t=0, \\ c_1'(t)\mathrm{e}^t+c_2'(t)(\mathrm{e}^t+t\mathrm{e}^t)=t-1, \end{cases}$$

解得

$$c_1'(t)=-t(t-1)\mathrm{e}^{-t},\ c_2'(t)=(t-1)\mathrm{e}^{-t},$$

积分可得

$$c_1(t)=(t^2+t+1)\mathrm{e}^{-t}+\gamma_1,\ c_2(t)=-t\mathrm{e}^{-t}+\gamma_2.$$

于是, 求得原非齐次线性方程的通解为

$$\begin{aligned} x&=[(t^2+t+1)\mathrm{e}^{-t}+\gamma_1]\mathrm{e}^t+(-t\mathrm{e}^{-t}+\gamma_2)t\mathrm{e}^t \\ &=\gamma_1\mathrm{e}^t+\gamma_2 t\mathrm{e}^t+t+1, \end{aligned}$$

其中 γ_1,γ_2 为任意常数.

例 4.4　求方程 $x''+x=\sin t$ 的通解, 已知它所对应的齐次线性方程的基本解组为 $\cos t, \sin t$.

解: 利用常数变易法, 令

$$x=c_1(t)\cos t+c_2(t)\sin t,$$

由方程组 (4-20) 可得

$$\begin{cases} c_1'(t)\cos t+c_2'(t)\sin t=0, \\ -c_1'(t)\sin t+c_2'(t)\cos t=\sin t, \end{cases}$$

解得

$$c_1'(t)=-\sin^2 t,\ c_2'(t)=\frac{1}{2}\sin 2t,$$

积分可得

$$c_1(t) = \frac{1}{4}\sin 2t - \frac{1}{2}t + \gamma_1,\ c_2(t) = -\frac{1}{4}\cos 2t + \gamma_2.$$

于是, 求得原非齐次线性方程的通解为

$$\begin{aligned} x &= \left(\frac{1}{4}\sin 2t - \frac{1}{2}t + \gamma_1\right)\cos t + \left(-\frac{1}{4}\cos 2t + \gamma_2\right)\sin t \\ &= \gamma_1 \cos t + \gamma_2 \sin t + \frac{1}{4}\sin t - \frac{1}{2}t\cos t, \end{aligned}$$

其中 γ_1, γ_2 为任意常数.

例 4.5 求方程 $x'' + x = 1 + \dfrac{1}{\sin t}$ 的通解, 已知它所对应的齐次线性方程的基本解组为 $\cos t, \sin t$.

解: 利用常数变易法, 令

$$x = c_1(t)\cos t + c_2(t)\sin t,$$

由方程 (4-20) 可得

$$\begin{cases} c_1'(t)\cos t + c_2'(t)\sin t = 0, \\ -c_1'(t)\sin t + c_2'(t)\cos t = 1 + \dfrac{1}{\sin t}, \end{cases}$$

解得

$$c_1'(t) = -\sin t - 1,\ c_2'(t) = \cos t + \frac{\cos t}{\sin t},$$

积分可得

$$c_1(t) = \cos t - t + \gamma_1,\ c_2(t) = \sin t + \ln|\sin t| + \gamma_2.$$

于是, 求得原非齐次线性方程的通解为

$$\begin{aligned} x &= (\cos t - t + \gamma_1)\cos t + (\sin t + \ln|\sin t| + \gamma_2)\sin t \\ &= \gamma_1 \cos t + \gamma_2 \sin t + \sin t \ln|\sin t| - t\cos t + 1, \end{aligned}$$

其中 γ_1, γ_2 为任意常数.

另外, 由定理 4.10 可知, 求例 4.5中方程的解也可以拆解为求如下两个方程

$$x'' + x = 1,$$

$$x'' + x = \frac{1}{\sin t}$$

的解. 具体求解过程同上.

4.2 特征根法

上一节我们分别给出了高阶齐次和非齐次线性微分方程的通解结构, 它们都建立在求齐次线性方程的基本解组的基础上. 但实际上, 关于高阶线性微分方程的基本解组的求解没有普遍的方法, 我们也只是介绍求解一些特殊类型的方程常用的方法. 较为简单的类型是常系数高阶齐次线性微分方程, 它是求解问题能够彻底解决的一类方程. 本节我们主要给出这类方程和可以化为这类方程的方程的求解过程.

在求解常系数高阶齐次线性微分方程的过程中, 会涉及实变量的复值函数及复指数函数的问题, 我们先来简单介绍一下.

4.2.1 复值函数与复指数函数

- 复值函数

如果 $\varphi(t),\psi(t)$ 是定义在区间 $[a,b]$ 上的实值函数, $i=\sqrt{-1}$ 是虚数单位, 称 $z(t)=\varphi(t)+i\psi(t)$ 为该区间上的复值函数.

(1) 如果实值函数 $\varphi(t),\psi(t)$ 在区间 $[a,b]$ 上连续, 则称复值函数 $z(t)$ 在区间 $[a,b]$ 上连续;

(2) 如果实值函数 $\varphi(t),\psi(t)$ 在区间 $[a,b]$ 上是可微的, 则称复值函数 $z(t)$ 在区间 $[a,b]$ 上可微, 且有

$$\frac{\mathrm{d}z}{\mathrm{d}t}=\frac{\mathrm{d}\varphi}{\mathrm{d}t}+i\frac{\mathrm{d}\psi}{\mathrm{d}t}.$$

若复值函数 $z_1(t)$ 和 $z_2(t)$ 可微, k 为复数, 则

$$\begin{aligned}
&\frac{\mathrm{d}[z_1(t)+z_2(t)]}{\mathrm{d}t}=\frac{\mathrm{d}z_1(t)}{\mathrm{d}t}+\frac{\mathrm{d}z_2(t)}{\mathrm{d}t},\\
&\frac{\mathrm{d}[kz_1(t)]}{\mathrm{d}t}=k\frac{\mathrm{d}z_1(t)}{\mathrm{d}t},\\
&\frac{\mathrm{d}[z_1(t)z_2(t)]}{\mathrm{d}t}=\frac{\mathrm{d}z_1(t)}{\mathrm{d}t}z_2(t)+z_1(t)\frac{\mathrm{d}z_2(t)}{\mathrm{d}t}.
\end{aligned}$$

- 复指数函数

复指数函数为 e^{Kt}, 其中 $K=\alpha+i\beta$ 是复数.

将复指数函数的指数展开可得

$$\begin{aligned}
\mathrm{e}^{Kt}&=\mathrm{e}^{(\alpha+i\beta)t}=\mathrm{e}^{\alpha t}(1+i\beta t+\frac{(i\beta t)^2}{2!}+\cdots)\\
&=\mathrm{e}^{\alpha t}[1-\frac{(\beta t)^2}{2!}+\frac{(\beta t)^4}{4!}-\cdots]+i[\beta t-\frac{(\beta t)^3}{3!}+\frac{(\beta t)^5}{5!}-\cdots]
\end{aligned}$$

$$= e^{\alpha t}(\cos\beta t + i\sin\beta t).$$

因此有

$$e^{i\beta t} = \cos\beta t + i\sin\beta t,\ e^{-i\beta t} = \cos\beta t - i\sin\beta t, \tag{4-24}$$

由此可得

$$\cos\beta t = \frac{1}{2}(e^{i\beta t} + e^{-i\beta t}),\ \sin\beta t = \frac{1}{2i}(e^{i\beta t} - e^{-i\beta t}). \tag{4-25}$$

公式 (4-24) 和公式 (4-25) 统称为**欧拉公式**.

记 $\bar{K} = \alpha - i\beta$ 为复数 $K = \alpha + i\beta$ 的共轭, 利用欧拉公式可得

$$e^{\bar{K}t} = \overline{e^{Kt}}.$$

另外, 复指数函数与实指数函数有类似的性质. 对复数 K_1, K_2, K, 有

$$e^{(K_1+K_2)t} = e^{K_1 t}\cdot e^{K_2 t},$$

$$\frac{d}{dt}(e^{Kt}) = Ke^{Kt}.$$

- **复值解**

定义于区间 $[a, b]$ 上的实变量复值函数

$$x = z(t) = \varphi(t) + i\psi(t)$$

称为高阶线性微分方程的**复值解**, 如果

$$\frac{d^n z(t)}{dt^n} + a_1(t)\frac{d^{n-1}z(t)}{dt^{n-1}} + \cdots + a_{n-1}\frac{dz(t)}{dt} + a_n(t)z(t) = f(t)$$

对于 $t \in [a, b]$ 恒成立.

定理 4.11 设 n 阶齐次线性微分方程 (4-2) 中的系数 $a_i(t)(i = 1, 2, \cdots, n)$ 均为实值函数, 若 $x = z(t) = \varphi(t) + i\psi(t)$ 是该方程的复值解, 则 $z(t)$ 的实部 $\varphi(t)$、虚部 $\psi(t)$ 和共轭 $\bar{z}(t)$ 也都是该方程的解.

证明: 由 $z(t) = \varphi(t) + i\psi(t)$ 是 n 阶齐次线性微分方程 (4-2) 的复值解可知

$$L[z(t)] = L[\varphi(t) + i\psi(t)] = L[\varphi(t)] + iL[\psi(t)] = 0,$$

则有

$$L[\varphi(t)] = 0, \quad L[\psi(t)] = 0,$$

于是, $z(t)$ 的实部 $\varphi(t)$ 和虚部 $\psi(t)$ 也是 n 阶齐次线性微分方程 (4-2) 的解.

而且

$$L[\bar{z}(t)] = L[\varphi(t)] - iL[\psi(t)] = 0,$$

可知 $z(t)$ 的共轭也是 n 阶齐次线性微分方程 (4-2) 的解. ■

定理 4.12　设 $a_i(t), i = 1, 2, \cdots, n$ 及 $u(t), v(t)$ 都是实函数, 若

$$x = U(t) + iV(t)$$

是方程

$$\frac{\mathrm{d}^n x}{\mathrm{d}t^n} + a_1(t)\frac{\mathrm{d}^{n-1}x}{\mathrm{d}t^{n-1}} + \cdots + a_{n-1}(t)\frac{\mathrm{d}x}{\mathrm{d}t} + a_n(t)x = u(t) + iv(t) \tag{4-26}$$

的复值解, 那么它的实部 $U(t)$ 和虚部 $V(t)$ 分别是方程 (4-27) 和方程 (4-28) 的解

$$\frac{\mathrm{d}^n x}{\mathrm{d}t^n} + a_1(t)\frac{\mathrm{d}^{n-1}x}{\mathrm{d}t^{n-1}} + \cdots + a_{n-1}(t)\frac{\mathrm{d}x}{\mathrm{d}t} + a_n(t)x = u(t), \tag{4-27}$$

$$\frac{\mathrm{d}^n x}{\mathrm{d}t^n} + a_1(t)\frac{\mathrm{d}^{n-1}x}{\mathrm{d}t^{n-1}} + \cdots + a_{n-1}(t)\frac{\mathrm{d}x}{\mathrm{d}t} + a_n(t)x = v(t). \tag{4-28}$$

4.2.2 常系数齐次线性微分方程

本节我们讨论 n 阶常系数齐次线性微分方程

$$L[x] \equiv \frac{\mathrm{d}^n x}{\mathrm{d}t^n} + a_1\frac{\mathrm{d}^{n-1}x}{\mathrm{d}t^{n-1}} + \cdots + a_{n-1}\frac{\mathrm{d}x}{\mathrm{d}t} + a_n x = 0, \tag{4-29}$$

其中, 系数 $a_i (i = 1, 2, \cdots, n)$ 均为常数. 当 $n = 1$ 时, 常系数齐次线性微分方程 (4-29) 为一阶常系数齐次线性微分方程

$$\frac{\mathrm{d}x}{\mathrm{d}t} + a_1 x = 0.$$

由第 2 章可知其通解为

$$x = c\mathrm{e}^{-a_1 t}.$$

这使得我们猜测: 高阶常系数齐次线性微分方程是否也有指数形式的解? 事实上, 确实如此.

下面我们介绍一种新方法——欧拉待定指数函数法, 又称为特征根法. 它可以将高阶常系数齐次线性微分方程的求解问题转化为代数方程求根问题, 从而给出方程的基本解组, 通解便可以表示出来.

首先, 将指数函数

$$x = \mathrm{e}^{\lambda t} \tag{4-30}$$

代入常系数齐次线性微分方程 (4-29)

$$\begin{aligned} L[\mathrm{e}^{\lambda t}] &\equiv \frac{\mathrm{d}^n \mathrm{e}^{\lambda t}}{\mathrm{d}t^n} + a_1 \frac{\mathrm{d}^{n-1}\mathrm{e}^{\lambda t}}{\mathrm{d}t^{n-1}} + \cdots + a_{n-1}\frac{\mathrm{d}\mathrm{e}^{\lambda t}}{\mathrm{d}t} + a_n \mathrm{e}^{\lambda t} \\ &= (\lambda^n + a_1\lambda^{n-1} + \cdots + a_{n-1}\lambda + a_n)\mathrm{e}^{\lambda t} \\ &= F(\lambda)\mathrm{e}^{\lambda t}, \end{aligned}$$

其中, $F(\lambda) = \lambda^n + a_1\lambda^{n-1} + \cdots + a_{n-1}\lambda + a_n$ 是关于 λ 的 n 次多项式. 所以, 指数函数 (4-30) 为常系数齐次线性微分方程 (4-29) 的解的充要条件是: λ 是

$$F(\lambda) = \lambda^n + a_1\lambda^{n-1} + \cdots + a_{n-1}\lambda + a_n = 0 \tag{4-31}$$

的根. 于是, 方程 (4-31) 称为常系数齐次线性微分方程 (4-29) 的特征方程, 它的根 λ 称为特征根. 由于方程 (4-31) 是一个 n 次多项式方程, 故含有至多 n 个特征根, 且可以是实数, 也可以是复数. 下面, 我们针对特征根的不同情况分析常系数齐次线性微分方程 (4-29) 的基本解组的构成.

(1) 特征根是单根的情形

若特征根是 n 个两两不同的单根 $\lambda_1, \lambda_2, \cdots, \lambda_n$, 则 $\mathrm{e}^{\lambda_1 t}, \mathrm{e}^{\lambda_2 t}, \cdots, \mathrm{e}^{\lambda_n t}$ 为常系数齐次线性微分方程 (4-29) 的解. 因为

$$\begin{aligned} W[\mathrm{e}^{\lambda_1 t}, \mathrm{e}^{\lambda_2 t}, \cdots, \mathrm{e}^{\lambda_n t}] &= \begin{vmatrix} \mathrm{e}^{\lambda_1 t} & \mathrm{e}^{\lambda_2 t} & \cdots & \mathrm{e}^{\lambda_n t} \\ \lambda_1 \mathrm{e}^{\lambda_1 t} & \lambda_2 \mathrm{e}^{\lambda_2 t} & \cdots & \lambda_n \mathrm{e}^{\lambda_n t} \\ \vdots & \vdots & & \vdots \\ \lambda_1^{n-1}\mathrm{e}^{\lambda_1 t} & \lambda_2^{n-1}\mathrm{e}^{\lambda_2 t} & \cdots & \lambda_n^{n-1}\mathrm{e}^{\lambda_n t} \end{vmatrix} \\ &= \mathrm{e}^{(\lambda_1+\lambda_2+\cdots+\lambda_n)t} \begin{vmatrix} 1 & 1 & \cdots & 1 \\ \lambda_1 & \lambda_2 & \cdots & \lambda_n \\ \vdots & \vdots & & \vdots \\ \lambda_1^{n-1} & \lambda_2^{n-1} & \cdots & \lambda_n^{n-1} \end{vmatrix} \\ &= \mathrm{e}^{(\lambda_1+\lambda_2+\cdots+\lambda_n)t} \prod_{1\leqslant j<i\leqslant n}(\lambda_i - \lambda_j), \end{aligned}$$

上式右端为著名的范德蒙德 (Van der monde) 行列式. 由于 $\lambda_i (i = 1, 2, \cdots, n)$ 为两两不相等的单根, 故而朗斯基行列式 $W[\mathrm{e}^{\lambda_1 t}, \mathrm{e}^{\lambda_2 t}, \cdots, \mathrm{e}^{\lambda_n t}] \neq 0$, 即解 $\mathrm{e}^{\lambda_1 t}, \mathrm{e}^{\lambda_2 t}, \cdots, \mathrm{e}^{\lambda_n t}$ 是线性无

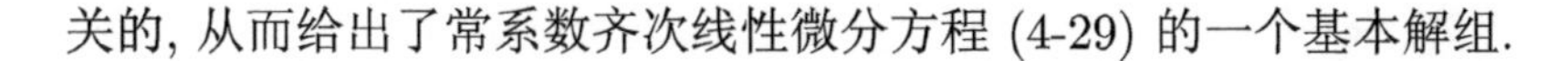

关的, 从而给出了常系数齐次线性微分方程 (4-29) 的一个基本解组.

范德蒙德 (Van der Monde, 1735—1796 年), 法国数学家, 在高等代数方面有重要贡献. 他在 1771 年发表的论文中证明了多项式方程根的任何对称式都能用方程的系数表示出来. 他不仅把行列式应用于解线性方程组, 而且对行列式理论本身进行了开创性研究, 是行列式的奠基者. 他给出了用二阶子式和它的余子式来展开行列式的法则, 还提出了专门的行列式符号. 他具有拉格朗日的预解式、置换理论等思想, 为群的观念的产生做了一些准备工作.

我们进一步给出这个基本解组都是实值解的表示形式.

- 当特征根 $\lambda_1, \lambda_2, \cdots, \lambda_n$ 均为实数时, 基本解组就是

$$\mathrm{e}^{\lambda_1 t}, \mathrm{e}^{\lambda_2 t}, \cdots, \mathrm{e}^{\lambda_n t},$$

则常系数齐次线性微分方程 (4-29) 的通解为

$$x = c_1\mathrm{e}^{\lambda_1 t} + c_2\mathrm{e}^{\lambda_2 t} + \cdots + c_n\mathrm{e}^{\lambda_n t}.$$

- 当特征根中含有复数根 $\lambda_1 = \alpha + i\beta$ 时, 由于常系数齐次线性微分方程 (4-29) 的系数均为实数, 所以复数根一定是成对共轭出现的. 也就是说, $\lambda_2 = \alpha - i\beta$ 也是特征根. 那么, 这对共轭复数根对应了两个复值解

$$\mathrm{e}^{(\alpha+i\beta)t} = \mathrm{e}^{\alpha t}(\cos\beta t + i\sin\beta t),$$
$$\mathrm{e}^{(\alpha-i\beta)t} = \mathrm{e}^{\alpha t}(\cos\beta t - i\sin\beta t).$$

由定理 4.11可知, 复值解的实部和虚部也是解. 因此, 我们可给出常系数齐次线性微分方程 (4-29) 的一对共轭特征根 $\lambda_{1,2} = \alpha \pm i\beta$ 所对应的两个实值解

$$\mathrm{e}^{\alpha t}\cos\beta t,\ \mathrm{e}^{\alpha t}\sin\beta t.$$

(2) 特征根有重根的情形

设方程 (4-31) 有 k 重根 $\lambda = \lambda_1$, 则有

$$F(\lambda_1) = F'(\lambda_1) = \cdots = F^{(k-1)}(\lambda_1) = 0,\ F^{(k)}(\lambda_1) \neq 0.$$

对于重根 $\lambda_1 = 0$ 和 $\lambda_1 \neq 0$ 两种情况分别进行讨论.

- 当 k 重根 $\lambda_1 = 0$ 时, 方程 (4-31) 存在因子 λ_k, 则 $a_n = a_{n-1} = \cdots = a_{n-k+1} = 0$, 那么特征方程的形式为

$$\lambda^n + a_1\lambda^{n-1} + \cdots + a_{n-k}\lambda^k = 0,$$

所对应的常系数齐次方程为

$$\frac{\mathrm{d}^n x}{\mathrm{d}t^n}+a_1\frac{\mathrm{d}^{n-1}x}{\mathrm{d}t^{n-1}}+\cdots+a_{n-k}\frac{\mathrm{d}^k x}{\mathrm{d}t^k}=0.$$

易知该方程有 k 个解: $1,t,t^2,\cdots,t^{k-1}$, 并且它们是线性无关的, 从而可得 k 重零根所对应的常系数齐次线性微分方程 (4-29) 的一个基本解组为

$$1,t,t^2,\cdots,t^{k-1}.$$

• 当 k 重根 $\lambda_1\neq 0$ 时, 作变量变换 $x=y\mathrm{e}^{\lambda_1 t}$, 代入常系数齐次线性微分方程 (4-29) 后整理可得

$$L[y\mathrm{e}^{\lambda_1 t}]=\left(\frac{\mathrm{d}^n y}{\mathrm{d}t^n}+b_1\frac{\mathrm{d}^{n-1}y}{\mathrm{d}t^{n-1}}+\cdots+b_n y\right)\mathrm{e}^{\lambda_1 t}\equiv L_1[y]\mathrm{e}^{\lambda_1 t},\tag{4-32}$$

其中 $b_1,b_2,\cdots,b_n$ 均为常数. 于是

$$L_1[y]=\frac{\mathrm{d}^n y}{\mathrm{d}t^n}+b_1\frac{\mathrm{d}^{n-1}y}{\mathrm{d}t^{n-1}}+\cdots+b_n y,\tag{4-33}$$

则方程 $L_1[y]=0$ 对应的特征方程为

$$G(\mu)\equiv\mu^n+b_1\mu^{n-1}+\cdots+b_{n-1}\mu+b_n=0.\tag{4-34}$$

由方程 (4-31)~ 方程 (4-34) 可得

$$F(\mu+\lambda_1)\mathrm{e}^{(\mu+\lambda_1)t}=L[\mathrm{e}^{(\mu+\lambda_1)t}]=L_1[\mathrm{e}^{\mu t}]\mathrm{e}^{\lambda_1 t}=G(\mu)\mathrm{e}^{(\mu+\lambda_1)t},$$

因此

$$F(\mu+\lambda_1)=G(\mu),$$

从而有

$$F^{(j)}(\mu+\lambda_1)=G^{(j)}(\mu),\ j=1,2,\cdots,k.$$

这意味着方程 (4-31) 的根 $\lambda=\lambda_1$ 对应于方程 (4-34) 的根 $\mu=\mu_1=0$, 而且重数相同. 这样问题就转化为 (1) 中特征根为零的情形, 那么 k_1 重零根 $\mu_1=0$ 对应于常系数齐次线性微分方程 (4-29) 中 $L_1[y]=0$ 的 k_1 个解: $1,t,t^2,\cdots,t^{k_1-1}$. 因而, k_1 重非零根 $\lambda_1\neq 0$ 对应于方程 $L[x]=0$ 的 k_1 个解为

$$\mathrm{e}^{\lambda_1 t},t\mathrm{e}^{\lambda_1 t},t^2\mathrm{e}^{\lambda_1 t},\cdots,t^{k_1-1}\mathrm{e}^{\lambda_1 t}.$$

因此, 我们可以给出特征根为重根所对应的常系数齐次线性微分方程 (4-29) 的解的表示形式为

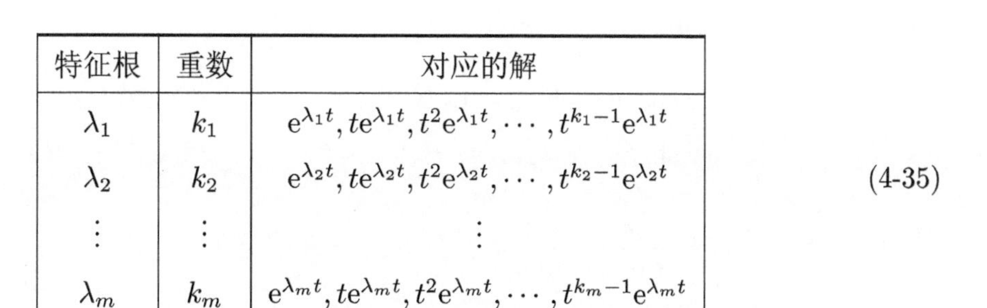

特征根	重数	对应的解
λ_1	k_1	$e^{\lambda_1 t}, te^{\lambda_1 t}, t^2e^{\lambda_1 t}, \cdots, t^{k_1-1}e^{\lambda_1 t}$
λ_2	k_2	$e^{\lambda_2 t}, te^{\lambda_2 t}, t^2e^{\lambda_2 t}, \cdots, t^{k_2-1}e^{\lambda_2 t}$
$\vdots$	$\vdots$	$\vdots$
λ_m	k_m	$e^{\lambda_m t}, te^{\lambda_m t}, t^2e^{\lambda_m t}, \cdots, t^{k_m-1}e^{\lambda_m t}$

(4-35)

其中 $\sum_{i=1}^{m} k_i = n, k_i \geqslant 1$. 实际上, 上述解函数是线性无关的.

我们利用反证法来进行证明. 若它们是线性相关的, 则至少存在一个不为零的常数 $c_{i,j}(1 \leqslant i \leqslant m, 1 \leqslant j \leqslant k_m$, i,j 取正整数), 使得

$$\sum_{i=1}^{m}\sum_{j=1}^{k_i} c_{i,j}t^{j-1}e^{\lambda_i t} \equiv \sum_{i=1}^{m} P_i(t)e^{\lambda_i t} \equiv 0. \tag{4-36}$$

不失一般性. 假设多项式 $P_m(t)$ 中至少有一个系数 $c_{m,j} \neq 0$, 则 $P_m(t)$ 不恒等于零. 然后对方程 (4-36) 除以 $e^{\lambda_1 t}$, 再关于 t 求导 k_1 次得到

$$\sum_{i=2}^{m}[(\lambda_i-\lambda_1)^{k_1}P_i(t)+S_i(t)]e^{(\lambda_i-\lambda_1)t} = \sum_{i=2}^{m} Q_i(t)e^{(\lambda_i-\lambda_1)t}, \tag{4-37}$$

这里, $S_i(t)$ 为次数低于 $P_i(t)$ 的次数的多项式. 因此, $Q_i(t)$ 与 $P_i(t)$ 次数相同且 $Q_m(t)$ 恒不为零. 我们发现, 方程 (4-36) 和方程 (4-37) 类似, 只是项数减少了. 如果继续对方程 (4-37) 除以 $e^{(\lambda_2-\lambda_1)t}$ 再求导 k_2 次, 将得到项数更少的类似于方程 (4-36) 的恒等式, 继续如此实施下去, 经过 $m-1$ 次后将得到恒等式

$$R_m(t)e^{(\lambda_m-\lambda_{m-1})t} \equiv 0. \tag{4-38}$$

这里

$$R_m(t) \equiv (\lambda_m-\lambda_1)^{k_1}(\lambda_m-\lambda_2)^{k_2}\cdots(\lambda_m-\lambda_{m-1})^{k_{m-1}}P_m(t)+W_m(t)$$

为次数低于 $P_m(t)$ 的多项式. 因此, $R_m(t)$ 与 $P_m(t)$ 次数相同且 $R_m(t)$ 恒不为零. 这与恒等式 (4-38) 相矛盾. 所以, 列表 (4-35) 中重根对应的所有解函数是线性无关的. 这也就是说, 列表 (4-35) 给出了特征根为重根情形下方程 (4-31) 的一个基本解组. 实际上, 当所有的 $k_i = 1$ 时即为单根的情形. 特征根 $\lambda = 0$ 时的情形也是列表 (4-35) 的特殊情形. 所以, 当特征根为实数根时, 基本解组用列表 (4-35) 可快速表示出来.

当特征根有重根时, 我们已知复数根会成对共轭出现, 若有 k 重根 $\lambda = \alpha + i\beta$, 则 $\bar{\lambda} = \alpha - i\beta$ 也是 k 重根. 类似于单根所对应的解, 我们取其实部和虚部函数作为实值解, k

重根将对应 $2k$ 个实值解

$$
\begin{aligned}
&\mathrm{e}^{\alpha t}\cos\beta t,\ t\mathrm{e}^{\alpha t}\cos\beta t,\ t^2\mathrm{e}^{\alpha t}\cos\beta t,\ \cdots,\ t^{k-1}\mathrm{e}^{\alpha t}\cos\beta t,\\
&\mathrm{e}^{\alpha t}\sin\beta t,\ t\mathrm{e}^{\alpha t}\sin\beta t,\ t^2\mathrm{e}^{\alpha t}\sin\beta t,\ \cdots,\ t^{k-1}\mathrm{e}^{\alpha t}\sin\beta t.
\end{aligned}
$$

例 4.6　求方程 $\dfrac{\mathrm{d}^3x}{\mathrm{d}t^3}-5\dfrac{\mathrm{d}^2x}{\mathrm{d}t^2}+3\dfrac{\mathrm{d}x}{\mathrm{d}t}+9x=0$ 的通解.

解: 该方程的特征方程为

$$\lambda^3-5\lambda^2+3\lambda+9=0,$$

可写为

$$(\lambda+1)(\lambda-3)^2=0.$$

则有特征根 $\lambda_1=-1$, 为单根; $\lambda_2=3$, 为二重根. 故该方程的一个基本解组为

$$\mathrm{e}^{-t},\ \mathrm{e}^{3t},\ t\mathrm{e}^{3t}.$$

从而原方程的通解为

$$x=c_1\mathrm{e}^{-t}+c_2\mathrm{e}^{3t}+c_3t\mathrm{e}^{3t},$$

其中 c_1,c_2,c_3 为任意常数.

例 4.7　求方程 $\dfrac{\mathrm{d}^4x}{\mathrm{d}t^4}-16x=0$ 的通解.

解: 该方程的特征方程为

$$\lambda^4-16=0,$$

可写为

$$(\lambda^2+4)(\lambda^2-4)=0.$$

则有特征根 $\lambda_1=-2$, $\lambda_2=2$, $\lambda_3=2i$, $\lambda_4=-2i$, 均为单根. 故该方程的一个基本解组为

$$\mathrm{e}^{-2t},\ \mathrm{e}^{2t},\ \cos 2t,\ \sin 2t.$$

从而原方程的通解为

$$x=c_1\mathrm{e}^{-2t}+c_2\mathrm{e}^{2t}+c_3\cos 2t+c_4\sin 2t,$$

其中 c_1,c_2,c_3,c_4 为任意常数.

例 4.8　求方程 $\dfrac{\mathrm{d}^4x}{\mathrm{d}t^4}+4\dfrac{\mathrm{d}^2x}{\mathrm{d}t^2}+4x=0$ 的通解.

解: 该方程的特征方程为

$$\lambda^4+4\lambda^2+4=0,$$

可写为

$$(\lambda^2+2)^2=0.$$

则有特征根 $\lambda_1=\sqrt{2}i$, $\lambda_2=-\sqrt{2}i$, 均为二重根. 故该方程的一个基本解组为

$$\cos\sqrt{2}t,\ t\cos\sqrt{2}t,\ \sin\sqrt{2}t,\ t\sin\sqrt{2}t.$$

从而原方程的通解为

$$x=c_1\cos\sqrt{2}t+c_2t\cos\sqrt{2}t+c_3\sin\sqrt{2}t+c_4t\sin\sqrt{2}t,$$

其中 c_1,c_2,c_3,c_4 为任意常数.

4.2.3　欧拉方程

这里我们介绍一类变系数齐次线性微分方程——欧拉方程, 它可以通过变量变换的方法化为常系数齐次线性微分方程, 从而进行求解.

形如

$$t^n\frac{\mathrm{d}^nx}{\mathrm{d}t^n}+a_1t^{n-1}\frac{\mathrm{d}^{n-1}x}{\mathrm{d}t^{n-1}}+\cdots+a_{n-1}t\frac{\mathrm{d}x}{\mathrm{d}t}+a_nx=0 \tag{4-39}$$

的方程称为欧拉方程, 其中 $a_i(i=1,2,\cdots,n)$ 为常数. 该方程的各项系数在常系数齐次线性微分方程 (4-29) 的系数基础上增加了自变量 t 的幂次. 于是, 我们作变量变换, 令

$$t=\mathrm{e}^u,\ u=\ln t. \tag{4-40}$$

需要注意的是, 在变量变换 (4-40) 中, 仅考虑了 $t=\mathrm{e}^u>0$ 的情况. 对于 $t=-\mathrm{e}^u<0$ 的情况, 推导过程类似, 我们不再重复. 而最后还原变量时需以 $u=\ln|t|$ 代回求出原方程通解. 由变量变换 (4-40) 得到各阶导数表示为

$$\begin{aligned}
&\frac{\mathrm{d}x}{\mathrm{d}t}=\frac{\mathrm{d}x}{\mathrm{d}u}\cdot\frac{\mathrm{d}u}{\mathrm{d}t}=\frac{1}{t}\frac{\mathrm{d}x}{\mathrm{d}u}=\mathrm{e}^{-u}\frac{\mathrm{d}x}{\mathrm{d}u},\\
&\frac{\mathrm{d}^2x}{\mathrm{d}t^2}=\mathrm{e}^{-u}\frac{\mathrm{d}}{\mathrm{d}u}\left(\mathrm{e}^{-u}\frac{\mathrm{d}x}{\mathrm{d}u}\right)=\mathrm{e}^{-2u}\left(\frac{\mathrm{d}^2x}{\mathrm{d}u^2}-\frac{\mathrm{d}x}{\mathrm{d}u}\right),\\
&\qquad\cdots\cdots\\
&\frac{\mathrm{d}^kx}{\mathrm{d}t^k}=\mathrm{e}^{-ku}\left(\frac{\mathrm{d}^kx}{\mathrm{d}u^k}+\beta_1\frac{\mathrm{d}^{k-1}x}{\mathrm{d}u^{k-1}}+\cdots+\beta_{k-1}\frac{\mathrm{d}x}{\mathrm{d}u}\right),
\end{aligned}$$

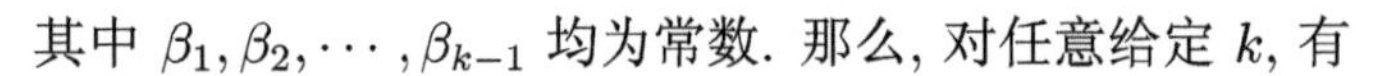

其中 $\beta_1,\beta_2,\cdots,\beta_{k-1}$ 均为常数. 那么, 对任意给定 k, 有

$$t^k\frac{\mathrm{d}^kx}{\mathrm{d}t^k}=\frac{\mathrm{d}^kx}{\mathrm{d}u^k}+\beta_1\frac{\mathrm{d}^{k-1}x}{\mathrm{d}u^{k-1}}+\cdots+\beta_{k-1}\frac{\mathrm{d}x}{\mathrm{d}u},$$

将上述关系式代入方程 (4-39) 后就得到一个新的常系数齐次线性微分方程

$$\frac{\mathrm{d}^nx}{\mathrm{d}u^n}+b_1\frac{\mathrm{d}^{n-1}x}{\mathrm{d}u^{n-1}}+\cdots+b_{n-1}\frac{\mathrm{d}x}{\mathrm{d}u}+b_nx=0, \tag{4-41}$$

其中 $b_1,b_2,\cdots,b_n$ 均为常数, 对于方程 (4-41), 可以继续运用 4.2.2 节中的特征根法进行求解, 最后还原变量 $(u=\ln|t|)$ 即可.

由上述变量变换过程可知, 欧拉方程在 $t=\mathrm{e}^u$ 的变换下可化简为常系数齐次线性微分方程, 而后者有形如 $x=\mathrm{e}^{\lambda u}$ 的解, 那么欧拉方程就存在形如 $x=t^\lambda$ 的解. 这个解的形式是幂函数, 所以求导数非常方便, 我们将它直接代入欧拉方程 (4-39) 中, 并约去因子 t^λ 后可得到代数方程

$$\lambda(\lambda-1)\cdots(\lambda-n+1)+a_1\lambda(\lambda-1)\cdots(\lambda-n+2)+\cdots+a_n=0. \tag{4-42}$$

方程 (4-42) 称为欧拉方程 (4-39) 的**特征方程**. 因此, 同列表 (4-35) 一样, 我们可以给出欧拉方程的基本解组形式为

特征根	重数	对应的解
λ_1	k_1	$t^{\lambda_1},t^{\lambda_1}\ln\|t\|,t^{\lambda_1}\ln^2\|t\|,\cdots,t^{\lambda_1}\ln^{k_1-1}\|t\|$
$\lambda=\alpha+i\beta$	m	$t^\alpha\cos(\beta\ln\|t\|),t^\alpha\cos(\beta\ln\|t\|)\ln\|t\|,\cdots,t^\alpha\cos(\beta\ln\|t\|)\ln^{m-1}\|t\|$
$\bar{\lambda}=\alpha-i\beta$	m	$t^\alpha\sin(\beta\ln\|t\|),t^\alpha\sin(\beta\ln\|t\|)\ln\|t\|,\cdots,t^\alpha\sin(\beta\ln\|t\|)\ln^{m-1}\|t\|$

(4-43)

因此, 对于欧拉方程, 我们可以将幂函数 $x=t^\lambda$ 代入方程求解, 或者利用特征方程 (4-42) 直接求解.

例 4.9 求解方程 $t^2\dfrac{\mathrm{d}^2x}{\mathrm{d}t^2}-3t\dfrac{\mathrm{d}x}{\mathrm{d}t}+4x=0$.

解: 将 $x=t^\lambda$ 代入原方程可得

$$\lambda^2-4\lambda+4=0,$$

解得特征根 $\lambda=2$, 为二重根. 因此, 原方程的基本解组为 $t^2,t^2\ln|t|$, 通解即为

$$x=c_1t^2+c_2t^2\ln|t|,$$

其中 c_1,c_2 为任意常数.

例 4.10　求解方程 $t^2\dfrac{\mathrm{d}^2x}{\mathrm{d}t^2}+2t\dfrac{\mathrm{d}x}{\mathrm{d}t}+4x=0.$

解: 原方程的特征方程为

$$\lambda(\lambda-1)+2\lambda+4=0,$$

解得特征根

$$\lambda_1=-\frac{1}{2}+i\frac{\sqrt{15}}{2},\ \lambda_2=-\frac{1}{2}-i\frac{\sqrt{15}}{2},$$

均为单根. 由列表 (4-43) 可得

$$\alpha=-\frac{1}{2},\ \beta=\frac{\sqrt{15}}{2}.$$

于是, 原方程的通解为

$$x=c_1t^{-\frac{1}{2}}\cos\left(\frac{\sqrt{15}}{2}\ln|t|\right)+c_2t^{-\frac{1}{2}}\sin\left(\frac{\sqrt{15}}{2}\ln|t|\right),$$

其中 c_1,c_2 为任意常数.

4.3　比较系数法

上一节我们介绍了一种比较简单的代数方法用于求解高阶常系数齐次线性微分方程的基本解组, 这样便可以由 4.1 节中的常数变易法利用积分的方法求出其对应的常系数非齐次线性微分方程的通解. 这个过程对于高阶方程来说是比较繁杂的. 由非齐次线性微分方程的通解结构可知, 非齐次线性微分方程的通解可以用其对应的齐次线性微分方程的通解与它的一个特解的和表示出来. 于是, 我们可以侧重于寻找一些比较简单的方法 (如代数方法) 求出非齐次线性微分方程的特解. 本节针对高阶常系数非齐次线性微分方程的一些特殊类型, 即方程 (4-44) 的右端项 $f(t)$ 为指数函数、正弦函数、余弦函数以及多项式函数的情况, 介绍一种代数方法——比较系数法.

考虑方程

$$\frac{\mathrm{d}^nx}{\mathrm{d}t^n}+a_1\frac{\mathrm{d}^{n-1}x}{\mathrm{d}t^{n-1}}+\cdots+a_{n-1}\frac{\mathrm{d}x}{\mathrm{d}t}+a_nx=f(t), \tag{4-44}$$

其中系数 $a_i(i=1,2,\cdots,n)$ 均为常数. 其对应的齐次线性微分方程的特征方程为

$$F(\lambda)=\lambda^n+a_1\lambda^{n-1}+\cdots+a_{n-1}\lambda+a_n=0.$$

- 情形一

右端项

$$f(t)=(b_0+b_1t+b_2t^2+\cdots+b_mt^m)\mathrm{e}^{\lambda t}=R_m(t)\mathrm{e}^{\lambda t},$$

其中 λ 及 $b_i(i=0,1,\cdots,m)$ 均为实常数, $R_m(t)$ 是关于 t 的 m 次多项式, 则方程 (4-44) 的特解形式为

$$\bar{x}=t^k(B_0+B_1t+B_2t^2+\cdots+B_mt^m)\mathrm{e}^{\lambda t}=t^kS_m(t)\mathrm{e}^{\lambda t}, \tag{4-45}$$

其中 $B_0,B_1,B_2,\cdots,B_m$ 为待定的常数, $S_m(t)$ 是关于 t 的 m 次多项式, 且

$$k=\begin{cases}0, & \text{当}\lambda\text{不是方程 (4-31) 对应的齐次线性微分方程的特征根时},\\1, & \text{当}\lambda\text{是方程 (4-31) 对应的齐次线性微分方程的特征单根时},\\k, & \text{当}\lambda\text{是方程 (4-31) 对应的齐次线性微分方程的 } k \text{ 重特征根时}.\end{cases} \tag{4-46}$$

下面, 对 $\lambda=0$ 和 $\lambda\neq 0$ 两种情况进行分析.

(1) 当 $\lambda=0$ 时, 右端项为一个多项式函数

$$f(t)=b_0+b_1t+b_2t^2+\cdots+b_mt^m, \tag{4-47}$$

我们再针对 $\lambda=0$ 是否为特征根两种情况分别进行讨论.

① 当 $\lambda=0$ 不是方程 (4-31) 的特征根时, 即 $F(0)\neq 0$, 于是得到 $a_n\neq 0$. 由式 (4-46) 取 $k=0$, 则特解形式为

$$\bar{x}=B_0+B_1t+B_2t^2+\cdots+B_mt^m.$$

将其代入右端项为式 (4-47) 的方程 (4-44), 并比较 t 的同次幂的系数, 得到常数 $B_0,B_1,\cdots,$ B_m 必须满足的方程组

$$\begin{cases}B_ma_n=b_m,\\B_{m-1}a_n+mB_ma_{n-1}=b_{m-1},\\B_{m-2}a_n+(m-1)B_{m-1}a_{n-1}+m(m-1)B_ma_{n-2}=b_{m-2},\\\cdots\cdots\\B_1a_n+\cdots=b_1.\end{cases} \tag{4-48}$$

从方程组 (4-48) 的第一个方程可以求出待定常数 B_m, 然后代入第二个方程便可以求出 B_{m-1}, 依次代入可以求出剩余所有的待定常数 $B_{m-2},\cdots,B_1,B_0$. 这样便求出了特解.

② 当 $\lambda=0$ 是方程 (4-31) 的特征根时, 令重数为 $k(k=1,2,\cdots,n)$, 则

$$F^{(j)}(0)=0,\quad j=0,1,\cdots,k-1,$$

而 $F^{(k)}(0)\neq 0$, 代入方程 (4-31) 后得到

$$a_n=a_{n-1}=\cdots=a_{n-k+1}=0,\ a_{n-k}\neq 0.$$

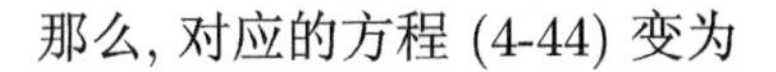

那么, 对应的方程 (4-44) 变为

$$\frac{\mathrm{d}^n x}{\mathrm{d}t^n}+a_1\frac{\mathrm{d}^{n-1}x}{\mathrm{d}t^{n-1}}+\cdots+a_{n-k}\frac{\mathrm{d}^k x}{\mathrm{d}t^k}=f(t). \tag{4-49}$$

该方程少了一些低阶导数项, 可利用降阶法进行求解. 降阶法是求解高阶微分方程的一种方法, 具体内容将在本章的 4.5 节进行详细介绍. 现在, 令 $\frac{\mathrm{d}^k x}{\mathrm{d}t^k}=z$, 则方程 (4-49) 化为

$$\frac{\mathrm{d}^{n-k} z}{\mathrm{d}t^{n-k}}+a_1\frac{\mathrm{d}^{n-k-1}z}{\mathrm{d}t^{n-k-1}}+\cdots+a_{n-k}z=f(t). \tag{4-50}$$

由于方程 (4-50) 中的 $a_{n-k}\neq 0$, 所以 $\lambda=0$ 已不是它的特征根. 因此, 方程 (4-50) 可以按照① 中的方法求出待定系数 $\bar{B}_0,\bar{B}_1,\cdots,\bar{B}_m$, 从而给出形式为

$$\bar{z}=\bar{B}_0+\bar{B}_1 t+\cdots+\bar{B}_m t^m$$

的特解. 那么, 方程 (4-44) 有特解 $\bar{x}$ 满足

$$\frac{\mathrm{d}^k \bar{x}}{\mathrm{d}t^k}=\bar{z}=\bar{B}_0+\bar{B}_1 t+\cdots+\bar{B}_m t^m. \tag{4-51}$$

上式积分 k 次便可以得到 $\bar{x}$ 的表达式, 其中含有 k 个任意常数. 我们只需要其中一个特解就可以了, 所以一般取这 k 个任意常数都为零时的特解, 即有

$$\bar{x}=t^k(\gamma_0+\gamma_1 t+\cdots+\gamma_m t^m),$$

系数 $\gamma_0,\gamma_1,\cdots,\gamma_m$ 由方程 (4-51) 确定.

注: 当系数为复数时上述结论仍然是成立的.

(2) 当 $\lambda\neq 0$ 时, 作变量变换, 令 $x=ye^{\lambda t}$, 代入方程 (4-44) 后可化为

$$\frac{\mathrm{d}^n y}{\mathrm{d}t^n}+A_1\frac{\mathrm{d}^{n-1}y}{\mathrm{d}t^{n-1}}+\cdots+A_{n-1}\frac{\mathrm{d}y}{\mathrm{d}t}+A_n y=b_0+b_1 t+\cdots+b_m t^m, \tag{4-52}$$

这里 $A_1,A_2,\cdots,A_n$ 均为常数. 于是, 方程 (4-31) 的根 λ 对应于方程 (4-52) 的特征方程的零根, 并且重数相同. 因此, 由 (1) 中的结论我们可以得到:

① 当 λ 不是方程 (4-31) 的特征根时, 方程 (4-52) 有特解

$$\bar{y}=B_0+B_1 t+\cdots+B_m t^m,$$

从而方程 (4-44) 有特解

$$\bar{x}=(B_0+B_1 t+\cdots+B_m t^m)\mathrm{e}^{\lambda t}.$$

② 当 λ 是方程 (4-31) 的特征根时, 方程 (4-52) 有特解

$$\bar{y}=t^k(B_0+B_1t+\cdots+B_mt^m),$$

从而方程 (4-44) 有特解

$$\bar{x}=t^k(B_0+B_1t+\cdots+B_mt^m)\mathrm{e}^{\lambda t}.$$

例 4.11 求解方程 $\dfrac{\mathrm{d}^2x}{\mathrm{d}t^2}-2\dfrac{\mathrm{d}x}{\mathrm{d}t}+x=2t+1$.

解: 原方程对应的齐次线性微分方程的特征方程为

$$\lambda^2-2\lambda+1=0,$$

解得特征根 $\lambda=1$, 为二重根, 从而齐次线性微分方程的基本解组为 $\mathrm{e}^t, t\mathrm{e}^t$.

由式 (4-45) 可知, 原方程的特解形式为

$$\bar{x}=At+B,$$

代入原方程可得

$$At+B-2A=2t+1,$$

于是有

$$A=2,\ B=5.$$

那么原方程的一个特解为

$$\bar{x}=2t+5,$$

故原方程的通解为

$$x=c_1\mathrm{e}^t+c_2t\mathrm{e}^t+2t+5,$$

其中 c_1, c_2 为任意常数.

例 4.12 求解方程 $\dfrac{\mathrm{d}^2x}{\mathrm{d}t^2}-2\dfrac{\mathrm{d}x}{\mathrm{d}t}+x=(2t+1)\mathrm{e}^t$.

解: 由上题可知, 原方程对应的齐次线性微分方程的特征根 $\lambda=1$, 为二重根, 基本解组为 $\mathrm{e}^t, t\mathrm{e}^t$.

由式 (4-45) 可知, 原方程的特解形式为

$$\bar{x}=t^2(At+B)\mathrm{e}^t,$$

代入原方程可得

$$6At + 2B = 2t + 1,$$

于是有

$$A = \frac{1}{3},\ B = \frac{1}{2}.$$

那么原方程的一个特解为

$$\bar{x} = t^2\left(\frac{1}{3}t + \frac{1}{2}\right)\mathrm{e}^t,$$

故原方程的通解为

$$x = c_1\mathrm{e}^t + c_2 t\mathrm{e}^t + t^2\left(\frac{1}{3}t + \frac{1}{2}\right)\mathrm{e}^t,$$

其中 c_1, c_2 为任意常数.

例 4.13　求解方程 $\dfrac{\mathrm{d}^2x}{\mathrm{d}t^2} - \dfrac{\mathrm{d}x}{\mathrm{d}t} - 2x = (t^2 + t + 1)\mathrm{e}^t$.

解: 原方程对应的齐次线性微分方程的特征方程为

$$\lambda^2 - \lambda - 2 = 0,$$

解得特征根为 $\lambda_1 = 2, \lambda_2 = -1$, 均为单根, 从而对应齐次线性微分方程的基本解组为 $\mathrm{e}^{2t}, \mathrm{e}^{-t}$.

由式 (4-45) 可知, 原方程的特解形式为

$$\bar{x} = (At^2 + Bt + C)\mathrm{e}^t,$$

代入原方程可得

$$-2At^2 + (2A - 2B)t + 2A + B - 2C = t^2 + t + 1,$$

于是有

$$A = -\frac{1}{2},\ B = -1,\ C = -\frac{3}{2}.$$

那么原方程的一个特解为

$$\bar{x} = \left(-\frac{1}{2}t^2 - t - \frac{3}{2}\right)\mathrm{e}^t,$$

故原方程的通解为

$$x = c_1\mathrm{e}^{2t} + c_2\mathrm{e}^{-t} - \left(\frac{1}{2}t^2 + t + \frac{3}{2}\right)\mathrm{e}^t,$$

其中 c_1, c_2 为任意常数.

例 4.14 求解方程 $\dfrac{\mathrm{d}^2x}{\mathrm{d}t^2}-2\dfrac{\mathrm{d}x}{\mathrm{d}t}=(t^2+2)\mathrm{e}^{2t}$.

解: 原方程对应的齐次线性微分方程的特征方程为

$$\lambda^2-2\lambda=0,$$

解得特征根 $\lambda_1=0,\lambda_2=2$, 均为单根, 从而齐次线性微分方程的基本解组为 $1,\mathrm{e}^{2t}$.

由式 (4-45) 可知, 原方程的特解形式为

$$\bar{x}=t(At^2+Bt+C)\mathrm{e}^{2t},$$

代入原方程可得

$$6At^2+(6A+4B)t+2B+2C=t^2+2,$$

于是有

$$A=\frac{1}{6},\ B=-\frac{1}{4},\ C=\frac{5}{4}.$$

那么原方程的一个特解为

$$\bar{x}=t\left(\frac{1}{6}t^2-\frac{1}{4}t+\frac{5}{4}\right)\mathrm{e}^{2t},$$

故原方程的通解为

$$x=c_1+c_2\mathrm{e}^{2t}+t\left(\frac{1}{6}t^2-\frac{1}{4}t+\frac{5}{4}\right)\mathrm{e}^{2t},$$

其中 c_1,c_2 为任意常数.

- 情形二

右端项

$$f(t)=[A(t)\cos\beta t+B(t)\sin\beta t]\mathrm{e}^{\alpha t}, \tag{4-53}$$

其中 α,β 均为常数, $A(t),B(t)$ 分别为带实系数的 t 的 m 次和 n 次多项式, 则方程 (4-44) 的特解形式为

$$\bar{x}=t^k(P(t)\cos\beta t+Q(t)\sin\beta t)\mathrm{e}^{\alpha t}. \tag{4-54}$$

其中 k 的取值同式 (4-46), 若 $\alpha+i\beta$ 不是方程 (4-31) 的特征根, 则 $k=0$; 若 $\alpha+i\beta$ 是方程 (4-31) 的特征单根, 则 $k=1$; 若 $\alpha+i\beta$ 是方程 (4-31) 的特征重根, 则 k 为重数. 记 $r=\max\{m,n\}$, $P(t),Q(t)$ 均为关于 t 的 r 次多项式, 其中的待定系数可通过比较系数法确定.

首先, 我们将右端项写为

$$f(t)=\frac{A(t)-iB(t)}{2}\mathrm{e}^{(\alpha+i\beta)t}+\frac{A(t)+iB(t)}{2}\mathrm{e}^{(\alpha-i\beta)t}. \tag{4-55}$$

由定理 4.10可知

$$L[x]=f_1(t)=\frac{A(t)+iB(t)}{2}\mathrm{e}^{(\alpha-i\beta)t} \tag{4-56}$$

与

$$L[x]=f_2(t)=\frac{A(t)-iB(t)}{2}\mathrm{e}^{(\alpha+i\beta)t} \tag{4-57}$$

的解之和为右端项是式 (4-55) 的方程 (4-44) 的解.

又因为 $\overline{f_1(t)}=f_2(t)$, 那么若 x_1 为方程 (4-56) 的解, 则 $\overline{x_1}$ 必为方程 (4-57) 的解. 由情形一中的结论可得方程 (4-56) 的解的形式为

$$\hat{x}=t^kD(t)\mathrm{e}^{(\alpha-i\beta)t},$$

则右端项为式 (4-53) 的方程 (4-44) 的解的形式为

$$\begin{aligned}\bar{x}&=t^kD(t)\mathrm{e}^{(\alpha-i\beta)t}+t^k\overline{D(t)}\mathrm{e}^{(\alpha+i\beta)t}\\&=t^k[P(t)\cos\beta t+Q(t)\sin\beta t]\mathrm{e}^{\alpha t},\end{aligned}$$

其中 $D(t)$ 为关于 t 的 r 次多项式, 而 $P(t)=2\mathrm{Re}\{D(t)\},Q(t)=2\mathrm{Im}\{D(t)\}$ 均为带实系数的 t 的次数不超过 m 的多项式.

综上, 我们可以看到, 只要对应地将特解的形式准确写出来, 再通过比较系数法就可以确定特解中的待定常数, 从而求出非齐次线性微分方程的特解. 再结合对应的齐次线性微分方程的通解, 我们便可以给出非齐次线性微分方程的通解.

例 4.15　求解方程 $\dfrac{\mathrm{d}^2x}{\mathrm{d}t^2}-2\dfrac{\mathrm{d}x}{\mathrm{d}t}+x=2\sin t.$

解: 该方程对应的齐次线性微分方程的特征方程为

$$F(\lambda)=\lambda^2-2\lambda+1=(\lambda-1)^2=0,$$

解得特征根 $\lambda=1$, 为二重根, 则该方程对应的齐次线性微分方程的基本解组为 e^t, $t\mathrm{e}^t$.

原方程右端项对应于式 (4-53) 中 $\alpha=0,\beta=1$. 因为 i 不是特征根, 所以方程的特解形式为

$$\bar{x}=A\cos t+B\sin t,$$

将其代入原方程可得

$$-2B\cos t+2A\sin t=2\sin t,$$

比较系数得到

$$A = 1,\ B = 0.$$

于是, 原方程的特解为

$$\bar{x} = \cos t,$$

从而原方程的通解为

$$x = c_1 \mathrm{e}^t + c_2 t\mathrm{e}^t + \cos t,$$

其中 c_1, c_2 为任意常数.

例 4.15也可以用复数法来求解. 复数法, 即若非齐次线性微分方程的右端项 $f(t)$ 中只含有式 (4-53) 中的一部分, 如例 4.15中的右端项 $2\sin t$ 实际上是复指数函数 $2\mathrm{e}^{it}$ 的虚部, 那么我们可以先求出右端项为 $2\mathrm{e}^{it}$ 的非齐次线性微分方程的解, 然后由定理 4.12可知, 解的虚部即是右端项为 $2\sin t$ 的原方程的解.

例 4.16 用复数法求解例 4.15.

解: 首先求解方程

$$\frac{\mathrm{d}^2 x}{\mathrm{d}t^2} - 2\frac{\mathrm{d}x}{\mathrm{d}t} + x = 2\mathrm{e}^{it},$$

由于 i 不是特征根, 所以其特解形式为

$$\bar{x} = A\mathrm{e}^{it},$$

将其代入原方程得到

$$-2iA\mathrm{e}^{it} = 2\mathrm{e}^{it},$$

化简可得

$$A = -\frac{1}{i} = i.$$

则

$$\bar{x} = A\mathrm{e}^{it} = i\mathrm{e}^{it} = -\sin t + i\cos t,$$

该解的虚部为 $\cos t$, 由定理 4.12 可知, 它即是例 4.15 的一个特解. 从而原方程的通解表示为

$$x = c_1 \mathrm{e}^t + c_2 t\mathrm{e}^t + \cos t,$$

其中 c_1, c_2 为任意常数. 与例 4.15的结果一样.

复数法的解题过程实际上也是验证系数为复数时方程 (4-44) 右端项为情形一时特解的形式.

例 4.17 求解方程 $\frac{\mathrm{d}^2x}{\mathrm{d}t^2}-\frac{\mathrm{d}x}{\mathrm{d}t}=(2\cos 2t+\sin t)\mathrm{e}^t$.

解: 原方程的右端项不同于式 (4-53). 由定理 4.10 可知, 原方程的解为方程 (4-58) 和方程 (4-59) 的解之和.

$$\frac{\mathrm{d}^2x}{\mathrm{d}t^2}-\frac{\mathrm{d}x}{\mathrm{d}t}=2\mathrm{e}^t\cos 2t, \tag{4-58}$$

$$\frac{\mathrm{d}^2x}{\mathrm{d}t^2}-\frac{\mathrm{d}x}{\mathrm{d}t}=\mathrm{e}^t\sin t. \tag{4-59}$$

由特征根法可知, 原方程对应的齐次线性微分方程的特征方程为

$$\lambda^2-\lambda=0,$$

解得特征根为 $\lambda_1=0,\lambda_2=1$, 均为单根. 故而对应的齐次线性微分方程的基本解组为 $1,\mathrm{e}^t$.

对于方程 (4-58), 其特解形式为

$$\hat{x}=(A\cos 2t+B\sin 2t)\mathrm{e}^t,$$

将其代入原方程可解得

$$(-4A+2B)\cos 2t+(-2A-4B)\sin 2t=2\cos 2t,$$

于是有

$$-4A+2B=2,\ -2A-4B=0,$$

得到 $A=-\frac{2}{5},B=\frac{1}{5}$. 所以, 方程 (4-58) 的特解为

$$\hat{x}=\left(-\frac{2}{5}\cos 2t+\frac{1}{5}\sin 2t\right)\mathrm{e}^t.$$

同样地, 对于方程 (4-59), 其特解形式为

$$\tilde{x}=(C\cos t+D\sin t)\mathrm{e}^t,$$

代入原方程可解得

$$C=D=-\frac{1}{2},$$

那么方程 (4-59) 的特解为

$$\tilde{x}=\left(-\frac{1}{2}\cos t-\frac{1}{2}\sin t\right)\mathrm{e}^t.$$

因此, 原方程的一个特解为

$$\bar{x}=\hat{x}+\tilde{x}=\left(-\frac{2}{5}\cos 2t+\frac{1}{5}\sin 2t\right)\mathrm{e}^t+\left(-\frac{1}{2}\cos t-\frac{1}{2}\sin t\right)\mathrm{e}^t,$$

从而原方程的通解为

$$x=c_1+c_2\mathrm{e}^t+\left(-\frac{2}{5}\cos 2t+\frac{1}{5}\sin 2t\right)\mathrm{e}^t+\left(-\frac{1}{2}\cos t-\frac{1}{2}\sin t\right)\mathrm{e}^t,$$

其中 c_1,c_2 为任意常数.

4.4 拉普拉斯变换法

定义 $t \geqslant 0$ 上的变换

$$\mathcal{L}[f(t)] = \int_0^{+\infty} \mathrm{e}^{-st} f(t)\mathrm{d}t = F(s)$$

为 $f(t)$ 的拉普拉斯变换，$\mathcal{L}$ 称为拉普拉斯算子. $F(s)$ 在复平面 (Re $s > \sigma$) 上有定义，称为像函数；$f(t)$ 称为原函数，且满足 $|f(t)| < M\mathrm{e}^{\sigma t}$. $f(t)$ 若为复值，$|f(t)|$ 表示它的模.

皮埃尔-西蒙·拉普拉斯 (Pierre-Simon marquis de Laplace, 1749—1827 年)，法国著名的天文学家和数学家，天体力学的集大成者，24 岁时就已应用牛顿引力定律深入研究整个太阳系. 1816 年被选为法兰西学院院士，1817 年任该院院长. 1812 年出版《关于概率的解析理论》一书，在该书中总结了当时整个概率论的研究，论述了概率在选举审判调查、气象等方面的应用，导入"拉普拉斯变换"等. 在拿破仑皇帝时期和路易十八时期两度获颁爵位. 拉普拉斯曾任拿破仑的老师，所以和拿破仑结下了不解之缘. 拉普拉斯的研究领域是多方面的，有天体力学、概率论、微分方程、复变函数、势函数理论、代数、测地学、毛细现象理论等，并有卓越的创见. 他还是一位分析学大师，把分析学应用到力学，特别是天体力学，获得了划时代的成果. 他的代表作有《宇宙体系论》《分析概率论》《天体力学》.

推论 4.6 (线性性质) 若 $f_1(t), f_2(t)$ 均为原函数，并满足定义中原函数的条件，则有

$$\mathcal{L}[c_1 f_1(t) + c_2 f_2(t)] = c_1 \mathcal{L}[f_1(t)] + c_2 \mathcal{L}[f_2(t)], \tag{4-60}$$

其中 c_1, c_2 为任意常数.

证明： 由积分的可加性可得

$$\mathcal{L}[c_1 f_1(t) + c_2 f_2(t)] = \int_0^{+\infty} \mathrm{e}^{-st}[c_1 f_1(t) + c_2 f_2(t)]\mathrm{d}t = c_1 \mathcal{L}[f_1(t)] + c_2 \mathcal{L}[f_2(t)],$$

所以，拉普拉斯变换满足线性性质. ■

运用拉普拉斯变换可以将常系数线性微分方程 (组) 转换为复变数 s 的代数方程 (组)，从中求出像函数的表达式，再利用拉普拉斯变换表 (如表 4-1 所示) 反查，找出对应的原函数，从而求出常系数线性微分方程的解，这样的方法称为拉普拉斯变换法. 该方法主要针对带有初值条件的常系数线性微分方程，而且要求微分方程的右端函数必须是原函数，有一定的局限性，但使用起来比较简单方便，在一些工程技术中被普遍采用.

关于拉普拉斯变换的一般概念及基本性质，可参考文献 [7, 11].

考虑微分方程

$$\frac{\mathrm{d}^n x}{\mathrm{d}t^n}+a_1\frac{\mathrm{d}^{n-1}x}{\mathrm{d}t^{n-1}}+\cdots+a_{n-1}\frac{\mathrm{d}x}{\mathrm{d}t}+a_n x=f(t) \tag{4-61}$$

及初值条件

$$x(0)=x_0, x'(0)=x_0', \cdots, x^{(n-1)}(0)=x_0^{(n-1)},$$

其中, 系数 $a_i(i=1,2,\cdots,n)$ 均为常数, $f(t)$ 连续且满足定义中原函数的条件.

表 4-1　拉普拉斯变换表

序号	原函数 $f(t)$	像函数 $F(s)=\int_0^{+\infty}\mathrm{e}^{-st}f(t)dt$	$F(s)$ 的定义域
1	1	$\frac{1}{s}$	$\mathrm{Re}\, s>0$
2	t	$\frac{1}{s^2}$	$\mathrm{Re}\, s>0$
3	$t^n(n>-1)$	$\frac{n!}{s^{n+1}}$	$\mathrm{Re}\, s>0$
4	e^{zt}	$\frac{1}{s-z}$	$\mathrm{Re}\, s>\mathrm{Re}\, z$
5	$t\mathrm{e}^{zt}$	$\frac{1}{(s-z)^2}$	$\mathrm{Re}\, s>\mathrm{Re}\, z$
6	$t^n\mathrm{e}^{zt}(n>-1)$	$\frac{n!}{(s-z)^{n+1}}$	$\mathrm{Re}\, s>\mathrm{Re}\, z$
7	$\sin\omega t$	$\frac{\omega}{s^2+\omega^2}$	$\mathrm{Re}\, s>0$
8	$\cos\omega t$	$\frac{s}{s^2+\omega^2}$	$\mathrm{Re}\, s>0$
9	$\mathrm{sh}\omega t$	$\frac{\omega}{s^2-\omega^2}$	$\mathrm{Re}\, s>\lvert\omega\rvert$
10	$\mathrm{ch}\omega t$	$\frac{s}{s^2-\omega^2}$	$\mathrm{Re}\, s<\lvert\omega\rvert$
11	$t\sin\omega t$	$\frac{2s\omega}{(s^2+\omega^2)^2}$	$\mathrm{Re}\, s>0$
12	$t\cos\omega t$	$\frac{s^2-\omega^2}{(s^2+\omega^2)^2}$	$\mathrm{Re}\, s>0$
13	$\mathrm{e}^{\lambda t}\sin\omega t$	$\frac{\omega}{(s-\lambda)^2+\omega^2}$	$\mathrm{Re}\, s>\lambda$
14	$\mathrm{e}^{\lambda t}\cos\omega t$	$\frac{s-\lambda}{(s-\lambda)^2+\omega^2}$	$\mathrm{Re}\, s>\lambda$
15	$t\mathrm{e}^{\lambda t}\sin\omega t$	$\frac{2\omega(s-\lambda)}{[(s-\lambda)^2+\omega^2]^2}$	$\mathrm{Re}\, s>\lambda$
16	$t\mathrm{e}^{\lambda t}\cos\omega t$	$\frac{(s-\lambda)^2-\omega^2}{[(s-\lambda)^2+\omega^2]^2}$	$\mathrm{Re}\, s>\lambda$

令 $x(t)$ 为方程 (4-61) 的任意解, 由于 $f(t)$ 是原函数, 因此由式 (4-60) 可知, $x(t)$ 及其各阶导数 $x^{(k)}(k=1,2,\cdots,n)$ 都是原函数. 记

$$X(s)=\mathscr{L}[x(t)]=\int_0^{+\infty}\mathrm{e}^{-st}x(t)\mathrm{d}t,$$

利用分部积分可得

$$\mathscr{L}[x'(t)]=\int_0^{+\infty}\mathrm{e}^{-st}x'(t)\mathrm{d}t=sX(s)-x_0,$$

$$\mathscr{L}[x''(t)]=\int_0^{+\infty}\mathrm{e}^{-st}x''(t)\mathrm{d}t=s^2X(s)-sx_0-x_0',$$

$$\cdots\cdots$$

$$\mathscr{L}[x^{(n)}(t)]=s^nX(s)-s^{n-1}x_0-s^{n-2}x_0'-\cdots-x_0^{(n-1)}.$$

对方程 (4-61) 两端同时作拉普拉斯变换, 由拉普拉斯变换的线性性质和以上各阶导数的拉普拉斯变换结果可得

$$\begin{gathered}s^nX(s)-s^{n-1}x_0-s^{n-2}x_0'-\cdots-x_0^{(n-1)}+\\ a_1[s^{n-1}X(s)-s^{n-2}x_0-s^{n-3}x_0'-\cdots-x_0^{(n-2)}]+\\ \cdots+a_{n-1}[sX(s)-x_0]+a_nX(s)=F(s),\end{gathered}$$

整理得到

$$\begin{aligned}&(s^n+a_1s^{n-1}+\cdots+a_{n-1}s+a_n)X(s)\\ =&F(s)+(s^{n-1}+a_1s^{n-2}+\cdots+a_{n-1})x_0+\\ &(s^{n-2}+a_1s^{n-3}+\cdots+a_{n-2})x_0'+\cdots+x_0^{(n-1)}.\end{aligned}$$

上式中的多项式简记为 $A(s),B(s)$, 则上式可写为

$$A(s)X(s)=F(s)+B(s),$$

即

$$X(s)=\frac{F(s)+B(s)}{A(s)}.$$

由此可得, 一旦像函数 $X(s)$ 求出, 反查表 4-1 便可找到原函数 $x(t)$, 也就找到了方程 (4-61) 在初值条件下的解.

例 4.18　求方程 $x' - 2x = \mathrm{e}^{3t}$ 满足初值条件 $x(0) = 0$ 的解.

解: 对原方程作拉普拉斯变换可得

$$\mathcal{L}[x'] - 2\mathcal{L}[x] = \mathcal{L}[\mathrm{e}^{3t}],$$

由 $x(0) = 0$, 得到

$$(s-2)X(s) = \frac{1}{s-3},$$

即

$$X(s) = \frac{1}{s-3} - \frac{1}{s-2},$$

查表 4-1 便可得到原方程的解

$$x(t) = \mathrm{e}^{3t} - \mathrm{e}^{2t}.$$

例 4.19　求方程 $x'' + 4x' + 4x = \mathrm{e}^{-2t}$ 满足初值条件 $x(2) = x'(2) = 0$ 的解.

解: 令 $\tau = t - 2$, 则原方程化为

$$x'' + 4x' + 4x = \mathrm{e}^{-2(\tau+2)},\ x(0) = x'(0) = 0.$$

对上式作拉普拉斯变换可得

$$\mathcal{L}[x''] + 4\mathcal{L}[x'] + 4\mathcal{L}[x] = \mathcal{L}[\mathrm{e}^{-2(\tau+2)}],$$

由 $x(0) = x'(0) = 0$, 得到

$$(s+2)^2X(s) = \frac{1}{\mathrm{e}^4}\frac{1}{s+2},$$

即

$$X(s) = \frac{1}{\mathrm{e}^4}\frac{1}{(s+2)^3}.$$

查表 4-1 可得到原方程的解

$$x(t) = \frac{1}{2\mathrm{e}^4}t^2\mathrm{e}^{-2t}.$$

例 4.20　求解 $x' + 4x = \sin 2t$ 满足初值条件 $x(0) = 0$ 的解.

解: 对原方程作拉普拉斯变换可得

$$\mathcal{L}[x'] + \mathcal{L}[4x] = \mathcal{L}[\sin 2t],$$

由 $x(0) = 0$, 得到

$$(s+4)X(s) = \frac{2}{s^2+4},$$

即

$$X(s)=\frac{2}{(s^2+4)(s+4)}.$$

因为

$$\frac{1}{(s^2+4)(s+4)}=\frac{as+b}{s^2+4}+\frac{c}{s+4}, \tag{4-62}$$

其中 a,b,c 为常数. 等式 (4-62) 成立只需

$$a=-\frac{1}{20},\quad b=\frac{1}{5},\quad c=\frac{1}{20}.$$

从而有

$$X(s)=\frac{1}{10}\left(\frac{-s+4}{s^2+4}+\frac{1}{s+4}\right).$$

查表 4-1 便可得到原方程的解

$$x(t)=\frac{1}{10}(-\cos 2t+2\sin 2t+\mathrm{e}^{-4t}).$$

注: 由上题可以看到, 用拉普拉斯法求解的过程有时候也会比较复杂. 若用比较系数法求解, 则会比较容易. 因此, 对于求解微分方程的各类方法, 我们在运用时要先观察, 或者采用一定的技巧, 再选择合适且简便的方法进行快速求解.

4.5 降 阶 法

除了常系数线性微分方程, 绝大多数高阶微分方程没有具体的求解方法. 可是, 如果能将高阶微分方程转化为低阶微分方程, 比如将二阶微分方程化为一阶微分方程, 便可以运用第 2 章的知识继续求解. 这样的方法我们称之为降阶法, 但是这种方法也仅仅适用于某些特殊类型的方程. 下面, 我们主要针对 n 阶微分方程

$$F(t,x,x',\cdots,x^n)=0 \tag{4-63}$$

的三种特殊情形的降阶法进行详细描述.

- 情形一

方程 (4-63) 不显含未知函数 x, 或者甚至不显含其低阶导数 $x',x'',\cdots,x^{(k-1)}$, 即方程形式为

$$F(t,x^{(k)},x^{(k+1)},\cdots,x^n)=0,\ 1\leqslant k\leqslant n. \tag{4-64}$$

令 $u=x^{(k)}$, 则方程 (4-64) 便降了 k 阶, 变为 $n-k$ 阶微分方程

$$F(t,u,u',\cdots,u^{(n-k)})=0. \tag{4-65}$$

如果求得方程 (4-65) 的通解

$$u=\varphi(t,c_1,c_2,\cdots,c_{n-k}),$$

则有

$$x^{(k)}=\varphi(t,c_1,c_2,\cdots,c_{n-k}),$$

其中 $c_1,c_2,\cdots,c_{n-k}$ 为任意常数. 那么, 经过 k 次积分就可以得到方程 (4-64) 的通解.

例 4.21　求方程 $\dfrac{\mathrm{d}^5x}{\mathrm{d}t^5}-\dfrac{1}{t-1}\dfrac{\mathrm{d}^4x}{\mathrm{d}t^4}=0$ 的解.

解: 令 $u=\dfrac{\mathrm{d}^4x}{\mathrm{d}t^4}$, 则原方程化为

$$\frac{\mathrm{d}u}{\mathrm{d}t}-\frac{1}{t-1}u=0, \tag{4-66}$$

这是一个变量分离方程. 显然, $u=0$ 是方程 (4-66) 的解. 当 $u\neq 0$ 时, 得到

$$\frac{\mathrm{d}u}{u}=\frac{1}{t-1}\mathrm{d}t,$$

积分可得

$$u=c(t-1),$$

其中 c 为不为零的任意常数. 那么

$$\frac{\mathrm{d}^4x}{\mathrm{d}t^4}=c_1(t-1),$$

积分 4 次便可得到原方程的通解

$$\begin{aligned}
\frac{\mathrm{d}^3x}{\mathrm{d}t^3}&=\frac{1}{2}c_1t^2-c_1t+c_2;\\
\frac{\mathrm{d}^2x}{\mathrm{d}t^2}&=\frac{1}{6}c_1t^3-\frac{1}{2}c_1t^2+c_2t+c_3;\\
\frac{\mathrm{d}x}{\mathrm{d}t}&=\frac{1}{24}c_1t^4-\frac{1}{6}c_1t^3+\frac{1}{2}c_2t^2+c_3t+c_4;\\
x&=\frac{1}{120}c_1t^5-\frac{1}{24}c_1t^4+\frac{1}{6}c_2t^3+\frac{1}{2}c_3t^2+c_4t+c_5,
\end{aligned}$$

其中 c_1,c_2,c_3,c_4,c_5 为任意常数.

- **情形二**

方程 (4-63) 不显含自变量 t, 即方程形式为

$$F(x,x',x'',\cdots,x^n)=0. \tag{4-67}$$

我们可以将方程 (4-67) 中的 x 看作自变量, 令 $u=x'$ 作为新的未知函数, 那么

$$x''=\frac{\mathrm{d}}{\mathrm{d}t}(x')=\frac{\mathrm{d}u}{\mathrm{d}t}=\frac{\mathrm{d}u}{\mathrm{d}x}\frac{\mathrm{d}x}{\mathrm{d}t}=u\frac{\mathrm{d}u}{\mathrm{d}x},$$

$$x'''=u\left(\frac{\mathrm{d}u}{\mathrm{d}x}\right)^2+u^2\frac{\mathrm{d}^2u}{\mathrm{d}x^2},$$

$$\cdots\cdots$$

于是 $x^{(n)}$ 可以用新变量 u 的低阶导数

$$u,\ \frac{\mathrm{d}u}{\mathrm{d}x},\ \frac{\mathrm{d}^2u}{\mathrm{d}x^2},\cdots,\frac{\mathrm{d}^{n-1}u}{\mathrm{d}t^{n-1}}$$

表示出来, 这样方程 (4-67) 就变为关于 u 的 $n-1$ 阶微分方程

$$G\left(x,u,\frac{\mathrm{d}u}{\mathrm{d}x},\cdots,\frac{\mathrm{d}^{n-1}u}{\mathrm{d}t^{n-1}}\right)=0$$

比原方程降低了一阶. 特别地, 二阶方程利用降阶法就降为了一阶方程.

例 4.22 求解方程 $x''=\dfrac{1}{2x'}$.

解: 该方程中既不显含自变量 t, 也不显含未知函数 x, 我们可以用上述两种方法分别进行求解.

① 方程不显含自变量 t, 则令 $u=x'\neq 0$, 那么

$$x''=u\frac{\mathrm{d}u}{\mathrm{d}x},$$

代入原方程, 可得

$$u\frac{\mathrm{d}u}{\mathrm{d}x}=\frac{1}{2u}.$$

这是一个变量分离方程, 移项后两端积分得到

$$\frac{1}{3}u^3=\frac{1}{2}x+c_1,$$

也可写为

$$u=\left(\frac{3}{2}x+c_2\right)^{\frac{1}{3}},\quad (c_2=3c_1)$$

其中 c_1,c_2 为任意常数.

还原变量可得

$$\frac{\mathrm{d}x}{\mathrm{d}t}=\left(\frac{3}{2}x+c_2\right)^{\frac{1}{3}},$$

这仍然是一个变量分离方程, 移项后两端积分得到

$$\left(\frac{3}{2}x+c_2\right)^{\frac{2}{3}}=t+c,$$

其中 c 为任意常数.

② 方程不显含未知函数 x, 则令 $z=x'\neq 0$, 那么

$$x''=z',$$

代入原方程, 可得

$$z'=\frac{1}{2z}.$$

这是一个变量分离方程, 移项后可得

$$z\mathrm{d}z=\frac{1}{2}\mathrm{d}t.$$

两端积分得到

$$z=\pm\sqrt{t+c},$$

还原变量可得

$$x'=\pm\sqrt{t+c},$$

继续两端积分得到

$$\left(\frac{3}{2}x+c_2\right)^{\frac{2}{3}}=t+c,$$

其中 c, c_2 为任意常数.

- 情形三

由 4.1 节中的刘维尔公式知道, 二阶齐次线性微分方程可以降为一阶齐次线性微分方程. 若知道它的一个非零解, 便可以求出另外一个与之线性无关的解. 于是, 我们从这个角度出发介绍一种新的降阶法, 即给定 n 阶齐次线性微分方程 (4-2), 若已知它的 k 个线性无关的解, 则可以通过一系列的变量变换, 使方程降低 k 阶, 得到一个新的 $n-k$ 阶齐次线性微分方程.

设 $x_1, x_2, \cdots, x_k$ 为 n 阶齐次线性微分方程 (4-2) 的 k 个已知解, $x_i(i=1,2,\cdots,k)$ 不全为零, 令 $x=x_ky$, 则其各阶导数表示为

$$\begin{aligned}
&x'=x_ky'+x_k'y,\\
&x''=x_ky''+2x_k'y'+x_k''y,\\
&\cdots\cdots\\
&x^{(n)}=x_ky^{(n)}+nx_k'y^{(n-1)}+\tfrac{n(n-1)}{2}x_k''y^{(n-2)}+\cdots+x_k^{(n)}y.
\end{aligned}$$

将以上各式代入 n 阶齐次线性微分方程 (4-2), 得到

$$x_k y^{(n)} + [nx_k' + a_1(t)x_k]y^{(n-1)} + \cdots \\ +[x_k^{(n)} + a_1(t)x_k^{(n-1)} + \cdots + a_n(t)x_k]y = 0, \tag{4-68}$$

由于 x_k 为 n 阶齐次线性微分方程 (4-2) 的解, 所以上式中 y 的系数为零, 再作一次变量变换 $z = y'$, 并对上式两端同时除以 $x_k(x_k \neq 0)$ 得到

$$z^{(n-1)} + b_1(t)z^{(n-2)} + \cdots + b_{n-1}(t)z = 0. \tag{4-69}$$

方程 (4-69) 为 $n-1$ 阶齐次线性微分方程, 这样便完成了 n 阶齐次线性微分方程 (4-2) 的一次降阶. 上述过程作了两次变量变换, 也就是

$$z = y' = \left(\frac{x}{x_k}\right)',$$

积分可得

$$x = x_k \int z\mathrm{d}t. \tag{4-70}$$

那么,

$$z = \left(\frac{x_i}{x_k}\right)', \quad i = 1, 2, \cdots, k-1$$

为方程 (4-69) 的 $k-1$ 个解, 并且是线性无关的. 因为 $x_1, x_2, \cdots, x_k$ 是线性无关的, 所以当且仅当 $\alpha_i = 0(i = 1, 2, \cdots, k)$ 时,

$$\alpha_1 x_1 + \alpha_2 x_2 + \cdots + \alpha_k x_k = 0$$

成立. 上式可另写为

$$\alpha_1\left(\frac{x_1}{x_k}\right) + \alpha_2\left(\frac{x_2}{x_k}\right) + \cdots + \alpha_{k-1}\left(\frac{x_{k-1}}{x_k}\right) = 0,$$

两端求导可得

$$\alpha_1 z_1 + \alpha_2 z_2 + \cdots + \alpha_{k-1} z_{k-1} = 0.$$

因此, $z_i(i = 1, 2, \cdots, k-1)$ 为方程 (4-69) 的线性无关解.

对方程 (4-69) 继续实施类似于式 (4-70) 的变量变换

$$z = z_{k-1}\int u\mathrm{d}t,$$

得到关于 u 的 $n-2$ 阶齐次线性微分方程

$$u^{(n-2)} + c_1(t)u^{(n-3)} + \cdots + c_{n-2}(t)u = 0, \tag{4-71}$$

以及该方程的 $k-2$ 个线性无关解

$$u_i = \left(\frac{z_i}{z_{k-1}}\right)', \ i = 1, 2, \cdots, k-2.$$

由上述推导过程可知, 利用 k 个线性无关解当中的一个解 x_k, 可以将 n 阶齐次线性微分方程 (4-2) 降低一阶成为 $n-1$ 阶齐次线性微分方程, 即方程 (4-69), 并且得到 $k-1$ 个线性无关解; 再继续利用另一个解 x_{k-1}, 可以将方程 (4-69) 降低一阶成为 $n-2$ 阶齐次线性微分方程, 即方程 (4-71), 并且得到 $k-2$ 个线性无关解; 以此类推, 利用 n 阶齐次线性微分方程 (4-2) 的 k 个线性无关解, 可以将其降低 k 阶成为 $n-k$ 阶齐次线性微分方程, 达到将方程降阶的目的, 再对所得低阶方程进行求解.

特别地, 对于二阶齐次线性微分方程

$$\frac{\mathrm{d}^2 x}{\mathrm{d}t^2} + p(t)\frac{\mathrm{d}x}{\mathrm{d}t} + q(t)x = 0, \tag{4-72}$$

若已知它的一个解为 $x_1 \neq 0$, 作变换 $x = x_1 \displaystyle\int z dt$, 则方程化为

$$\frac{\mathrm{d}z}{\mathrm{d}t} + \left[2\frac{x_1'}{x_1} + p(t)\right] z = 0.$$

该方程为关于 z 的一阶齐次线性微分方程, 解得

$$z = \frac{c_1}{{x_1}^2} \mathrm{e}^{-\int p(t)\mathrm{d}t},$$

其中 c_1 为任意常数. 还原变量 $x = x_1 \displaystyle\int z \mathrm{d}t$ 可得

$$x = c_1 x_1 \int \frac{1}{{x_1}^2} \mathrm{e}^{-\int p(t)\mathrm{d}t} \mathrm{d}t + c x_1.$$

取 $c_1 = 1, c = 0$, 可得方程 (4-72) 的另外一个解

$$x_2 = x_1 \int \frac{1}{{x_1}^2} \mathrm{e}^{-\int p(t)\mathrm{d}t} \mathrm{d}t.$$

于是, 方程 (4-72) 的通解为

$$x = c_1 x_1 + c_2 x_1 \int \frac{1}{{x_1}^2} \mathrm{e}^{-\int p(t)\mathrm{d}t} \mathrm{d}t,$$

其中 c_1, c_2 为任意常数.

例 4.23 利用降阶法求解方程 $t^2x''-2tx'+2x=0$ 的通解.

解: 易知 $x_1=t$ 为该方程的一个解, 令

$$x_2=x_1\int z\mathrm{d}t,$$

代入该方程可得

$$z'=0.$$

于是有

$$z=c,$$

c 为任意常数. 取 $c=1$, 则

$$x_2=x_1\int z\mathrm{d}t=t\int 1\mathrm{d}t=t(t+c_1),$$

所以, 原方程的通解为

$$x=c_2t+c_3t(t+c_1)=c_3t^2+c_4t,\ (c_4=c_2+c_3c_1)$$

其中 c_1,c_2,c_3,c_4 均为任意常数.

4.6 幂级数法

由微积分的知识我们知道, 函数在收敛区域内可以用幂级数形式表示出来. 而 n 阶非齐次线性微分方程 (4-1) 的系数都是关于自变量 t 的函数, 于是我们提出了以下问题: n 阶非齐次线性微分方程 (4-1) 的解能否用幂级数表示出来? 或者, 满足什么样的条件能够用幂级数表示出来? 收敛域是什么? 这些问题在微分方程解析理论中有详细的解答. 本节我们只给出幂级数方法适用的有关结论, 更加详细的讨论可参考文献 [12].

考虑二阶齐次线性微分方程

$$\frac{\mathrm{d}^2x}{\mathrm{d}t^2}+p(t)\frac{\mathrm{d}x}{\mathrm{d}t}+q(t)x=0 \tag{4-73}$$

及初值条件

$$x(t_0)=x_0,\ x'(t_0)=x_0'.$$

为方便起见, 假设 $t_0=0$. 否则, 可作变量变换 $u=t-t_0$, 使得方程对新变量 u 的初值条件变为 $u_0=0$ 时的情况.

因此, 我们给出如下定理.

定理 4.13　若方程 (4-73) 中的系数 $p(t)$ 和 $q(t)$ 都能展成 t 的幂级数, 且收敛区间为 $|t|<R$, 则方程 (4-73) 有形如

$$x=\sum_{n=0}^{\infty}a_nt^n \tag{4-74}$$

的特解, 收敛区间也为 $|t|<R$.

定理 4.14　若方程 (4-73) 中的系数 $p(t)$ 和 $q(t)$ 满足条件: $tp(t)$ 和 $t^2q(x)$ 都能展成 t 的幂级数, 且收敛区间为 $|t|<R$.

若 $a_0\neq0$, 则方程 (4-73) 有形如

$$x=t^{\alpha}\sum_{n=0}^{\infty}a_nt^n=\sum_{n=0}^{\infty}a_nt^{n+\alpha} \tag{4-75}$$

的特解, 其中 α 为待定常数, 收敛区间仍为 $|t|<R$.

若 $a_0=0$, 或更一般地, $a_i=0(i=0,1,2,\cdots,m-1)$, 但 $a_m\neq0$, 引入记号 $\beta=\alpha+m, b_k=a_{m+k}$, 则

$$x=t^{\alpha}\sum_{n=m}^{\infty}a_nt^n=t^{\alpha+m}\sum_{k=0}^{\infty}a_{m+k}t^k=t^{\beta}\sum_{k=0}^{\infty}b_kt^k,$$

这里 $b_0=a_m\neq0$, β 仍为待定常数.

例 4.24　利用幂级数方法求解方程 $x''-2tx=0$.

解: 因为系数 $-2t$ 可看作是在全数轴上收敛的幂级数, 满足定理 4.13的条件, 故方程的解也在全数轴上收敛. 设

$$x=a_0+a_1t+a_2t^2+\cdots+a_nt^n+a_{n+1}t^{n+1}+\cdots \tag{4-76}$$

为原方程的解, 其中 $a_i(i=0,1,\cdots,n,\cdots)$ 为待定常数, 求导可得

$$x'=a_1+2a_2t+\cdots+na_nt^{n-1}+(n+1)a_{n+1}t^n+\cdots,$$

$$x''=2\cdot1a_2+3\cdot2a_3t\cdots+n(n-1)a_nt^{n-2}+(n+1)na_{n+1}t^{n-1}+\cdots.$$

将 x,x'' 代入原方程, 并比较 t 的同次幂的系数可得

$$\begin{aligned}&2\cdot1a_2=0,\\&3\cdot2a_3-2a_0=0,\\&4\cdot3a_4-2a_1=0,\\&5\cdot4a_5-2a_2=0,\\&\cdots\end{aligned}$$

由数学归纳法, 得出

$$
\begin{aligned}
&a_{3k-3}=\frac{2^{k-1}a_0}{2\cdot3\cdot5\cdot6\cdots(3k-4)\cdot(3k-3)},\\
&a_{3k-2}=\frac{2^{k-1}a_1}{3\cdot4\cdot6\cdot7\cdots(3k-3)\cdot(3k-2)},\\
&a_{3k-1}=0,\\
&k=2,3,\cdots,
\end{aligned}
$$

其中, a_0,a_1 是任意常数, $a_2=0$. 于是可得

$$
\begin{aligned}
x=a_0\left[1+\frac{2t^3}{2\cdot3}+\frac{2^2t^6}{2\cdot3\cdot5\cdot6}+\cdots+\frac{2^{n-1}t^{3n-3}}{2\cdot3\cdot5\cdot6\cdots(3n-4)\cdot(3n-3)}+\cdots\right]+\\
a_1\left[t+\frac{2t^4}{3\cdot4}+\cdots+\frac{2^{n-1}t^{3n-2}}{3\cdot4\cdot6\cdot7\cdots(3n-3)\cdot(3n-2)}+\cdots\right],\\
n=2,3,\cdots.
\end{aligned}
$$

由于该幂级数的收敛半径是无限大的, 因此级数的和便是原方程的通解, 其中 a_0,a_1 为任意常数.

例 4.25 求方程 $x''-4x=0$ 满足初值条件 $x(0)=0,x'(0)=1$ 的解.

解: 因为系数 -4 可看作是在全数轴上收敛的幂级数, 满足定理 4.13的条件, 故方程的解也在全数轴上收敛. 设

$$
x=a_0+a_1t+a_2t^2+\cdots+a_nt^n+a_{n+1}t^{n+1}+\cdots \tag{4-77}
$$

为方程的解, 其中 $a_i(i=0,1,\cdots,n,\cdots)$ 为待定常数.

由 $x(0)=0$ 可得

$$
a_0=0.
$$

对式 (4-77) 求导可得

$$
x'=a_1+2a_2t+\cdots+na_nt^{n-1}+(n+1)a_{n+1}t^n+\cdots,
$$

由 $x'(0)=1$ 可得

$$
a_1=1.
$$

于是, 方程的解可设为

$$
x=t+a_2t^2+\cdots+a_nt^n+a_{n+1}t^{n+1}+\cdots. \tag{4-78}
$$

再进行求导得到

$$x'' = 2\cdot 1a_2 + 3\cdot 2a_3t\cdots + n(n-1)a_nt^{n-2} + (n+1)na_{n+1}t^{n-1} + \cdots. \tag{4-79}$$

将式 (4-78) 和式 (4-79) 代入原方程, 并比较 t 的同次幂的系数可得

$$\begin{aligned}
&2\cdot 1a_2 = 0,\\
&3\cdot 2a_3 - 4 = 0,\\
&4\cdot 3a_4 - 4a_2 = 0,\\
&5\cdot 4a_5 - 4a_3 = 0,\\
&\cdots\cdots
\end{aligned}$$

由数学归纳法, 得出

$$\begin{aligned}
&a_{2k} = 0,\\
&a_{2k+1} = \frac{4^k}{2\cdot 3\cdot 4\cdot 5\cdots 2k\cdot(2k+1)},\\
&k = 1,2,\cdots
\end{aligned}$$

于是可得

$$x = t + \frac{4}{2\cdot 3}t^3 + \frac{4^2}{2\cdot 3\cdot 4\cdot 5}t^5 + \cdots + \frac{4^n}{2\cdot 3\cdot 4\cdot 5\cdots 2n\cdot(2n+1)},$$

$$n = 1,2,\cdots$$

该级数的和便是原方程满足初值条件的解.

例 4.26　求解 n 阶贝塞尔方程

$$t^2\frac{\mathrm{d}^2x}{\mathrm{d}t^2} + t\frac{\mathrm{d}x}{\mathrm{d}t} + (t^2 - n^2)x = 0, \tag{4-80}$$

其中, n 为非负常数, 不一定是正整数.

解: 方程可另写为

$$\frac{\mathrm{d}^2x}{\mathrm{d}t^2} + \frac{1}{t}\frac{\mathrm{d}x}{\mathrm{d}t} + \frac{t^2 - n^2}{t^2}x = 0. \tag{4-81}$$

令

$$p(t) = \frac{1}{t},\ q(t) = \frac{t^2 - n^2}{t^2},$$

由于

$$tp(t) = 1,\quad t^2q(t) = t^2 - n^2$$

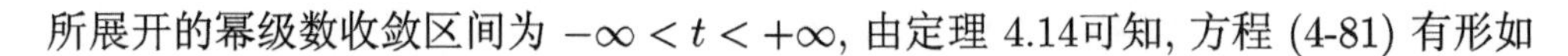

所展开的幂级数收敛区间为 $-\infty < t < +\infty$, 由定理 4.14可知, 方程 (4-81) 有形如

$$x = \sum_{k=0}^{\infty} a_k t^{\alpha+k} \tag{4-82}$$

的解, 其中 $a_0 \neq 0$, α_k, α 均为待定常数.

将式 (4-82) 代入贝塞尔方程 (4-80) 可得

$$t^2 \sum_{k=0}^{\infty}(\alpha+k)(\alpha+k-1)a_k t^{\alpha+k-2} + t\sum_{k=0}^{\infty}(\alpha+k)a_k t^{\alpha+k-1} + (t^2-n^2)\sum_{k=0}^{\infty} a_k t^{\alpha+k} = 0,$$

化简得到

$$\sum_{k=0}^{\infty}[(\alpha+k)(\alpha+k-1)+(\alpha+k)-n^2]a_k t^{\alpha+k} + \sum_{k=0}^{\infty} a_k t^{\alpha+k+2} = 0.$$

令各项系数等于零, 于是有

$$\begin{cases} a_0(\alpha^2-n^2)=0, \\ a_1[(\alpha+1)^2-n^2]=0, \\ a_k[(\alpha+k)^2-n^2]+a_{k-2}=0, \quad k=2,3,\cdots. \end{cases} \tag{4-83}$$

由式 (4-83) 中的第一式解得

$$\alpha = n, \quad 或 \quad \alpha = -n.$$

当 $\alpha = n$ 时, 由式 (4-83) 可得

$$\begin{cases} a_1 = 0, \\ a_{2k} = \dfrac{-a_{2k-2}}{2k(2n+2k)} = (-1)^k \dfrac{a_0}{2^{2k}\cdot k!(n+1)(n+2)\cdots(n+k)}, \\ a_{2k+1} = \dfrac{-a_{2k-1}}{(2k+1)(2n+2k+1)} = 0, \quad k=1,2,\cdots. \end{cases}$$

因此, 贝塞尔方程 (4-80) 的一个解为

$$x_1 = a_0 t^n + \sum_{k=1}^{\infty} \frac{(-1)^k a_0}{2^{2k}\cdot k!(n+1)(n+2)\cdots(n+k)} t^{2k+n}. \tag{4-84}$$

令

$$a_0 = \frac{1}{2^n \Gamma(n+1)},$$

其中函数

$$\Gamma(s) = \begin{cases} \displaystyle\int_0^{+\infty} t^{s-1}\mathrm{e}^{-t}dt, \quad s>0, \\ \dfrac{1}{s}\Gamma(s+1), \quad s<0且为非整数时. \end{cases}$$

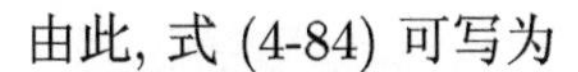

由此, 式 (4-84) 可写为

$$x_1=\sum_{k=0}^{\infty}\frac{(-1)^k}{k!(n+k)\cdots(n+1)\Gamma(n+1)}\left(\frac{t}{2}\right)^{2k+n}.$$

又因为 $\Gamma(s)$ 具有性质

$$\Gamma(s+1)=s\Gamma(s),\quad \Gamma(n+1)=n!,\quad n\text{为正整数},$$

所以

$$x_1=\sum_{k=0}^{\infty}\frac{(-1)^k}{k!\Gamma(n+k+1)}\left(\frac{t}{2}\right)^{2k+n}\equiv J_n(t). \tag{4-85}$$

$J_n(t)$ 称为n 阶贝塞尔函数, 它是由贝塞尔方程 (4-80) 定义的特殊函数.

同样地, 当 $\alpha=-n$(n不为非负整数时) 时, 由式 (4-83) 可得

$$\begin{cases} a_{2k-1}=0, \\ a_{2k}=(-1)^k\dfrac{a_0}{2^{2k}\cdot k!(-n+1)(-n+2)\cdots(-n+k)}, \end{cases}\quad k=1,2,\cdots.$$

于是得到贝塞尔方程 (4-80) 的另外一个解

$$x_2=a_0t^{-n}+\sum_{k=1}^{\infty}\frac{(-1)^k a_0}{2^{2k}\cdot k!(-n+1)(-n+2)\cdots(-n+k)}t^{2k-n}.$$

令 $a_0=\dfrac{1}{2^{-n}\Gamma(-n+1)}$, 则

$$x_2=\sum_{k=0}^{\infty}\frac{(-1)^k}{k!(-n+k+1)}\left(\frac{t}{2}\right)^{2k-n}\equiv J_{-n}(t). \tag{4-86}$$

$J_{-n}(t)$ 称为$-n$ 阶贝塞尔函数.

利用达朗贝尔判别法可知, 式 (4-85) 和式 (4-86) 对于 $t\neq 0$ 的任何值均收敛. 因此, 当 n 不为非负整数时, $J_n(t)$ 和 $J_{-n}(t)$ 为贝塞尔方程 (4-80) 的两个线性无关解. 于是, 贝塞尔方程 (4-80) 的通解为

$$x=c_1J_n(t)+c_2J_{-n}(t),$$

其中, c_1,c_2 为任意常数, $J_n(t)$ 和 $J_{-n}(t)$ 称为第一类贝塞尔函数.

当 n 为非负整数时, 由式 (4-83) 求出系数 $a_i(i=1,2,\cdots)$ 所构成的 $J_{-n}(t)$ 和 $J_n(t)$ 线性相关. 可采用其他方法构造出第二类贝塞尔函数, 这里不再详述.

贝塞尔 (Friedrich Wilhelm Bessel, 1784—1846 年), 著名德国天文学家、数学家, 天体测量学的奠基人之一, 为高斯的密友. 他 15 岁辍学当学徒, 业余学习天文、地理和数学. 贝塞尔在天文学上有较多贡献, 在天体测量方面, 他重新订正 "巴拉德雷星表", 加上岁差和章动以及光行差的改正, 并把位置归算到 1760 年的春分点. 他在数学研究中提出了贝塞尔函数, 讨论了该函数的一系列性质及其求值方法, 为解决物理学和天文学的有关问题提供了重要工具.

4.7 应用举例

例 4.27　求解 1.1 节中给出的数学摆问题.

解: (1) 无阻尼自由振动

在无阻尼微小自由振动情况下, 数学摆模型方程为

$$\theta''(t)+\frac{g}{l}\theta(t)=0,\quad t>0,\tag{4-87}$$

这是一个二阶常系数齐次线性微分方程. 记 $\dfrac{g}{l}=\omega^2$, $\omega>0$ 为常数, 则方程 (4-87) 可另写为

$$\theta''+\omega^2\theta=0,\quad t>0.\tag{4-88}$$

其特征方程为

$$\lambda^2+\omega^2=0,$$

得到特征根

$$\lambda_1=\omega i,\quad \lambda_2=-\omega i,$$

为一对共轭复根.

因此, 方程 (4-88) 的通解为

$$\theta(t)=c_1\cos\omega t+c_2\sin\omega t,\tag{4-89}$$

其中 c_1,c_2 为任意常数.

令

$$A=\sqrt{c_1^2+c_2^2},\quad \sin\gamma=\frac{c_1}{A},\quad \cos\gamma=\frac{c_2}{A},\quad \gamma=\arctan\frac{c_1}{c_2},$$

则式 (4-89) 可化简为

$$\begin{aligned}\theta(t) &= \sqrt{c_1^2+c_2^2}\left(\frac{c_1}{\sqrt{c_1^2+c_2^2}}\cos\omega t+\frac{c_2}{\sqrt{c_1^2+c_2^2}}\sin\omega t\right)\\ &= A(\sin\gamma\cos\omega t+\cos\gamma\sin\omega t)\\ &= A\sin(\omega t+\gamma).\end{aligned} \tag{4-90}$$

由式 (4-90) 可知, 摆的振动是一个正弦函数, 且为关于 t 的一个周期函数, 这种运动称为简谐振动. 振动往返一次所需的时间称作周期, 记为 T, 且 $T=\dfrac{2\pi}{\omega}$; 单位时间内振动的次数称为频率, 记作 ν, $\nu=\dfrac{1}{T}=\dfrac{\omega}{2\pi}$; 而 $\omega=2\pi\nu$ 称为角频率. 故而数学摆的周期只依赖于摆长, 而与初值无关. 数学摆的振幅为 A, 为摆离开平衡位置的最大偏离. γ 为初位相. A 与 γ 都依赖于初值条件.

若给定初值条件

$$t=0\text{时},\ \theta=\theta_0,\ \frac{\mathrm{d}\theta}{\mathrm{d}t}=0, \tag{4-91}$$

则代入式 (4-90) 得到

$$\theta|_{t=0}=A\sin\gamma=\theta_0,$$

$$\left.\frac{\mathrm{d}\theta}{\mathrm{d}t}\right|_{t=0}=A\cos\gamma=0,$$

解得初位相 $\gamma=\dfrac{\pi}{2}$, 振幅 $A=\theta_0$. 因此, 方程 (4-88) 满足初值条件 (4-91) 的解为

$$\theta=\theta_0\sin(\omega t+\frac{\pi}{2})=\theta_0\cos\omega t.$$

(2) 有阻尼自由振动

无阻尼的自由振动按正弦规律做周期运动, 而实际上由于受到空气阻力, 这种振动经过一段时间便会停止. 于是需要考虑有阻尼自由振动方程

$$\theta''+\frac{k}{m}\theta'+\frac{g}{l}\theta=0,\quad t>0, \tag{4-92}$$

k 为阻力系数. 令

$$\frac{k}{m}=2s,\ s>0,$$

方程 (4-92) 可写为

$$\theta''+2s\theta'+\omega^2\theta=0, \tag{4-93}$$

其特征方程为

$$\lambda^2+2s\lambda+\omega^2=0, \tag{4-94}$$

当阻尼值 s 的取值不同时, 解得的特征根也不同. 我们分以下三种情况分别讨论.

- 小阻尼情形

当 $s<\omega$ 时, 方程 (4-94) 解得特征根

$$\lambda_1=-s+i\sqrt{\omega^2-s^2},\quad \lambda_2=-s-i\sqrt{\omega^2-s^2}.$$

则方程 (4-93) 的通解为

$$\begin{aligned}\theta(t)&=\mathrm{e}^{-st}(c_1\cos\sqrt{\omega^2-s^2}t+c_1\sin\sqrt{\omega^2-s^2}t)\\&=A\mathrm{e}^{-st}\sin(\sqrt{\omega^2-s^2}t+\gamma),\end{aligned}\tag{4-95}$$

其中 A,γ 为任意常数.

由式 (4-95) 可知, 摆的运动已不是周期的, 振动的最大偏离也随着时间的增加而不断减小. 因为阻尼的存在, 摆逐渐趋于平衡位置 $\theta=0$.

- 大阻尼情形

当 $s>\omega$ 时, 方程 (4-94) 解得特征根

$$\lambda_1=-s+\sqrt{s^2-\omega^2},\quad \lambda_2=-s-\sqrt{s^2-\omega^2}.$$

于是, 方程 (4-93) 的通解为

$$\theta=c_1\mathrm{e}^{\lambda_1t}+c_2\mathrm{e}^{\lambda_2t},\tag{4-96}$$

其中 c_1,c_2 为任意常数.

由式 (4-96) 可知, $\theta=0$ 时, 对于 t 最多只有一个解, 即摆最多只通过平衡位置一次. 因此, 摆的运动也不是周期的, 且不再具有振动的性质. 而 $\lambda_2<\lambda_1<0$,

$$\frac{\mathrm{d}\theta}{\mathrm{d}t}=\mathrm{e}^{\lambda_1t}[c_1\lambda_1+c_2\lambda_2\mathrm{e}^{(\lambda_2-\lambda_1)t}],$$

故当 t 足够大时, $\dfrac{\mathrm{d}\theta}{\mathrm{d}t}$ 与 c_1 的符号相反. 在大阻尼的情况下, 经过一段时间后, 摆就单调地趋于平衡位置.

- 临界阻尼情形

当 $s=\omega$ 时, 方程 (4-94) 解得特征根

$$\lambda_1=\lambda_2=-s.$$

于是, 方程 (4-93) 的通解为

$$\theta=\mathrm{e}^{-st}(c_1+c_2t),\tag{4-97}$$

其中 c_1, c_2 为任意常数.

由式 (4-97) 可知, 摆的运动仍然不是周期的, 也不具有振动的性质. 综上, $s=\omega$ 为摆是否处于振动状态的阻尼分界值, 因此称为阻尼的临界值.

(3) 无阻尼强迫振动

(1), (2) 中的自由振动均对应于一个二阶常系数齐次线性微分方程. 当对一个振动系统增加一个外力作用时, 这种振动称为强迫振动. 如数学摆的微小强迫振动方程为

$$\frac{\mathrm{d}^2\theta}{\mathrm{d}t^2}+\frac{k}{m}\frac{\mathrm{d}\theta}{\mathrm{d}t}+\frac{g}{l}\theta=\frac{1}{ml}F(t). \tag{4-98}$$

为简便起见, 讨论按正弦变化的周期外力及无阻尼强迫振动情形. 当 $k=0$ 时, 令

$$\frac{F(t)}{ml}=H\sin pt,$$

H 为已知常数, p 为外力角频率. 则方程 (4-98) 可另写为

$$\frac{\mathrm{d}^2\theta}{\mathrm{d}t^2}+\omega^2\theta=H\sin pt, \tag{4-99}$$

这是一个二阶非齐次常系数线性微分方程, 我们知道它的解由对应齐次常系数线性微分方程的通解 $\theta=A\sin(\omega t+\gamma)$ 和某一个特解 $\overline{\theta}$ 组成. 对于特解 $\overline{\theta}$, 可利用 4.3 节中介绍的比较系数法进行求解.

- 当 $p\neq\omega$ 时, 方程 (4-99) 有形如

$$\overline{\theta}=M\cos pt+N\sin pt \tag{4-100}$$

的解, M 与 N 为待定常数. 将式 (4-100) 代入方程 (4-99), 并比较同类项系数, 可得

$$M=0,\quad N=\frac{H}{\omega^2-p^2}.$$

那么, 方程 (4-99) 的通解为

$$\theta=A\sin(\omega t+\gamma)+\frac{H}{\omega^2-p^2}\sin pt. \tag{4-101}$$

由式 (4-101) 可以看出, 通解由无阻尼自由振动的解和振动频率与外力频率相同、振幅不同的项组成. 这说明在固有振动的情形下, 施加了一个由外力导致的强迫振动, 当外力的角频率 p 愈接近固有角频率 ω 时, 强迫振动项的振幅就越大.

- 当 $p=\omega$ 时, 方程 (4-99) 有形如

$$\overline{\theta}=t(M\cos\omega t+N\sin\omega t) \tag{4-102}$$

的解. 将式 (4-102) 代入方程 (4-99), 并比较系数得到

$$M=-\frac{H}{2\omega},\quad N=0.$$

那么, 方程 (4-99) 的通解为

$$\theta=A\sin(\omega t+\gamma)-\frac{H}{2\omega}t\cos\omega t. \tag{4-103}$$

式 (4-103) 表示随着时间的增加, 摆的偏离将无限增加, 这种现象称为**共振现象**. 实际上, 到了一定程度, 式 (4-103) 就不能描述摆的运动状态了.

(4) 有阻尼强迫振动

在小阻尼情形下, 即 $s<\omega$ 时, 讨论摆的运动方程

$$\frac{\mathrm{d}^2\theta}{\mathrm{d}t^2}+2s\frac{\mathrm{d}\theta}{\mathrm{d}t}+\omega^2\theta=H\sin pt. \tag{4-104}$$

方程 (4-104) 对应的齐次常系数线性方程的通解为

$$\theta=A\mathrm{e}^{-st}\sin(\omega_1 t+\gamma),$$

这里, A,γ 为任意常数, $\omega_1=\sqrt{\omega^2-s^2}$.

方程 (4-104) 有形如

$$\overline{\theta}=M\cos pt+N\sin pt \tag{4-105}$$

的特解, M,N 为待定常数. 将式 (4-105) 代入方程 (4-104) 后得到

$$M=\frac{-2spH}{(\omega^2-p^2)^2+4s^2p^2},\quad N=\frac{(\omega^2-p^2)H}{(\omega^2-p^2)^2+4s^2p^2}.$$

令

$$M=\overline{H}\sin\overline{\gamma},\quad N=\overline{H}\cos\overline{\gamma},$$

则

$$\overline{H}=\sqrt{M^2+N^2}=\frac{H}{\sqrt{(\omega^2-p^2)^2+4s^2p^2}}, \tag{4-106}$$

$$\tan\overline{\gamma}=\frac{-2sp}{\omega^2-p^2}.$$

于是

$$\overline{\theta}=\overline{H}\sin\overline{\gamma}\cos pt+\overline{H}\cos\overline{\gamma}\sin pt=\overline{H}\sin(pt+\overline{\gamma}).$$

因此, 方程 (4-104) 的通解为

$$\theta=A\mathrm{e}^{-st}\sin(\omega_1 t+\gamma)+\frac{H}{\sqrt{(\omega^2-p^2)^2+4s^2p^2}}\sin(pt+\overline{\gamma}). \tag{4-107}$$

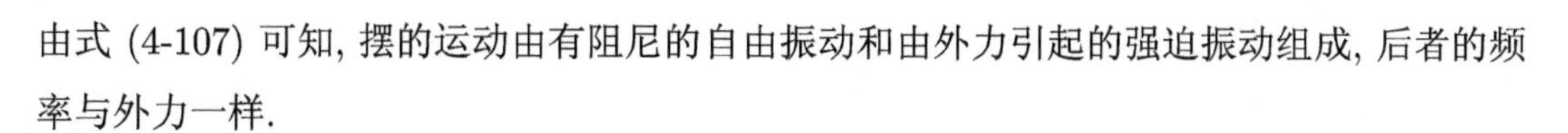

由式 (4-107) 可知, 摆的运动由有阻尼的自由振动和由外力引起的强迫振动组成, 后者的频率与外力一样.

令

$$\varphi(p)=(\omega^2-p^2)^2+4s^2p^2,$$

则当 $\varphi(p)$ 取最小值时, 强迫振动的振幅 $\overline{H}$ 达到最大. 于是

$$\varphi'(p)=-4p(\omega^2-p^2)+8s^2p=0,$$

$$\varphi''(p)=-4(\omega^2-p^2)+8p^2(\omega^2-p^2)+8s^2.$$

解得当 $2s^2<\omega^2$ 时, 即阻尼很小时,

$$p=\sqrt{\omega^2-2s^2}, \tag{4-108}$$

且 $\varphi''(p)>0$. 将式 (4-108) 代入方程 (4-106) 可得, 最大振幅为

$$\overline{H}_{\max}=\frac{H}{2s\sqrt{\omega^2-s^2}}.$$

此时, 外力的角频率称为**共振频率**, 所产生的运动现象叫作**共振现象**.

乘坐电梯时避免跳动, 过摇摆桥时避免晃动, 就是为了避免出现共振现象. 当然, 共振也会带来很多好处, 比如收音机的调频、乐器的构造等.

以上讨论的数学摆模型及求解过程在谐振子、弹簧摆动力学模型、无线电工程以及摆钟、乐器弦线、机床主轴及电路中均有应用.

例 4.28 (第二宇宙速度的计算)　宇宙速度是指物体从地球出发脱离天体重力场的初始最小发射速度. 第一宇宙速度是指在地球上发射的物体绕地球表面做圆周运动所需的最小初始速度, 为 7.9km/s; 第二宇宙速度是指发射人造卫星的最小速度; 第三宇宙速度是指在地球上发射的物体摆脱太阳系所需的最小初始速度, 为 16.7km/s; 第四宇宙速度是指在地球上发射的物体摆脱银河系引力束缚、飞出银河系所需的最小初始速度, 为 110~120km/s.

记 M 和 m 为地球和物体的质量, r 为地球的中心和物体质心之间的距离, k 为万有引力常数, 空气阻力忽略不计, 那么作用于物体的引力 F 为

$$F=k\frac{mM}{r^2}. \tag{4-109}$$

于是, 由牛顿第二定律可得

$$m\frac{\mathrm{d}^2r}{\mathrm{d}t^2}=-k\frac{mM}{r^2},$$

即

$$\frac{\mathrm{d}^2r}{\mathrm{d}t^2}=-k\frac{M}{r^2}. \tag{4-110}$$

试求第二宇宙速度.

解: 令地球半径 $R=6.371\times10^6\mathrm{m}$, 当物体刚刚离开地球表面时的速度为 v_0, 那么初值条件可表示为

$$当t=0时,\quad r=R,\quad \frac{\mathrm{d}r}{\mathrm{d}t}=v_0. \tag{4-111}$$

方程 (4-110) 为二阶微分方程, 令

$$v=\frac{\mathrm{d}r}{\mathrm{d}t},$$

则方程 (4-110) 可降阶为

$$v\frac{\mathrm{d}v}{\mathrm{d}r}=-k\frac{M}{r^2}. \tag{4-112}$$

解得

$$\frac{v^2}{2}=kM\frac{1}{r}+c.$$

将初值条件 (4-111) 代入上式可得

$$c=\frac{v_0^2}{2}-\frac{kM}{R},$$

因此

$$\frac{v^2}{2}=\frac{kM}{r}+\left(\frac{v_0^2}{2}-\frac{kM}{R}\right). \tag{4-113}$$

由于物体运动速度始终保持是正的, 随着 r 的不断增大, $\frac{kM}{r}$ 接近于零. 为了保证 $\frac{v^2}{2}>0$ 对所有的 r 成立, 则

$$\frac{v_0^2}{2}-\frac{kM}{R}\geqslant 0$$

成立, 解得

$$v_0\geqslant\sqrt{\frac{2kM}{R}}.$$

因此, 最小发射速度为

$$v_0=\sqrt{\frac{2kM}{R}}. \tag{4-114}$$

在地球表面发射时, $r=R$, 且重力加速度为 $g\approx 9.81\mathrm{m/s^2}$, 于是由式 (4-109) 可知

$$mg=k\frac{mM}{R^2},$$

那么有

$$kM = gR^2.$$

上式代入式 (4-114) 得到

$$v_0 = \sqrt{2gR} = \sqrt{2 \times 9.81 \times 6.371 \times 10^6} \approx 11.2 \times 10^3 (\mathrm{m/s}).$$

这个速度便是我们经常所说的第二宇宙速度.

习　题　4

1. 已知特解 $2x, \mathrm{e}^x, x+2$, 试写出尽可能低阶的线性齐次方程.

2. 已知二阶非齐次线性微分方程的三个特解为 $y_1 = 1, y_2 = x, y_3 = x^2$, 试求其通解并写出该方程.

3. 由下列通解给出最低阶数微分方程.

(1) $x = c_1\mathrm{e}^t + c_2\mathrm{e}^{2t}$;

(2) $x = c_1x + c_2t^2 + c_3\mathrm{e}^t$;

(3) $x = c_1 \sin t + c_2 \cos t$.

4. 验证下列函数是否线性相关.

(1) $\cos^2 x - 1,\ -\cot^2 x,\quad x \in \left(0, \dfrac{\pi}{2}\right)$;

(2) $2x,\ \mathrm{e}^x,\ x+1,\quad x \in (-\infty, +\infty)$;

(3) $|x|,\ x,\quad x \in [-1, 1]$.

5. 试写出下列函数的朗斯基行列式.

(1) $\mathrm{e}^x,\ \mathrm{e}^{2x},\ \mathrm{e}^{4x},\quad x \in [0, 1]$;

(2) $\cos t,\ \sin t,\ \mathrm{e}^t,\quad t \in [0, 1]$;

(3) $x^2,\ x^3,\ \ln x,\quad x \in [1, 2]$.

6. 证明:

(1) $L[cx] = cL[x]$, c 为常数;

(2) $L[x_1 + x_2] = L[x_1] + L[x_2]$.

7. 验证函数 $\mathrm{e}^{-t},\ t\mathrm{e}^{-t},\ t^2\mathrm{e}^{-t}$ 是方程 $x''' + 3x'' + 3x' + 1 = 0$ 的解.

8. 证明刘维尔公式 (4-14).

9. 方程 $x'' + tx' - x = 0$, 已知其中一个解为 $x_1 = t$, 求其通解.

10. 证明性质 4.1 和性质 4.2.

11. 求方程 $x'' + x = t \sin t$ 的通解. (已知它所对应的齐次线性方程的基本解组为 $\cos t, \sin t$.)

12. 求方程 $x'' - 2x' + x = (t^2 + 2t + 1)\mathrm{e}^t$ 的通解. (已知它所对应的齐次线性方程的基本解组为 $\mathrm{e}^t, t\mathrm{e}^t$.)

13. 证明定理 4.12.

14. 求下列常系数齐次线性方程的通解.

(1) $x''+2x'-3x=0$;

(2) $x''+x'+5x=0$;

(3) $x''+4x=0$;

(4) $x'''+6x''+12x'+8x=0$;

(5) $x'''-4x''+5x'-2x=0$;

(6) $x'''-x''+x'-x=0$.

15. 求下列欧拉方程的通解.

(1) $t^2x''+2tx'-3x=0$;

(2) $t^2x''+4x=0$;

(3) $t^2x''+tx'+5x=0$;

(4) $t^2x''+12tx'+8x=0$.

16. 写出下列常系数高阶方程的特解形式, 并求出通解.

(1) $x''-4x'+4x=\mathrm{e}^{2t}$;

(2) $x'''+8x=(2t+1)\mathrm{e}^{t}$;

(3) $x'''+8x=\mathrm{e}^{-2t}$;

(4) $x''+4x'+4x=(t^2+5)\mathrm{e}^{t}$;

(5) $x''+4x'+4x=(t^2+5)\mathrm{e}^{-2t}$;

(6) $x''-2x'+5x=\mathrm{e}^{t}\cos 2t$;

(7) $x''-2x'+5x=(2t+2)\cos 2t$;

(8) $x''-2x'+5x=2t+2$;

(9) $x''+x'=\sin t+\cos t$;

(10) $x''-4x=\mathrm{e}^{t}(t^2+\sin 2t)$.

17. 用拉普拉斯变换法求解下列初值问题.

(1) $x''-2x'+x=t-1,\quad x(0)=x'(0)=0$;

(2) $x''-x=\sin t,\quad x(0)=x'(0)=0$;

(3) $x'''-3x''+3x'-x=t^3\mathrm{e}^{t},\quad x(0)=x'(0)=x''(0)=0$.

18. 求下列高阶微分方程.

(1) $\dfrac{\mathrm{d}^4x}{\mathrm{d}t^4}-\dfrac{1}{t}\dfrac{\mathrm{d}^3x}{\mathrm{d}t^3}=0$;

(2) $\dfrac{\mathrm{d}^5x}{\mathrm{d}t^5}+\dfrac{\mathrm{d}^4x}{\mathrm{d}t^4}=0$;

(3) $x'''+3x''=0$;

(4) $t^2x''+2t^2x'-2tx=0$.

19. 利用幂级数法求解方程 $x''-5tx=0$.

20. 求方程 $x''-x=0$ 满足初始条件 $x(0)=0,\ x'(0)=1$ 的解.

21. 试用幂级数法求解下列方程.

(1) 勒让德方程: $(1-t^2)x''-2tx'+n(n+1)x=0$;

(2) 高斯超几何方程: $t(1-t)x''+[r-(1+\alpha+\beta)]x'-\alpha\beta x=0$;

(3) 埃尔米特方程: $x''-2tx'+2vx=0$.

22. 一辆重量为 P 的火车, 在水平道路上运行. 车的牵引力是 F; 阻力 $W=a+bV$, 其中 a,b 是常数, V 是火车速度; S 是路程. 试确定火车的运动规律. 设 $t=0$ 时, $S=0,V=0$.

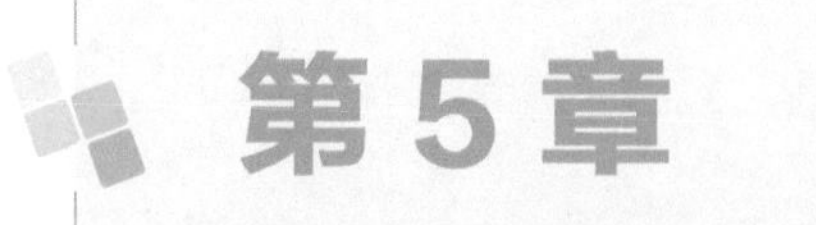

第5章 线性常微分方程组的解析方法

在实际的应用问题和许多科学工程计算中, 我们遇到的多是比较复杂的多变量及高阶数的微分方程组数学模型. 前面我们介绍了求解一阶和高阶微分方程的一些常用方法, 并给出了解的存在唯一性. 由于 n 阶线性微分方程可以通过变量变换化为 n 个一阶线性微分方程构成的方程组, 所以两者之间在一定的条件下是等价的: 给定其中一个初值问题的解便可构造另一个初值问题的解. 在此基础上, 本章将介绍线性微分方程组的一些理论, 在求解过程中涉及向量空间和矩阵代数等内容, 需要进行深入理解.

5.1 线性微分方程组的一般理论

5.1.1 基本概念

(1) 函数向量和函数矩阵

定义 n 维函数列向量 $\boldsymbol{x}(t)$ 为

$$\boldsymbol{x}(t)=\begin{bmatrix} x_1(t)\\ x_2(t)\\ \vdots\\ x_n(t)\end{bmatrix},\quad 或\ \boldsymbol{x}^{\mathrm{T}}(t)=[x_1(t),x_2(t),\cdots,x_n(t)], \tag{5-1}$$

这里 $\boldsymbol{x}^{\mathrm{T}}(t)$ 表示 $\boldsymbol{x}(t)$ 的转置, 其中每一个分量 $x_i(t)(i=1,2,\cdots,n)$ 为区间 $a\leqslant t\leqslant b$ 上的连续函数.

定义 $n\times n$ 阶函数矩阵 $\boldsymbol{A}(t)$ 为

$$\boldsymbol{A}(t)=\begin{bmatrix} a_{11}(t) & a_{12}(t) & \cdots & a_{1n}(t)\\ a_{21}(t) & a_{22}(t) & \cdots & a_{2n}(t)\\ \vdots & \vdots & & \vdots\\ a_{n1}(t) & a_{n2}(t) & \cdots & a_{nn}(t)\end{bmatrix}, \tag{5-2}$$

它的每一个元素 $a_{ij}(t)(i,j=1,2,\cdots,n)$ 为区间 $a\leqslant t\leqslant b$ 上的连续函数.

- 连续: 向量 $\boldsymbol{x}(t)$ 或者矩阵 $\boldsymbol{A}(t)$ 的每一个元素都在区间 $a\leqslant t\leqslant b$ 上连续, 则称该向量或者矩阵在区间 $a\leqslant t\leqslant b$ 上是连续的.

- 可微: 向量 $\boldsymbol{x}(t)$ 或者矩阵 $\boldsymbol{A}(t)$ 的每一个元素都在区间 $a \leqslant t \leqslant b$ 上可微, 则称该向量或者矩阵在区间 $a \leqslant t \leqslant b$ 上是可微的, 且有

$$\boldsymbol{x}'(t) = \begin{bmatrix} x_1'(t) \\ x_2'(t) \\ \vdots \\ x_n'(t) \end{bmatrix}, \tag{5-3}$$

$$\boldsymbol{A}'(t) = \begin{bmatrix} a_{11}'(t) & a_{12}'(t) & \cdots & a_{1n}'(t) \\ a_{21}'(t) & a_{22}'(t) & \cdots & a_{2n}'(t) \\ \vdots & \vdots & & \vdots \\ a_{n1}'(t) & a_{n2}'(t) & \cdots & a_{nn}'(t) \end{bmatrix}.$$

若给定同阶矩阵 $\boldsymbol{A}(t), \boldsymbol{B}(t)$ 及同维向量 $\boldsymbol{x}(t), \boldsymbol{y}(t)$ 均在区间 $a \leqslant t \leqslant b$ 上可微, 则有

$$\begin{aligned} &[\boldsymbol{A}(t) + \boldsymbol{B}(t)]' = \boldsymbol{A}'(t) + \boldsymbol{B}'(t), \\ &[\boldsymbol{x}(t) + \boldsymbol{y}(t)]' = \boldsymbol{x}'(t) + \boldsymbol{y}'(t), \\ &[\boldsymbol{A}(t)\boldsymbol{B}(t)]' = \boldsymbol{A}'(t)\boldsymbol{B}(t) + \boldsymbol{A}(t)\boldsymbol{B}'(t), \\ &[\boldsymbol{A}(t)\boldsymbol{x}(t)]' = \boldsymbol{A}'(t)\boldsymbol{x}(t) + \boldsymbol{A}(t)\boldsymbol{x}'(t). \end{aligned}$$

- 可积: 向量 $\boldsymbol{x}(t)$ 或者矩阵 $\boldsymbol{A}(t)$ 的每一个元素都在区间 $a \leqslant t \leqslant b$ 上可积, 则称该向量或者矩阵在区间 $a \leqslant t \leqslant b$ 上是可积的, 且有

$$\int_a^b \boldsymbol{A}(t)\mathrm{d}t = \begin{bmatrix} \int_a^b a_{11}(t)\mathrm{d}t & \int_a^b a_{12}(t)\mathrm{d}t & \cdots & \int_a^b a_{1n}(t)\mathrm{d}t \\ \int_a^b a_{21}(t)\mathrm{d}t & \int_a^b a_{22}(t)\mathrm{d}t & \cdots & \int_a^b a_{2n}(t)\mathrm{d}t \\ \vdots & \vdots & & \vdots \\ \int_a^b a_{n1}(t)\mathrm{d}t & \int_a^b a_{n2}(t)\mathrm{d}t & \cdots & \int_a^b a_{nn}(t)\mathrm{d}t \end{bmatrix},$$

$$\int_a^b \boldsymbol{x}(t)\mathrm{d}t = \begin{bmatrix} \int_a^b x_1(t)\mathrm{d}t \\ \int_a^b x_2(t)\mathrm{d}t \\ \vdots \\ \int_a^b x_n(t)\mathrm{d}t \end{bmatrix}.$$

因此, 矩阵相加、矩阵相乘、矩阵与纯量相乘等性质对于函数向量和函数矩阵仍然成立.

(2) 矩阵和向量的范数

定义 n 维列向量 $\boldsymbol{x}=(x_1,x_2,\cdots,x_n)^{\mathrm{T}}$ 的范数为

$$\|\boldsymbol{x}\|=\sum_{i=1}^{n}|x_i|,$$

$n\times n$ 阶矩阵 $\boldsymbol{A}$ 的范数为

$$\|\boldsymbol{A}\|=\sum_{i=1}^{n}|a_{ij}|.$$

给定 $n\times n$ 阶矩阵 $\boldsymbol{A}=\{a_{i,j},i,j=1,2,\cdots,n\},\boldsymbol{B}=\{b_{i,j},i,j=1,2,\cdots,n\}$ 和 n 维列向量 $\boldsymbol{x}=\{x_i,i=1,2,\cdots,n\},\boldsymbol{y}=\{y_i,i=1,2,\cdots,n\}$, 以及区间 $a\leqslant t\leqslant b$ 上可积的函数矩阵和函数向量 $\boldsymbol{A}(t),\boldsymbol{x}(t)$, 则有

① $\|\boldsymbol{x}\|\geqslant 0$ 且 $\|\boldsymbol{x}\|=0$ 的充要条件是 $x_i=0(i=1,2,\cdots,n)$, $\|\boldsymbol{A}\|\geqslant 0$ 且 $\|\boldsymbol{A}\|=0$ 的充要条件是 $a_{ij}=0(i,j=1,2,\cdots,n)$;

② 对任意常数 k, 有

$$\|k\boldsymbol{x}\|=|k|\|\boldsymbol{x}\|,\ \|k\boldsymbol{A}\|=|k|\|\boldsymbol{A}\|;$$

③ $\|\boldsymbol{x}+\boldsymbol{y}\|\leqslant\|\boldsymbol{x}\|+\|\boldsymbol{y}\|$, $\|\boldsymbol{A}+\boldsymbol{B}\|\leqslant\|\boldsymbol{A}\|+\|\boldsymbol{B}\|$;

④ $\|\boldsymbol{A}\boldsymbol{x}\|\leqslant\|\boldsymbol{A}\|\|\boldsymbol{x}\|,\|\boldsymbol{A}\boldsymbol{B}\|\leqslant\|\boldsymbol{A}\|\|\boldsymbol{B}\|$;

⑤ $\left\|\int_a^b\boldsymbol{x}(t)\mathrm{d}t\right\|\leqslant\int_a^b\|\boldsymbol{x}(t)\|\mathrm{d}t;\ \left\|\int_a^b\boldsymbol{A}(t)\mathrm{d}t\right\|\leqslant\int_a^b\|\boldsymbol{A}(t)\|\mathrm{d}t,\quad a\leqslant b.$

若向量序列 $\{\boldsymbol{x}_k\}(\boldsymbol{x}_k=(x_{1k},x_{2k},\cdots,x_{nk})^{\mathrm{T}})$ 对每一个 $k(k=1,2,\cdots,n)$ 都是收敛的, 则称向量序列 $\{\boldsymbol{x}_k\}$ 是收敛的.

若函数向量序列 $\{\boldsymbol{x}_k(t)\}(\boldsymbol{x}_k(t)=(x_{1k}(t),x_{2k}(t),\cdots,x_{nk}(t))^{\mathrm{T}})$ 对每一个 $k(k=1,2,\cdots,n)$ 在区间 $a\leqslant t\leqslant b$ 上都是收敛的 (一致收敛的), 则称函数向量序列 $\{\boldsymbol{x}_k(t)\}$ 是收敛的(一致收敛的).

若函数向量级数 $\sum_{k=1}^{\infty}\boldsymbol{x}_k(t)$ 的部分和所构成的函数向量序列在区间 $a\leqslant t\leqslant b$ 上是收敛的 (一致收敛的), 则称 $\sum_{k=1}^{\infty}\boldsymbol{x}_k(t)$ 在区间 $a\leqslant t\leqslant b$ 上是收敛的(一致收敛的).

现在, 我们来考虑如下一阶微分方程组

$$\begin{cases}x_1'(t)=a_{11}(t)x_1(t)+a_{12}(t)x_2(t)+\cdots+a_{1n}(t)x_n(t)+f_1(t),\\x_2'(t)=a_{21}(t)x_1(t)+a_{22}(t)x_2(t)+\cdots+a_{2n}(t)x_n(t)+f_2(t),\\\cdots\\x_n'(t)=a_{n1}(t)x_1(t)+a_{n2}(t)x_2(t)+\cdots+a_{nn}(t)x_n(t)+f_n(t),\end{cases}\tag{5-4}$$

其中, 系数 $a_{ij}(t)(i,j=1,2,\cdots,n)$ 和右端函数 $f_i(x)(i=1,2,\cdots,n)$ 为区间 $a\leqslant t\leqslant b$ 上的连续函数. 而且, 方程组 (5-4) 关于 $x_1,x_2,\cdots,x_n$ 及 $x_1',x_2',\cdots,x_n'$ 是线性的, 故而称方程组 (5-4) 为一阶线性微分方程组. 若方程组中的未知函数的导数是二阶及二阶以上的, 则称其为高阶微分方程组. 通过变量变换可以将任意阶微分方程组化为一阶方程组, 因此本章主要讨论一阶线性微分方程组.

由式 (5-1) 和式 (5-2), 方程组 (5-4) 也可以简写为:

$$\boldsymbol{x}'(t)=\boldsymbol{A}(t)\boldsymbol{x}(t)+\boldsymbol{f}(t), \tag{5-5}$$

其中, 函数矩阵 $\boldsymbol{A}(t)$ 为 $n\times n$ 阶矩阵, 同式 (5-2); $\boldsymbol{x},\boldsymbol{x}'$ 均为 n 维列向量, 同式 (5-1) 和式 (5-3), 函数向量 $\boldsymbol{f}(t)=(f_1(t),f_2(t),\cdots,f_n(t))^{\mathrm{T}}$.

若函数向量 $\boldsymbol{u}(t)$ 的导数 $\boldsymbol{u}'(t)$ 在区间 $[\alpha,\beta]\subset[a,b]$ 上连续, 且满足

$$\boldsymbol{u}'(t)=\boldsymbol{A}(t)\boldsymbol{u}(t)+\boldsymbol{f}(t),\ t\in[\alpha,\beta] \tag{5-6}$$

则称 $\boldsymbol{u}(t)$ 为方程组 (5-4) 在区间 $[\alpha,\beta]\subset[a,b]$ 上的一个解.

如果给定初始条件

$$\boldsymbol{x}(t_0)=\boldsymbol{\eta}, \tag{5-7}$$

则满足条件 (5-7) 的方程组 (5-4) 的求解问题称为初值问题或定解问题. 在包含 t_0 的区间 $[\alpha,\beta]\subset[a,b]$ 内, 解 $\boldsymbol{u}(t)$ 满足

$$\boldsymbol{u}(t_0)=\boldsymbol{\eta}.$$

例 5.1 验证函数向量

$$\boldsymbol{u}(t)=\begin{bmatrix}-\sin t\\ \cos t\end{bmatrix}$$

是初值问题

$$\boldsymbol{x}'(t)=\begin{bmatrix}0&-1\\1&0\end{bmatrix}\boldsymbol{x}(t),\ \boldsymbol{x}(0)=\begin{bmatrix}0\\-1\end{bmatrix}$$

在区间 $(-\infty,+\infty)$ 上的解.

解: 由于 $-\sin t,\cos t$ 在区间 $(-\infty,+\infty)$ 上连续可导, 代入原方程得到

$$\boldsymbol{u}'(t)=\begin{bmatrix}-\sin t\\ \cos t\end{bmatrix}'=\begin{bmatrix}-\cos t\\ -\sin t\end{bmatrix}=\begin{bmatrix}0&-1\\1&0\end{bmatrix}\begin{bmatrix}-\sin t\\ \cos t\end{bmatrix}=\begin{bmatrix}0&-1\\1&0\end{bmatrix}\boldsymbol{u}(t).$$

而且有

$$\boldsymbol{u}(0)=\begin{bmatrix}-\sin 0\\ \cos 0\end{bmatrix}=\begin{bmatrix}0\\ -1\end{bmatrix},$$

因此, $\boldsymbol{u}(t)$ 为原方程初值问题的解.

第 4 章我们介绍了 n 阶线性微分方程的一些求解方法, 如果我们能在一阶线性微分方程组和 n 阶线性微分方程之间建立一定的联系, 便可以将求解 n 阶线性微分方程的方法运用到一阶线性微分方程组上. 实际上, 两者之间确实存在着一种等价关系. 下面, 我们先给出具体的转化过程.

给定 n 阶线性微分方程的初值问题

$$\begin{cases}x^{(n)}+a_1(t)x^{(n-1)}+\cdots+a_{n-1}(t)x'+a_n(t)x=f(t),\\ x(t_0)=\eta_1, x'(t_0)=\eta_2,\cdots,x^{(n-1)}(t_0)=\eta_n,\end{cases}\tag{5-8}$$

这里, $a_i(t)(i=1,2,\cdots,n), f(t)$ 均为区间 $a\leqslant t\leqslant b$ 上的已知连续函数, $t_0\in[a,b]$, $\eta_i(i=1,2,\cdots,n)$ 为已知常数. 我们可以通过变量变换

$$x_1(t)=x(t),x_2(t)=x_1'(t),\cdots,x_n(t)=x_{n-1}'(t)$$

将初值问题 (5-8) 化为如下一阶线性微分方程组的初值问题

$$\begin{cases}\boldsymbol{x}'(t)=\begin{bmatrix}0 & 1 & 0 & \cdots & 0\\ 0 & 0 & 1 & \cdots & 0\\ \vdots & \vdots & \vdots & & \vdots\\ 0 & 0 & 0 & \cdots & 1\\ -a_n(t) & -a_{n-1}(t) & -a_{n-2}(t) & \cdots & -a_1(t)\end{bmatrix}\boldsymbol{x}(t)+\begin{bmatrix}0\\ 0\\ \vdots\\ 0\\ f(t)\end{bmatrix},\\ \boldsymbol{x}(t_0)=\boldsymbol{\eta},\end{cases}\tag{5-9}$$

其中

$$\boldsymbol{x}(t)=\begin{bmatrix}x_1(t)\\ x_2(t)\\ \vdots\\ x_n(t)\end{bmatrix}=\begin{bmatrix}x(t)\\ x'(t)\\ \vdots\\ x^{(n-1)}(t)\end{bmatrix},\quad \boldsymbol{\eta}=\begin{bmatrix}\eta_1\\ \eta_2\\ \vdots\\ \eta_n\end{bmatrix}.$$

注: 事实上, n 阶线性微分方程的初值问题 (5-8) 与一阶线性微分方程组的初值问题 (5-9) 在这样的意义下是等价的. 即给定其中一个初值问题的解, 可构造另一个初值问题的解. 详细的讨论可参考文献 [13].

例 5.2 将初值问题

$$x'''+tx''-3t^2x'+7x=e^t,\quad x(0)=1,\ x'(0)=0,\ x''(0)=1$$

化为与之等价的一阶线性微分方程组的初值问题.

解: 令

$$x_1(t) = x,\ x_2(t) = x_1'(t) = x',\ x_3(t) = x_2'(t) = x'',$$

则有

$$\boldsymbol{x} = \begin{bmatrix} x_1(t) \\ x_2(t) \\ x_3(t) \end{bmatrix}, \quad \boldsymbol{x}' = \begin{bmatrix} x_1'(t) \\ x_2'(t) \\ x_3'(t) \end{bmatrix}, \quad \boldsymbol{\eta} = \begin{bmatrix} 1 \\ 0 \\ 1 \end{bmatrix}.$$

又因为

$$\begin{aligned} x_1'(t) &= x' = x_2(t), \\ x_2'(t) &= x'' = x_3(t), \\ x_3'(t) &= x''' = -tx'' + 3t^2x' - 7x + \mathrm{e}^t \\ &\quad = -tx_3(t) + 3t^2x_2(t) - 7x_1(t) + \mathrm{e}^t, \end{aligned}$$

于是得到

$$\boldsymbol{x}' = \begin{bmatrix} 0 & 1 & 0 \\ 0 & 0 & 1 \\ -7 & 3t^2 & -t \end{bmatrix} \boldsymbol{x} + \begin{bmatrix} 0 \\ 0 \\ \mathrm{e}^t \end{bmatrix},$$

且有

$$\boldsymbol{x}(0) = \begin{bmatrix} x_1(0) \\ x_2(0) \\ x_3(0) \end{bmatrix} = \boldsymbol{\eta}.$$

需要指出的是: 每一个 n 阶线性微分方程都可化为 n 个一阶线性微分方程所构成的方程组, 但反过来却不成立. 例如, 方程组

$$\boldsymbol{x}' = \begin{bmatrix} 1 & 0 \\ 0 & 1 \end{bmatrix} \boldsymbol{x}, \quad \boldsymbol{x} = \begin{bmatrix} x_1 \\ x_2 \end{bmatrix},$$

不能化为一个二阶线性微分方程.

5.1.2 存在唯一性定理

定理 5.1 (存在唯一性定理)　如果函数矩阵 $\boldsymbol{A}(t)$ 和函数向量 $\boldsymbol{f}(t)$ 在区间 $[a, b]$ 上连续, 则一阶线性微分方程组的初值问题

$$\begin{cases} \boldsymbol{x}'(t) = \boldsymbol{A}(t)\boldsymbol{x}(t) + \boldsymbol{f}(t), \\ \boldsymbol{x}(t_0) = \boldsymbol{\eta}, \quad t_0 \in [a, b], \end{cases} \tag{5-10}$$

在区间 $[a,b]$ 内存在唯一解 $\boldsymbol{x}=\boldsymbol{x}(t)$.

具体证明过程与第 3 章中的一阶微分方程解的存在唯一性定理的证明过程类似, 只需将其中的绝对值改为向量的范数即可. 为简便起见, 仅讨论 $t_0 \leqslant t \leqslant b$ 的情况, $a \leqslant t \leqslant t_0$ 时的情况证明类似.

引理 5.1 一阶线性微分方程组的初值问题 (5-10) 在区间 $[a,b]$ 上的连续解等价于积分方程组

$$\boldsymbol{x}(t)=\boldsymbol{\eta}+\int_{t_0}^{t}[\boldsymbol{A}(s)\boldsymbol{x}(s)+\boldsymbol{f}(s)]\mathrm{d}s \tag{5-11}$$

在区间 $[a,b]$ 上的连续解.

我们仍然从积分方程组 (5-11) 解的存在唯一性证明出发, 给出证明步骤. 同样地, 构造皮卡迭代函数向量序列

$$\begin{cases}\boldsymbol{\varphi}_0(t)=\boldsymbol{\eta}, \\ \boldsymbol{\varphi}_k(t)=\boldsymbol{\eta}+\displaystyle\int_{t_0}^{t}[\boldsymbol{A}(s)\boldsymbol{\varphi}_{k-1}(s)+\boldsymbol{f}(s)]\mathrm{d}s, \quad t\in[a,b], k=1,2,\cdots.\end{cases} \tag{5-12}$$

这里, 皮卡迭代函数向量 $\boldsymbol{\varphi}_k(t)$ 称为一阶线性微分方程组的初值问题 (5-10) 的**第 k 次近似解**.

引理 5.2 对于所有的正整数 k, 皮卡迭代函数向量序列 $\{\boldsymbol{\varphi}_k(t)\}$ 在区间 $[a,b]$ 上有定义且连续.

引理 5.3 皮卡迭代函数向量序列 $\{\boldsymbol{\varphi}_k(t)\}$ 在区间 $[a,b]$ 上是一致收敛的.

证明: 由于

$$\boldsymbol{\varphi}_k(t)=\boldsymbol{\varphi}_0(t)+\sum_{j=1}^{k}[\boldsymbol{\varphi}_j(t)-\boldsymbol{\varphi}_{j-1}(t)], \tag{5-13}$$

因此要证明皮卡迭代函数向量序列 $\{\boldsymbol{\varphi}_k(t)\}$ 在区间 $[a,b]$ 上一致收敛, 只需证明式 (5-13) 右端的函数级数在区间 $[a,b]$ 上一致收敛即可.

因为 $\boldsymbol{A}(t)$, $\boldsymbol{f}(t)$ 在闭区间 $[a,b]$ 上连续, 所以 $\|\boldsymbol{A}(t)\|$, $\|\boldsymbol{f}(t)\|$ 均在 $[a,b]$ 上有界, 即存在正常数 L 和 K, 使得

$$\|\boldsymbol{A}(t)\| \leqslant L, \quad \|\boldsymbol{f}(t)\| \leqslant K, \quad t\in[a,b].$$

于是有

$$\begin{aligned}\|\boldsymbol{\varphi}_1(t)-\boldsymbol{\varphi}_0(t)\| &= \left\|\int_{t_0}^{t}[\boldsymbol{A}(s)\boldsymbol{\varphi}_0(s)+\boldsymbol{f}(s)]\mathrm{d}s\right\| \\ &\leqslant \int_{t_0}^{t}\|\boldsymbol{A}(s)\boldsymbol{\varphi}_0(s)+\boldsymbol{f}(s)\|\,\mathrm{d}s\end{aligned}$$

$$\leqslant M(t-t_0), \quad t_0 \leqslant t \leqslant b,$$

其中 $M = L\|\boldsymbol{\eta}\| + K$. 同样有

$$\begin{aligned}
\|\boldsymbol{\varphi}_2(t)-\boldsymbol{\varphi}_1(t)\| &= \int_{t_0}^{t} \|\boldsymbol{A}(s)[\boldsymbol{\varphi}_1(s)-\boldsymbol{\varphi}_0(s)]\|\mathrm{d}s \\
&\leqslant L\int_{t_0}^{t} \|\boldsymbol{\varphi}_1(s)-\boldsymbol{\varphi}_0(s)\|\mathrm{d}s \\
&\leqslant \frac{ML}{2}(t-t_0)^2, \quad t_0 \leqslant t \leqslant b.
\end{aligned}$$

由数学归纳法得到

$$\|\boldsymbol{\varphi}_k(t)-\boldsymbol{\varphi}_{k-1}(t)\| \leqslant \frac{ML^{k-1}}{k!}(t-t_0)^k \leqslant \frac{ML^{k-1}}{k!}(b-t_0)^k. \tag{5-14}$$

由魏尔斯特拉斯判别法可知, $\sum\limits_{k=1}^{\infty}\dfrac{ML^{k-1}}{k!}(b-t_0)^k$ 在区间 $[t_0,b]$ 上一致收敛, 则有函数级数 $\sum\limits_{j=1}^{k}[\boldsymbol{\varphi}_j(t)-\boldsymbol{\varphi}_{j-1}(t)]$ 在区间 $[t_0,b]$ 上一致收敛, 从而得到皮卡迭代函数向量序列 $\{\boldsymbol{\varphi}_k(t)\}$ 在 $[t_0,b]$ 上一致收敛. ■

令 $\lim\limits_{k\to\infty}\boldsymbol{\varphi}_k(t)=\boldsymbol{\varphi}(t)$, 则对式 (5-12) 中第二式的两端同时取极限可得

$$\begin{aligned}
\boldsymbol{\varphi}(t) = \lim_{k\to\infty}\boldsymbol{\varphi}_k(t) &= \lim_{k\to\infty}\left[\boldsymbol{\eta}+\int_{t_0}^{t}(\boldsymbol{A}(s)\boldsymbol{\varphi}_{k-1}(s)+\boldsymbol{f}(s))\mathrm{d}s\right] \\
&= \boldsymbol{\eta}+\int_{t_0}^{t}\lim_{k\to\infty}[\boldsymbol{A}(s)\boldsymbol{\varphi}_{k-1}(s)+\boldsymbol{f}(s)]\mathrm{d}s \\
&= \boldsymbol{\eta}+\int_{t_0}^{t}[\boldsymbol{A}(s)\boldsymbol{\varphi}(s)+\boldsymbol{f}(s)]\mathrm{d}s.
\end{aligned} \tag{5-15}$$

于是, 得到以下引理.

引理 5.4　$\boldsymbol{\varphi}(t)$ 是积分方程组 (5-11) 定义在区间 $[a,b]$ 上的连续解, 因此, $\boldsymbol{\varphi}(t)$ 也是初值问题 (5-10) 定义在区间 $[a,b]$ 上的解.

引理 5.5　若 $\boldsymbol{\psi}(t)$ 是积分方程组 (5-11) 定义在区间 $[a,b]$ 上的另一个解, 则必有 $\boldsymbol{\psi}(t)\equiv\boldsymbol{\varphi}(t)$, $t\in[a,b]$, 即积分方程组 (5-11) 的解是唯一的.

证明: 由于

$$\boldsymbol{\psi}(t)=\boldsymbol{\eta}+\int_{t_0}^{b}[\boldsymbol{A}(s)\boldsymbol{\psi}(s)+\boldsymbol{f}(s)]\mathrm{d}s, \tag{5-16}$$

式 (5-15) 与式 (5-16) 相减可得

$$\begin{aligned}\|\boldsymbol{\varphi}(t)-\boldsymbol{\psi}(t)\| &= \left\|\int_{t_0}^{t}[\boldsymbol{A}(s)(\boldsymbol{\varphi}(s)-\boldsymbol{\psi}(s))]\mathrm{d}s\right\| \\ &\leqslant \int_{t_0}^{b}\|\boldsymbol{A}(s)\|\|\boldsymbol{\varphi}(s)-\boldsymbol{\psi}(s)\|\mathrm{d}s \\ &\leqslant L\int_{t_0}^{t}\|\boldsymbol{\varphi}(s)-\boldsymbol{\psi}(s)\|\mathrm{d}s.\end{aligned}$$

令

$$g(t)=\|\boldsymbol{\varphi}(t)-\boldsymbol{\psi}(t)\|,\quad u(t)=\int_{t_0}^{t}g(s)\mathrm{d}s,$$

则

$$g(t)\leqslant L\int_{t_0}^{t}g(s)\mathrm{d}s=Lu(t).$$

而 $u'(t)=g(t)$, 所以

$$u'(t)\leqslant Lu(t),$$

于是

$$[u'(t)-Lu(t)]\mathrm{e}^{-Lt}\leqslant 0.$$

两端积分可得

$$\begin{aligned}&\int_{t_0}^{t}u'(s)\mathrm{e}^{-Ls}\mathrm{d}s-L\int_{t_0}^{t}u(s)\mathrm{e}^{-Ls}\mathrm{d}s\\ &=u(s)\mathrm{e}^{-Ls}\Big|_{t_0}^{t}\\ &=u(t)\mathrm{e}^{-Lt}-u(t_0)\mathrm{e}^{-Lt_0}\\ &\leqslant 0,\end{aligned}$$

则有

$$u(t)\leqslant u(t_0),$$

即

$$\int_{t_0}^{t}g(s)\mathrm{d}s=\int_{t_0}^{t}\|\boldsymbol{\varphi}(t)-\boldsymbol{\psi}(t)\|\mathrm{d}s\leqslant 0.$$

因此, $\|\boldsymbol{\varphi}(t)-\boldsymbol{\psi}(t)\|=0$, 得到 $\boldsymbol{\varphi}(t)\equiv\boldsymbol{\psi}(t)$. ■

由以上引理便可得到定理 5.1的证明. 而且, 在定理证明过程中, 我们也给出了一阶线性微分方程组的初值问题 (5-10) 的解的近似求法 (5-12), 以及相邻两次近似解的误差估计 (5-14).

注: 在整个证明过程中, 我们发现一阶线性微分方程组的初值问题 (5-10) 的解的存在区间为系数矩阵 $\boldsymbol{A}(t)$ 和非齐次项 $\boldsymbol{f}(t)$ 的连续区间 $[a,b]$. 这一点与第 2 章中关于一阶微分

方程初值问题的解的存在唯一性定理涉及解的存在区间不同. 因为在构造皮卡逐步逼近函数序列中仅需系数矩阵 $\boldsymbol{A}(t)$ 和非齐次项 $\boldsymbol{f}(t)$ 连续即可, 所以对于一阶线性微分方程组的初值问题 (5-10) 来说, 不存在解的延拓.

在 5.1.1 节中我们介绍了 n 阶线性微分方程的初值问题与一阶线性微分方程组的初值问题在有解的意义下是等价的, 故由上述关于一阶线性微分方程组的初值问题的存在唯一性定理, 便可得到第 4 章中关于 n 阶线性微分方程的初值问题的解的存在唯一性.

推论 5.1　如果 $a_i(t)(i=1,2,\cdots,n)$, $f(t)$ 在区间 $[a,b]$ 上连续, 则对任意的 $t_0 \in [a,b]$ 及任意的常数 $\eta_i(i=1,2,\cdots,n)$, 方程

$$x^{(n)}+a_1(t)x^{(n-1)}+\cdots+a_{n-1}(t)x'+a_n(t)x=f(t)$$

存在定义在区间 $[a,b]$ 上的唯一解 $w(t)$, 且满足初值条件

$$w(t_0)=\eta_1, w'(t_0)=\eta_2, \cdots, w^{(n-1)}(t_0)=\eta_n.$$

5.1.3　齐次线性微分方程组

本节我们先来讨论齐次线性微分方程组

$$\frac{\mathrm{d}\boldsymbol{x}(t)}{\mathrm{d}t}=\boldsymbol{A}(t)\boldsymbol{x}(t) \tag{5-17}$$

的通解结构, 其中 $\boldsymbol{x}(t), \boldsymbol{A}(t)$ 如 5.1.1 节中所述.

定理 5.2 (叠加原理)　若 $\boldsymbol{x}_1(t), \boldsymbol{x}_2(t)$ 是齐次线性微分方程组 (5-17) 的解, 则它们的线性组合

$$\boldsymbol{x}(t)=c_1\boldsymbol{x}_1(t)+c_2\boldsymbol{x}_2(t) \tag{5-18}$$

仍然是齐次线性微分方程组 (5-17) 的解, 其中 c_1, c_2 为任意常数.

证明: 由于

$$\begin{aligned}\frac{\mathrm{d}\boldsymbol{x}(t)}{\mathrm{d}t}&=\frac{\mathrm{d}}{\mathrm{d}t}(c_1\boldsymbol{x}_1(t)+c_2\boldsymbol{x}_2(t))\\&=c_1\frac{\mathrm{d}\boldsymbol{x}_1(t)}{\mathrm{d}t}+c_2\frac{\mathrm{d}\boldsymbol{x}_2(t)}{\mathrm{d}t}\\&=c_1\boldsymbol{A}(t)\boldsymbol{x}_1(t)+c_2\boldsymbol{A}(t)\boldsymbol{x}_2(t)\\&=\boldsymbol{A}(t)[c_1\boldsymbol{x}_1(t)+c_2\boldsymbol{x}_2(t)]\\&=\boldsymbol{A}(t)\boldsymbol{x}(t),\end{aligned}$$

得证. ■

根据叠加原理, 虽然我们可以用与第 4 章中给出高阶微分方程的通解类似的方法构造出齐次线性微分方程组 (5-17) 的通解结构, 但是本节我们采用线性代数的方法来构造其通解.

令 $V=\{$ 齐次线性微分方程组 (5-17) 在区间 $[a,b]$ 上的一切解 $\}$, 则定理 5.2说明集合 V 是一个线性空间.

引理 5.6 集合 V 是一个 n 维线性空间.

证明: 令 $t_0\in[a,b]$, 由解的存在唯一性定理可知, 对于任给的常数向量 $\boldsymbol{x}_0\in\mathbb{R}^n$, 在 V 中存在唯一的元素 $\boldsymbol{x}(t)$, 且满足 $\boldsymbol{x}(t_0)=\boldsymbol{x}_0$. 从而存在映射

$$H:\mathbb{R}^n\to V,(\text{即将}\boldsymbol{x}_0\text{映射到}\boldsymbol{x}(t)).$$

由于对于任给的 $\boldsymbol{x}(t)\in V$, 有 $\boldsymbol{x}(t_0)\in\mathbb{R}^n$, 且

$$H(\boldsymbol{x}(t_0))=\boldsymbol{x}(t),$$

因此映射 H 是满映射. 又因为对于任给的 $\boldsymbol{x}_1,\boldsymbol{x}_2\in\mathbb{R}^n$, 令

$$\boldsymbol{x}_1(t)=H(\boldsymbol{x}_1),\quad \boldsymbol{x}_2(t)=H(\boldsymbol{x}_2),$$

由解的唯一性可知,

$$\boldsymbol{x}_1(t)\neq\boldsymbol{x}_2(t),\quad t\in[a,b],\quad \text{当且仅当}\boldsymbol{x}_1\neq\boldsymbol{x}_2,$$

所以映射 H 又是一一映射, 且由定理 5.2和解的唯一性得到

$$H(c_1\boldsymbol{x_1}+c_2\boldsymbol{x_2})=c_1H(\boldsymbol{x_1})+c_2H(\boldsymbol{x_2}).$$

因此, 映射 H 是线性的, 且是一个从 $\mathbb{R}^n$ 到 V 的同构映射. 这意味着 $\mathbb{R}^n$ 与 V 有相同的线性结构, 所以 V 是一个 n 维线性空间, 即齐次线性微分方程组 (5-17) 的解构成的线性空间维数与方程组的阶数相同. ■

既然 V 是一个 n 维线性空间, 那么它就是由 n 个线性无关的解向量构成的, 再由解的叠加原理可得如下定理.

定理 5.3 (通解结构) 若齐次线性微分方程组 (5-17) 在区间 $[a,b]$ 上有 n 个线性无关的解

$$\boldsymbol{x}_1(t),\boldsymbol{x}_2(t),\cdots,\boldsymbol{x}_n(t),\tag{5-19}$$

则它的通解可表示为

$$\boldsymbol{x}(t)=c_1\boldsymbol{x_1}(t)+c_2\boldsymbol{x_2}(t)+\cdots+c_n\boldsymbol{x_n}(t),$$

其中 $c_i(i=1,2,\cdots,n)$ 为任意常数.

解组 (5-19) 生成了解的线性空间 V, 通常称其为齐次线性微分方程组 (5-17) 的一个基本解组. 因此, 求齐次线性微分方程组 (5-17) 的通解只需求出它的一个基本解组即可. 那么我们需要解决两个问题:

(1) 求出齐次线性微分方程组 (5-17) 的 n 个解 $\boldsymbol{x}_1(t), \boldsymbol{x}_2(t), \cdots, \boldsymbol{x}_n(t)$;

(2) 证明解组 $\boldsymbol{x}_1(t), \boldsymbol{x}_2(t), \cdots, \boldsymbol{x}_n(t)$ 线性无关.

对于问题 (1), 我们将在下一节给出详细的求解过程. 至于问题 (2), 下面我们介绍一种判别解组 $\boldsymbol{x}_1(t), \boldsymbol{x}_2(t), \cdots, \boldsymbol{x}_n(t)$ 线性无关的方法.

定义 5.1　解组 $\boldsymbol{x}_i(t)(i=1,2,\cdots,n)$ 的向量形式为

$$\boldsymbol{x}_i(t) = \begin{bmatrix} \boldsymbol{x}_{1i}(t) \\ \boldsymbol{x}_{2i}(t) \\ \vdots \\ \boldsymbol{x}_{ni}(t) \end{bmatrix}, \quad i=1,2,\cdots,n,$$

则它的朗斯基行列式为

$$W(t) = \begin{vmatrix} x_{11}(t) & x_{12}(t) & \cdots & x_{1n}(t) \\ x_{21}(t) & x_{22}(t) & \cdots & x_{2n}(t) \\ \vdots & \vdots & & \vdots \\ x_{n1}(t) & x_{n2}(t) & \cdots & x_{nn}(t) \end{vmatrix}.$$

引理 5.7　解组 (5-19) 的朗斯基行列式满足刘维尔公式

$$W(t) = W(t_0)e^{\int_{t_0}^{t} \mathrm{tr}(\boldsymbol{A}(t))\mathrm{d}t}, \quad x \in [a,b], \tag{5-20}$$

其中, $t_0 \in [a,b]$, $\mathrm{tr}(\boldsymbol{A}(t))$ 表示矩阵 $\mathbf{A}(t)$ 的迹, 即 $\mathrm{tr}(\boldsymbol{A}(t)) = \sum\limits_{i=1}^{n} a_{ii}(t)$.

证明:

$$\frac{\mathrm{d}W(t)}{\mathrm{d}t} = \sum_{i=1}^{n} \begin{vmatrix} x_{11}(t) & x_{12}(t) & \cdots & x_{1n}(t) \\ x_{21}(t) & x_{22}(t) & \cdots & x_{2n}(t) \\ \vdots & \vdots & & \vdots \\ \dfrac{\mathrm{d}x_{i1}(t)}{\mathrm{d}t} & \dfrac{\mathrm{d}x_{i2}(t)}{\mathrm{d}t} & \cdots & \dfrac{\mathrm{d}x_{in}(t)}{\mathrm{d}t} \\ \vdots & \vdots & & \vdots \\ x_{n1}(t) & x_{n2}(t) & \cdots & x_{nn}(t) \end{vmatrix}$$

$$
=\sum_{i=1}^{n}\begin{vmatrix} x_{11}(t) & x_{12}(t) & \cdots & x_{1n}(t) \\ x_{21}(t) & x_{22}(t) & \cdots & x_{2n}(t) \\ \vdots & \vdots & & \vdots \\ \sum_{j=1}^{n} a_{ij}x_{j1} & \sum_{j=1}^{n} a_{ij}x_{j2} & \cdots & \sum_{j=1}^{n} a_{ij}x_{jn} \\ \vdots & \vdots & & \vdots \\ x_{n1}(t) & x_{n2}(t) & \cdots & x_{nn}(t) \end{vmatrix}
$$

$$
=\sum_{i=1}^{n} a_{ii}\cdot W(t)=\operatorname{tr}(\boldsymbol{A}(t))\cdot W(t),
$$

两端积分便得到式 (5-20). ■

上述引理说明: 解组 (5-19) 的朗斯基行列式 $W(t)$ 若在某点 t_0 处为零, 则在整个区间上都为零; 若在某点 t_0 处不为零, 则在整个区间上都不为零. 即 $W(t)$ 要么恒为零, 要么恒不为零. 于是我们有以下定理.

定理 5.4 齐次线性微分方程组 (5-17) 的解组 (5-19) 线性无关的充要条件是

$$
W(t)\neq 0,\quad t\in[a,b].
$$

证明: 若解组 $\boldsymbol{x}_1(t),\boldsymbol{x}_2(t),\cdots,\boldsymbol{x}_n(t)$ 线性无关, 即方程组

$$
\begin{aligned}
&c_1\boldsymbol{x_1}(t)+c_2\boldsymbol{x_2}(t)+\cdots+c_n\boldsymbol{x_n}(t)\\
=&\begin{bmatrix} x_{11}(t) & x_{12}(t) & \cdots & x_{1n}(t) \\ x_{21}(t) & x_{22}(t) & \cdots & x_{2n}(t) \\ \vdots & \vdots & & \vdots \\ x_{n1}(t) & x_{n2}(t) & \cdots & x_{nn}(t) \end{bmatrix}\begin{bmatrix} c_1 \\ c_2 \\ \vdots \\ c_n \end{bmatrix}=\mathbf{0}
\end{aligned}
$$

只有零解, 所以系数矩阵的行列式满秩, 即 $W(t)\neq 0, t\in[a,b]$.

反之, 若 $W(t)\neq 0$, 由引理 5.7 可知, 对于某点 $t_0\in[a,b]$, 有 $W(t_0)\neq 0$, 即

$$
\boldsymbol{x}_1(t_0),\boldsymbol{x}_2(t_0),\cdots,\boldsymbol{x}_n(t_0)
$$

在 $\mathbb{R}^n$ 中线性无关, 于是有

$$
\begin{aligned}
H(\mathbf{0})&=H(c_1\boldsymbol{x_1}(t_0)+c_2\boldsymbol{x_2}(t_0)+\cdots+c_n\boldsymbol{x_n}(t_0))\\
&=c_1\boldsymbol{x_1}(t)+c_2\boldsymbol{x_2}(t)+\cdots+c_n\boldsymbol{x_n}(t)=\mathbf{0},
\end{aligned}
$$

得到解组 $\boldsymbol{x}_1(t),\boldsymbol{x}_2(t),\cdots,\boldsymbol{x}_n(t)$ 线性无关. ■

推论 5.2　解组 (5-19) 线性相关的充要条件是

$$W(t)\equiv 0,\quad t\in[a,b].$$

例 5.3　验证

$$\begin{pmatrix} x_1 \\ x_2 \end{pmatrix} = c_1\begin{pmatrix} \mathrm{e}^t \\ 0 \end{pmatrix} + c_2\begin{pmatrix} t\mathrm{e}^t \\ \mathrm{e}^t \end{pmatrix}$$

是微分方程组

$$\begin{pmatrix} x_1' \\ x_2' \end{pmatrix} = \begin{pmatrix} 1 & 1 \\ 0 & 1 \end{pmatrix}\begin{pmatrix} x_1 \\ x_2 \end{pmatrix} \tag{5-21}$$

的通解, 其中 c_1, c_2 为任意常数.

解:　令

$$\boldsymbol{\varphi}_1(t) = \begin{pmatrix} \mathrm{e}^t \\ 0 \end{pmatrix},\quad \boldsymbol{\varphi}_2(t) = \begin{pmatrix} t\mathrm{e}^t \\ \mathrm{e}^t \end{pmatrix}.$$

因为

$$\boldsymbol{\varphi}_1'(t) = \begin{pmatrix} \mathrm{e}^t \\ 0 \end{pmatrix} = \begin{pmatrix} 1 & 1 \\ 0 & 1 \end{pmatrix}\begin{pmatrix} \mathrm{e}^t \\ 0 \end{pmatrix} = \begin{pmatrix} 1 & 1 \\ 0 & 1 \end{pmatrix}\boldsymbol{\varphi}_1(t),$$

所以 $\boldsymbol{\varphi}_1(t)$ 是方程组 (5-21) 的解.

又因为

$$\boldsymbol{\varphi}_2'(t) = \begin{pmatrix} t\mathrm{e}^t \\ \mathrm{e}^t \end{pmatrix}' = \begin{pmatrix} \mathrm{e}^t + t\mathrm{e}^t \\ \mathrm{e}^t \end{pmatrix} = \begin{pmatrix} 1 & 1 \\ 0 & 1 \end{pmatrix}\begin{pmatrix} t\mathrm{e}^t \\ \mathrm{e}^t \end{pmatrix} = \begin{pmatrix} 1 & 1 \\ 0 & 1 \end{pmatrix}\boldsymbol{\varphi}_2(t)$$

所以 $\boldsymbol{\varphi}_2(t)$ 也是方程组 (5-21) 的解.

而且 $\mathrm{Det}(\boldsymbol{\varphi}_1(t),\boldsymbol{\varphi}_2(t))\neq 0$, 所以解 $\boldsymbol{\varphi}_1(t),\boldsymbol{\varphi}_2(t)$ 线性无关, $c_1\boldsymbol{\varphi}_1(t)+c_2\boldsymbol{\varphi}_2(t)$ 为原方程组的通解.

对于解组 $\boldsymbol{x}_1(t),\boldsymbol{x}_2(t),\cdots,\boldsymbol{x}_n(t)$, 我们也可以将它们写成矩阵形式

$$\boldsymbol{\varPhi}(t) = \begin{bmatrix} x_{11}(t) & x_{12}(t) & \cdots & x_{1n}(t) \\ x_{21}(t) & x_{22}(t) & \cdots & x_{2n}(t) \\ \vdots & \vdots & & \vdots \\ x_{n1}(t) & x_{n2}(t) & \cdots & x_{nn}(t) \end{bmatrix},$$

$\boldsymbol{\varPhi}(t)$ 称为齐次线性微分方程组 (5-17) 的**解矩阵**. 如果解组 $\boldsymbol{x}_1(t),\boldsymbol{x}_2(t),\cdots,\boldsymbol{x}_n(t)$ 线性无关, 即是一个基本解组时, 我们称 $\boldsymbol{\varPhi}(t)$ 为齐次线性微分方程组 (5-17) 的**基解矩阵**. 特别地, 当 $\boldsymbol{\varPhi}(t)=\boldsymbol{E}$($\boldsymbol{E}$ 为同阶单位矩阵) 时, 称其为**标准基解矩阵**.

将解矩阵 $\boldsymbol{\Phi}(t)$ 代入齐次线性微分方程组 (5-17) 可得

$$\boldsymbol{\Phi}'(t) = (x'_{ij}(t))_{n\times n} = \left(\sum_{k=1}^{n} a_{ik}(t)x_{kj}(t)\right)_{n\times n} = (a_{ij}(t))_{n\times n}(x_{ij}(t))_{n\times n} = \boldsymbol{A}(t)\boldsymbol{\Phi}(t),$$

所以解矩阵 $\boldsymbol{\Phi}(t)$ 也是齐次线性微分方程组 (5-17) 矩阵形式的解, 即矩阵解. 反之, 若 $\boldsymbol{\Phi}(t)$ 是齐次线性微分方程组 (5-17) 的矩阵解, 则它的每一列也是齐次线性微分方程组 (5-17) 的解.

定理 5.5 如果 $\boldsymbol{\Phi}(t)$ 为齐次线性微分方程组 (5-17) 的基解矩阵, 那么齐次线性微分方程组 (5-17) 的任一解 $\boldsymbol{\varphi}(t)$ 可表示为

$$\boldsymbol{\varphi}(t) = \boldsymbol{\Phi}(t)\boldsymbol{c},$$

这里, $\boldsymbol{c}$ 为确定的 n 维常数列向量.

定理 5.6 齐次线性微分方程组 (5-17) 的解矩阵 $\boldsymbol{\Phi}(t)$ 是基解矩阵的充要条件是

(1) 行列式 $\mathrm{Det}(\boldsymbol{\Phi}(t)) \neq 0,\ t \in [a,b]$; 或

(2) 存在 $t_0 \in [a,b], \mathrm{Det}(\boldsymbol{\Phi}(t_0)) \neq 0$, 从而 $\mathrm{Det}(\boldsymbol{\Phi}(t)) \neq 0$.

定理 5.7 如果 $\boldsymbol{\Phi}(t)$ 是齐次线性微分方程组 (5-17) 在区间 $[a,b]$ 上的基解矩阵, $\boldsymbol{C}$ 是 $n\times n$ 阶非奇异常数矩阵, 那么 $\boldsymbol{\Phi}(t)\boldsymbol{C}$ 也是齐次线性微分方程组 (5-17) 在区间 $[a,b]$ 上的基解矩阵.

证明: 因为

$$(\boldsymbol{\Phi}(t)\boldsymbol{C})' = \boldsymbol{\Phi}'(t)\boldsymbol{C} = A(t)\boldsymbol{\Phi}(t)\boldsymbol{C} = A(t)(\boldsymbol{\Phi}(t)\boldsymbol{C}),$$

所以 $\boldsymbol{\Phi}(t)\boldsymbol{C}$ 是齐次线性微分方程组 (5-17) 的解矩阵. 又因为 $\boldsymbol{\Phi}(t)$ 是基解矩阵, $\boldsymbol{C}$ 非奇异, 则有

$$\mathrm{Det}(\boldsymbol{\Phi}(t)\boldsymbol{C}) = \mathrm{Det}(\boldsymbol{\Phi}(t))\mathrm{Det}(\boldsymbol{C}) \neq 0,$$

所以, $\boldsymbol{\Phi}(t)\boldsymbol{C}$ 是基解矩阵. ■

由上述定理可知, 两个基解矩阵之间相差一个非奇异常数矩阵.

推论 5.3 若 $\boldsymbol{\Phi}(t), \boldsymbol{\Psi}(t)$ 是齐次线性微分方程组 (5-17) 在区间 $[a,b]$ 上的两个基解矩阵, 则一定存在一个 $n\times n$ 阶非奇异常数矩阵 $\boldsymbol{C}$, 使得在区间 $[a,b]$ 上

$$\boldsymbol{\Psi}(t) = \boldsymbol{\Phi}(t)\boldsymbol{C}.$$

证明: 因为 $\boldsymbol{\Phi}(t),\boldsymbol{\Psi}(t)$ 是区间 $[a,b]$ 上的基解矩阵, 所以 $\boldsymbol{\Phi}^{-1}(t)$ 存在, 且

$$\boldsymbol{U}(t)=\boldsymbol{\Phi}^{-1}(t)\boldsymbol{\Psi}(t)$$

仍然为 $n\times n$ 阶矩阵, 则有

$$\boldsymbol{\Psi}(t)=\boldsymbol{\Phi}(t)\boldsymbol{U}(t),$$

于是得到

$$\begin{aligned}\boldsymbol{\Psi}'(t)&=\boldsymbol{\Phi}'(t)\boldsymbol{U}(t)+\boldsymbol{\Phi}(t)\boldsymbol{U}'(t)\\&=\boldsymbol{A}(t)\boldsymbol{\Phi}(t)\boldsymbol{U}(t)+\boldsymbol{\Phi}(t)\boldsymbol{U}'(t)\\&=\boldsymbol{A}(t)\boldsymbol{\Psi}(t)+\boldsymbol{\Phi}(t)\boldsymbol{U}'(t).\end{aligned}$$

由于 $\boldsymbol{\Psi}(t)$ 满足齐次线性微分方程组 (5-17), 所以

$$\boldsymbol{\Phi}(t)\boldsymbol{U}'(t)=\mathbf{0}.$$

于是有 $\boldsymbol{U}'(t)=\mathbf{0}$, 得到 $\boldsymbol{U}(t)=\boldsymbol{C}$ 为 $n\times n$ 阶常数矩阵. ■

5.1.4　非齐次线性微分方程组

考虑方程组

$$\boldsymbol{x}'(t)=\boldsymbol{A}(t)\boldsymbol{x}(t)+\boldsymbol{f}(t),\tag{5-22}$$

该方程组为对应于齐次线性微分方程组 (5-17) 的非齐次线性微分方程组. 现在我们来讨论非齐次线性微分方程组 (5-22) 的解的结构.

性质 5.1　若 $\boldsymbol{\varphi}(t)$ 是非齐次线性微分方程组 (5-22) 的解, $\boldsymbol{\psi}(t)$ 是非齐次线性微分方程组 (5-22) 对应的齐次线性微分方程组 (5-17) 的解, 则 $\boldsymbol{\varphi}(t)+\boldsymbol{\psi}(t)$ 是非齐次线性微分方程组 (5-22) 的解.

证明: 由于

$$\boldsymbol{\varphi}'(t)=\boldsymbol{A}(t)\boldsymbol{\varphi}(t)+\boldsymbol{f}(t),$$

$$\boldsymbol{\psi}'(t)=\boldsymbol{A}(t)\boldsymbol{\psi}(t),$$

将两式相加得到

$$\begin{aligned}(\boldsymbol{\varphi}(t)+\boldsymbol{\psi}(t))'&=\boldsymbol{\varphi}'(t)+\boldsymbol{\psi}'(t)\\&=\boldsymbol{A}(t)(\boldsymbol{\varphi}(t)+\boldsymbol{\psi}(t))+\boldsymbol{f}(t),\end{aligned}$$

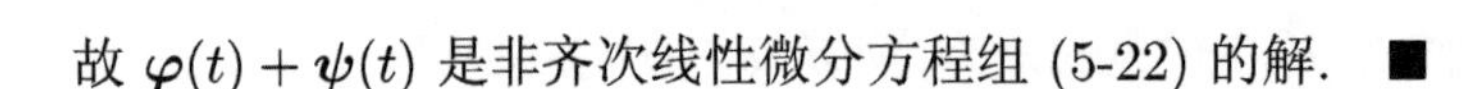

故 $\boldsymbol{\varphi}(t)+\boldsymbol{\psi}(t)$ 是非齐次线性微分方程组 (5-22) 的解. ■

性质 5.2 若 $\boldsymbol{\varphi}(t), \overline{\boldsymbol{\varphi}}(t)$ 是非齐次线性微分方程组 (5-22) 的两个解, 则 $\boldsymbol{\varphi}(t)-\overline{\boldsymbol{\varphi}}(t)$ 是对应的齐次线性微分方程组 (5-17) 的解.

证明: 由于

$$\boldsymbol{\varphi}'(t)=\boldsymbol{A}(t)\boldsymbol{\varphi}(t)+\boldsymbol{f}(t),$$

$$\overline{\boldsymbol{\varphi}}'(t)=\boldsymbol{A}(t)\overline{\boldsymbol{\varphi}}(t)+\boldsymbol{f}(t),$$

两式相减, 得到

$$(\boldsymbol{\varphi}(t)-\overline{\boldsymbol{\varphi}}(t))'=\boldsymbol{\varphi}'(t)-\overline{\boldsymbol{\varphi}}'(t)=\boldsymbol{A}(t)(\boldsymbol{\varphi}(t)-\overline{\boldsymbol{\varphi}}(t)),$$

故 $\boldsymbol{\varphi}(t)-\overline{\boldsymbol{\varphi}}(t)$ 是齐次线性微分方程组 (5-17) 的解. ■

定理 5.8 若 $\boldsymbol{\Phi}(t)$ 是齐次线性微分方程组 (5-17) 的一个基解矩阵, $\boldsymbol{\psi}(t)$ 是非齐次线性微分方程组 (5-22) 的一个特解, 则非齐次线性微分方程组 (5-22) 的通解可表示为

$$\boldsymbol{\varphi}(t)=\boldsymbol{\Phi}(t)\boldsymbol{c}+\boldsymbol{\psi}(t), \tag{5-23}$$

其中, $\boldsymbol{c}$ 为确定的常数列向量.

证明: 因为

$$\begin{aligned}\boldsymbol{\varphi}'(t)&=\boldsymbol{\Phi}'(t)\boldsymbol{c}+\boldsymbol{\psi}'(t)\\&=\boldsymbol{A}(t)\boldsymbol{\Phi}(t)\boldsymbol{c}+\boldsymbol{A}(t)\boldsymbol{\psi}(t)\\&=\boldsymbol{A}(t)(\boldsymbol{\Phi}(t)\boldsymbol{c}+\boldsymbol{\psi}(t))\\&=\boldsymbol{A}(t)\boldsymbol{\varphi}(t),\end{aligned}$$

所以 $\boldsymbol{\varphi}(t)$ 是非齐次线性微分方程组 (5-22) 的解.

于是由性质 5.2可知, $\boldsymbol{\varphi}(t)-\boldsymbol{\psi}(t)$ 是齐次线性微分方程组 (5-17) 的解. 再由定理 5.5 可知, 存在常数向量 $\boldsymbol{c}$, 使得

$$\boldsymbol{\varphi}(t)-\boldsymbol{\psi}(t)=\boldsymbol{\Phi}(t)\boldsymbol{c},$$

于是得到定理的结论. ■

在第 2 章中, 关于一阶非齐次线性微分方程的求解, 我们介绍了常数变易法. 这里, 对于一阶非齐次线性微分方程组的求解, 我们仍然可使用常数变易法, 即将对应齐次线性微分方程组 (5-17) 的解 $\boldsymbol{\Phi}(t)\boldsymbol{c}$ 中的常数列向量 $\boldsymbol{c}$ 变为 $\boldsymbol{c}(t)$.

假定

$$\boldsymbol{\varphi}(t)=\boldsymbol{\Phi}(t)\boldsymbol{c}(t) \tag{5-24}$$

为非齐次线性微分方程组 (5-22) 的解, 将其代入方程组得到

$$\boldsymbol{\Phi}'(t)\boldsymbol{c}(t)+\boldsymbol{\Phi}(t)\boldsymbol{c}'(t)=\boldsymbol{A}(t)\boldsymbol{\Phi}(t)\boldsymbol{c}(t)+\boldsymbol{f}(t).$$

由于 $\boldsymbol{\Phi}(t)$ 是对应的齐次线性微分方程组 (5-17) 的基解矩阵, 因此上式可化简为

$$\boldsymbol{\Phi}(t)\boldsymbol{c}'(t)=\boldsymbol{f}(t).$$

在 t_0 到 t 上积分可得

$$\boldsymbol{c}(t)=\boldsymbol{c}(t_0)+\int_{t_0}^{t}\boldsymbol{\Phi}^{-1}(s)\boldsymbol{f}(s)\mathrm{d}s.$$

由式 (5-24) 可知

$$\boldsymbol{c}(t_0)=\boldsymbol{\Phi}^{-1}(t_0)\boldsymbol{\varphi}(t_0),$$

于是有

$$\boldsymbol{c}(t)=\boldsymbol{\Phi}^{-1}(t_0)\boldsymbol{\varphi}(t_0)+\int_{t_0}^{t}\boldsymbol{\Phi}^{-1}(s)\boldsymbol{f}(s)\mathrm{d}s.$$

所以求得

$$\boldsymbol{\varphi}(t)=\boldsymbol{\Phi}(t)\boldsymbol{\Phi}^{-1}(t_0)\boldsymbol{\varphi}(t_0)+\boldsymbol{\Phi}(t)\int_{t_0}^{t}\boldsymbol{\Phi}^{-1}(s)\boldsymbol{f}(s)\mathrm{d}s. \tag{5-25}$$

另一方面, 对式 (5-25) 两端求导可得

$$\begin{aligned}\boldsymbol{\varphi}'(t)&=\boldsymbol{\Phi}'(t)\boldsymbol{\Phi}^{-1}(t_0)\boldsymbol{\varphi}(t_0)+\boldsymbol{\Phi}'(t)\int_{t_0}^{t}\boldsymbol{\Phi}^{-1}(s)\boldsymbol{f}(s)\mathrm{d}s+\boldsymbol{\Phi}(t)\boldsymbol{\Phi}^{-1}(t)\boldsymbol{f}(t)\\&=\boldsymbol{\Phi}'(t)[\boldsymbol{\Phi}^{-1}(t_0)\boldsymbol{\varphi}(t_0)+\int_{t_0}^{t}\boldsymbol{\Phi}^{-1}(s)\boldsymbol{f}(s)\mathrm{d}s]+\boldsymbol{f}(t)\\&=\boldsymbol{A}(t)\boldsymbol{\Phi}(t)[\boldsymbol{\Phi}^{-1}(t_0)\boldsymbol{\varphi}(t_0)+\int_{t_0}^{t}\boldsymbol{\Phi}^{-1}(s)\boldsymbol{f}(s)\mathrm{d}s]+\boldsymbol{f}(t)\\&=\boldsymbol{A}(t)\boldsymbol{\varphi}(t)+\boldsymbol{f}(t).\end{aligned}$$

因此, 非齐次线性微分方程组 (5-22) 满足初值条件 $\boldsymbol{\varphi}(\boldsymbol{t_0})=\boldsymbol{\eta}$ 的解为

$$\boldsymbol{\varphi}(t)=\boldsymbol{\Phi}(t)\boldsymbol{\Phi}^{-1}(t_0)\boldsymbol{\eta}+\boldsymbol{\Phi}(t)\int_{t_0}^{t}\boldsymbol{\Phi}^{-1}(s)\boldsymbol{f}(s)\mathrm{d}s. \tag{5-26}$$

实际上, 记

$$\overline{\boldsymbol{c}}=\boldsymbol{\Phi}^{-1}(t_0)\boldsymbol{\eta},\quad \overline{\boldsymbol{\varphi}}(t)=\boldsymbol{\Phi}(t)\int_{t_0}^{t}\boldsymbol{\Phi}^{-1}(s)\boldsymbol{f}(s)\mathrm{d}s,$$

则

$$\boldsymbol{\varphi}(t)=\boldsymbol{\Phi}(t)\overline{\boldsymbol{c}}+\overline{\boldsymbol{\varphi}}(t).$$

而

$$\overline{\varphi}'(t)=\boldsymbol{\Phi}'(t)\int_{t_0}^{t}\boldsymbol{\Phi}^{-1}(s)\boldsymbol{f}(s)\mathrm{d}s+\boldsymbol{\Phi}(t)\boldsymbol{\Phi}^{-1}(t)\boldsymbol{f}(t)$$
$$=\boldsymbol{A}(t)\overline{\varphi}(t)+\boldsymbol{f}(t).$$

由定理 5.8可知, $\boldsymbol{\varphi(t)}$ 是非齐次线性微分方程组 (5-22) 的解, 其中, $\overline{\boldsymbol{c}}$ 为依赖于初值的常数列向量, $\boldsymbol{\Phi}(t)\overline{\boldsymbol{c}}$ 为对应的齐次线性微分方程组 (5-17) 满足初值条件 $\boldsymbol{\varphi(t_0)}=\boldsymbol{\eta}$ 的解, 而 $\overline{\varphi}(t)$ 为非齐次线性微分方程组 (5-22) 的特解.

特别地, 当 $\boldsymbol{\varphi}(t_0)=\boldsymbol{0}$ 时,

$$\boldsymbol{\varphi}(t)=\overline{\boldsymbol{\varphi}}(t)=\boldsymbol{\Phi}(t)\int_{t_0}^{t}\boldsymbol{\Phi}^{-1}(s)\boldsymbol{f}(s)\mathrm{d}s.$$

例 5.4 求初值问题

$$\boldsymbol{x}'(t)=\begin{bmatrix}1&1\\0&1\end{bmatrix}\boldsymbol{x}(t)+\begin{bmatrix}\mathrm{e}^{-t}\\0\end{bmatrix},\quad \boldsymbol{x}(0)=\begin{bmatrix}1\\-1\end{bmatrix}$$

的解.

解: 求解该问题可以直接利用公式 (5-26) 计算, 但为了掌握常数变易法在求解非齐次线性微分方程组中的运用, 我们仍然写出具体计算过程.

由例 5.3中可知

$$\boldsymbol{\Phi}(t)=\begin{bmatrix}\mathrm{e}^t&t\mathrm{e}^t\\0&\mathrm{e}^t\end{bmatrix}$$

为原方程对应的齐次线性微分方程组的基解矩阵, 则利用常数变易法将

$$\boldsymbol{\Phi}(t)\boldsymbol{c}(t)=\begin{bmatrix}\mathrm{e}^t&t\mathrm{e}^t\\0&\mathrm{e}^t\end{bmatrix}\boldsymbol{c}(t)$$

代入原方程, 可得

$$\boldsymbol{\Phi}(t)\boldsymbol{c}'(t)=\begin{bmatrix}\mathrm{e}^t&t\mathrm{e}^t\\0&\mathrm{e}^t\end{bmatrix}\boldsymbol{c}'(t)=\begin{bmatrix}\mathrm{e}^{-t}\\0\end{bmatrix}=\boldsymbol{f}(t).$$

由于

$$\boldsymbol{\Phi}^{-1}(t)=\begin{bmatrix}\mathrm{e}^t&t\mathrm{e}^t\\0&\mathrm{e}^t\end{bmatrix}^{-1}=\mathrm{e}^{-2t}\begin{bmatrix}\mathrm{e}^t&-t\mathrm{e}^t\\0&\mathrm{e}^t\end{bmatrix}=\mathrm{e}^{-t}\begin{bmatrix}1&-t\\0&1\end{bmatrix},$$

则

$$\boldsymbol{c}'(t)=\mathrm{e}^{-t}\begin{bmatrix}1&-t\\0&1\end{bmatrix}\begin{bmatrix}\mathrm{e}^{-t}\\0\end{bmatrix}=\begin{bmatrix}1&-t\\0&1\end{bmatrix}\begin{bmatrix}\mathrm{e}^{-2t}\\0\end{bmatrix}=\begin{bmatrix}\mathrm{e}^{-2t}\\0\end{bmatrix}.$$

两端积分得到

$$\boldsymbol{c}(t)=\boldsymbol{\Phi}^{-1}(0)\begin{bmatrix}1\\-1\end{bmatrix}+\int_0^t\begin{bmatrix}\mathrm{e}^{-2s}\\0\end{bmatrix}\mathrm{d}s=\begin{bmatrix}1\\-1\end{bmatrix}+\begin{bmatrix}-\dfrac{1}{2}\mathrm{e}^{-2t}\\0\end{bmatrix}=\begin{bmatrix}1-\dfrac{1}{2}\mathrm{e}^{-2t}\\-1\end{bmatrix},$$

所以, 原方程在初值条件下的解为

$$\boldsymbol{\varphi}(t)=\boldsymbol{\Phi}(t)\boldsymbol{c}(t)=\begin{bmatrix}\mathrm{e}^t & t\mathrm{e}^t\\0 & \mathrm{e}^t\end{bmatrix}\begin{bmatrix}1-\dfrac{1}{2}\mathrm{e}^{-2t}\\-1\end{bmatrix}=\begin{bmatrix}(1-t)\mathrm{e}^t-\dfrac{1}{2}\mathrm{e}^{-t}\\-\mathrm{e}^t\end{bmatrix}.$$

由 n 阶线性微分方程初值问题与一阶线性微分方程组初值问题关于解的等价性理论, 我们也可以推出 n 阶非齐次线性微分方程的常数变易公式.

推论 5.4　若 $a_i(t)(i=1,2,\cdots,n)$, $f(t)$ 均在区间 $[a,b]$ 上连续, $x_i(t)(i=1,2,\cdots,n)$ 为区间 $[a,b]$ 上齐次线性微分方程

$$x^{(n)}+a_1(t)x^{(n-1)}+\cdots+a_n(t)x=0$$

的基本解组, 则非齐次线性微分方程

$$x^{(n)}+a_1(t)x^{(n-1)}+\cdots+a_n(t)x=f(t) \tag{5-27}$$

满足初值条件

$$\varphi(t_0)=0,\varphi^{'}(t_0)=0,\cdots,\varphi^{(n-1)}(t_0)=0,\quad t_0\in[a,b]$$

的解可表示为

$$\varphi(t)=\sum_{k=1}^{n}x_k(t)\int_{t_0}^{t}\frac{W_k[x_1(s),x_2(s),\cdots,x_n(s)]}{W[x_1(s),x_2(s),\cdots,x_n(s)]}f(s)ds, \tag{5-28}$$

其中, $W[x_1(s),x_2(s),\cdots,x_n(s)]$ 是基本解组 $x_1(s),x_2(s),\cdots,x_n(s)$ 的朗斯基行列式, $W_k[x_1(s),\ x_2(s),\cdots,x_n(s)]$ 是将其中的第 k 列代以 $(0,0,\cdots,0,1)^{\mathrm{T}}$ 替换后得到的行列式. 那么, 非齐次线性微分方程 (5-27) 的任一解表示为

$$u(t)=c_1x_1(t)+c_2x_2(t)+\cdots+c_nx_n(t)+\varphi(t),$$

这里 $c_i(i=1,2,\cdots,n)$ 为确定的常数.

式 (5-28) 称为非齐次线性微分方程 (5-27) 的常数变易公式. 此时, 非齐次线性微分方程 (5-27) 的通解为

$$x(t)=c_1x_1(t)+c_2x_2(t)+\cdots+c_nx_n(t)+\varphi(t),$$

这里 $c_i(i=1,2,\cdots,n)$ 为任意常数. 由推论 5.4得知, 该通解包含了方程的所有解, 这与第 4 章中定理 4.9 的结论一致.

例如: 当 $n=2$ 时, 式 (5-28) 可展开为

$$\varphi(t)=x_1(t)\int_{t_0}^{t}\frac{W_1[x_1(s),x_2(s)]}{W[x_1(s),x_2(s)]}f(s)\mathrm{d}s+x_2(t)\int_{t_0}^{t}\frac{W_2[x_1(s),x_2(s)]}{W[x_1(s),x_2(s)]}f(s)\mathrm{d}s. \tag{5-29}$$

而

$$W_1[x_1(s),x_2(s)]=\begin{vmatrix}0 & x_2(s)\\ 1 & x_2'(s)\end{vmatrix}=-x_2(s),$$

$$W_2[x_1(s),x_2(s)]=\begin{vmatrix}x_1(s) & 0\\ x_1'(s) & 1\end{vmatrix}=x_1(s),$$

将它们代入式 (5-29) 可得

$$\varphi(t)=\int_{t_0}^{t}\frac{x_2(t)x_1(s)-x_1(t)x_2(s)}{W[x_1(s),x_2(s)]}f(s)\mathrm{d}s, \tag{5-30}$$

那么通解为

$$x(t)=c_1x_1(t)+c_2x_2(t)+\varphi(t),$$

其中 c_1,c_2 为任意常数.

例 5.5 已知方程 $x''+x=0$ 的一个基本解组为 $x_1(t)=\cos t, x_2(t)=\sin t$, 求对应的非齐次线性微分方程 $x''+x=2\tan t$ 的一个解.

解: 我们可以直接利用式 (5-30) 进行求解

$$W[x_1(t),x_2(t)]=\begin{vmatrix}\cos t & \sin t\\ -\sin t & \cos t\end{vmatrix}=1,$$

取 $t_0=0$, 则有

$$\begin{aligned}\varphi(t)&=\int_0^t(\sin t\cos s-\cos t\sin s)\cdot 2\tan s\mathrm{d}s\\&=2\sin t\int_0^t\sin s\mathrm{d}s-2\cos t\int_0^t\sin s\tan s\mathrm{d}s\\&=2\sin t-2\cos t\ln|\sec t+\tan t|.\end{aligned}$$

求得 $\varphi(t)$ 是问题中非齐次线性微分方程的一个解. 又因为 $\sin t$ 是 $x''+x=0$ 的一个解, 所以

$$-2\cos t\ln|\sec t+\tan t|$$

也是 $x''+x=2\tan t$ 的一个解.

5.2 常系数线性微分方程组

本节我们先来讨论系数矩阵为常数矩阵的齐次线性微分方程组

$$\boldsymbol{x}'(t) = \boldsymbol{A}\boldsymbol{x}(t) \tag{5-31}$$

的基本解组的求解, 这里 $\boldsymbol{A} = (a_{ij})_{n\times n}$ 为常数矩阵, $\boldsymbol{x}(t)$ 在 $(-\infty,+\infty)$ 上连续, 常系数齐次线性微分方程组 (5-31) 在 $(-\infty,+\infty)$ 上的解是存在且唯一的. 以下介绍解的存在区间均定义在 $(-\infty,+\infty)$ 上. 为此, 引入矩阵指数 $\exp\boldsymbol{A}$ 的概念.

5.2.1 矩阵指数 $\exp A$

定义 5.2 设 $\boldsymbol{A}$ 为 $n\times n$ 阶常数矩阵, 矩阵级数

$$\sum_{k=0}^{\infty}\frac{\boldsymbol{A}^k}{k!} = \boldsymbol{E} + \boldsymbol{A} + \frac{\boldsymbol{A}^2}{2!} + \cdots + \frac{\boldsymbol{A}^m}{m!} + \cdots = \exp\boldsymbol{A}$$

的和称为矩阵指数 $\exp\boldsymbol{A}$, 或记为 $\mathrm{e}^{\boldsymbol{A}}$, 其中, $\boldsymbol{E}$ 为 n 阶单位矩阵.

$\boldsymbol{A}^m$ 为矩阵 $\boldsymbol{A}$ 的 m 次幂, 我们规定 $\boldsymbol{A}^0 = \boldsymbol{E}$, $0! = 1$. 当 $\boldsymbol{A}$ 为零矩阵时, 即 $\boldsymbol{A} = \boldsymbol{O}$, 有 $\exp\boldsymbol{O} = \boldsymbol{E}$.

引理 5.8 级数 $\sum\limits_{k=0}^{\infty}\frac{\boldsymbol{A}^k}{k!}$ 对于所有的 $\boldsymbol{A}$ 都是收敛的, 因此 $\exp\boldsymbol{A}$ 是一个确定的矩阵.

证明: 因为对于一切正整数 k, 有

$$\left\|\frac{\boldsymbol{A}^k}{k!}\right\| \leqslant \frac{\|\boldsymbol{A}^k\|}{k!}, \tag{5-32}$$

而数值级数

$$\|\boldsymbol{E}\| + \|\boldsymbol{A}\| + \frac{\|\boldsymbol{A}\|^2}{2!} + \cdots + \frac{\|\boldsymbol{A}\|^m}{m!} + \cdots \tag{5-33}$$

是收敛的, 且它的和是 $n-1+\mathrm{e}^{\|\boldsymbol{A}\|}$, 因此级数 $\sum\limits_{k=0}^{\infty}\|\frac{\boldsymbol{A}^k}{k!}\|$ 收敛, 则级数 $\sum\limits_{k=0}^{\infty}\frac{\boldsymbol{A}^k}{k!}$ 对一切 $\boldsymbol{A}$ 都是绝对收敛的. ■

引理 5.9 级数

$$\exp\boldsymbol{A}t = \sum_{k=0}^{\infty}\frac{\boldsymbol{A}^k t^k}{k!} \tag{5-34}$$

在 t 的任何有限区间上是一致收敛的.

证明: 由于对于一切正整数 k, 当 $|t| \leqslant k_1$(k_1 为某一正常数) 时,

$$\left\|\frac{\boldsymbol{A}^k t^k}{k!}\right\| \leqslant \frac{\|\boldsymbol{A}^k\||t|^k}{k!} \leqslant \frac{\|\boldsymbol{A}^k\|k_1^k}{k!}.$$

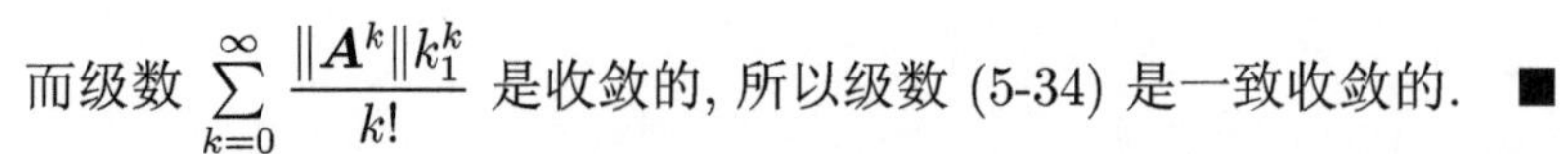

而级数 $\sum\limits_{k=0}^{\infty}\dfrac{\|\boldsymbol{A}^k\|k_1^k}{k!}$ 是收敛的, 所以级数 (5-34) 是一致收敛的. ■

由于矩阵级数绝对收敛, 因而关于绝对收敛的数值级数运算的一些定理也同样适用于矩阵级数, 这里不再详述, 只加以引用.

矩阵指数 $\exp\boldsymbol{A}$ 具有如下性质.

性质 5.3 若矩阵 $\boldsymbol{A},\boldsymbol{B}$ 可交换, 即 $\boldsymbol{AB}=\boldsymbol{BA}$, 则

$$\exp(\boldsymbol{A}+\boldsymbol{B})=\exp\boldsymbol{A}\exp\boldsymbol{B}.$$

证明: 由于 $\boldsymbol{AB}=\boldsymbol{BA}$, 则由二项式定理及绝对收敛级数的乘数定理可得

$$\begin{aligned}\exp(\boldsymbol{A}+\boldsymbol{B})&=\sum_{k=0}^{\infty}\frac{(\boldsymbol{A}+\boldsymbol{B})^k}{k!}=\sum_{k=0}^{\infty}\left(\sum_{l=0}^{\infty}\frac{\boldsymbol{A}^l\boldsymbol{B}^{k-l}}{l!(k-l)!}\right)\\&=\sum_{l=0}^{\infty}\frac{\boldsymbol{A}^l}{l!}\left(\sum_{k=0}^{\infty}\frac{\boldsymbol{B}^k}{k!}\right)=\exp\boldsymbol{A}\exp\boldsymbol{B}.\end{aligned}$$ ■

性质 5.4 对任给的矩阵 $\boldsymbol{A}$, 矩阵指数的逆即 $(\exp\boldsymbol{A})^{-1}$ 存在, 且

$$(\exp\boldsymbol{A})^{-1}=\exp(-\boldsymbol{A}).$$

证明: 令性质 5.3中的 $\boldsymbol{B}=-\boldsymbol{A}$, 便可证得. ■

性质 5.5 若 $\boldsymbol{T}$ 是非奇异矩阵, 则

$$\exp(\boldsymbol{T}^{-1}\boldsymbol{AT})=\boldsymbol{T}^{-1}(\exp\boldsymbol{A})\boldsymbol{T}.$$

证明:

$$\begin{aligned}\exp(\boldsymbol{T}^{-1}\boldsymbol{AT})&=\boldsymbol{E}+\sum_{k=1}^{\infty}\frac{(\boldsymbol{T}^{-1}\boldsymbol{AT})^k}{k!}\\&=\boldsymbol{E}+\sum_{k=1}^{\infty}\frac{\boldsymbol{T}^{-1}\boldsymbol{A}^k\boldsymbol{T}}{k!}\\&=\boldsymbol{E}+\boldsymbol{T}^{-1}\left(\sum_{k=1}^{\infty}\frac{\boldsymbol{A}^k}{k!}\right)\boldsymbol{T}\\&=\boldsymbol{T}^{-1}(\exp\boldsymbol{A})\boldsymbol{T}.\end{aligned}$$ ■

定理 5.9　矩阵

$$\boldsymbol{\Phi}(t)=\exp\boldsymbol{A}t$$

是常系数齐次线性微分方程组 (5-17) 的基解矩阵, 且 $\boldsymbol{\Phi}(0)=\boldsymbol{E}$.

证明: 因为

$$\begin{aligned}\boldsymbol{\Phi}'(t)&=(\exp\boldsymbol{A}t)'\\&=\boldsymbol{A}+\frac{\boldsymbol{A}^2t}{1!}+\frac{\boldsymbol{A}^3t^2}{2!}+\cdots+\frac{\boldsymbol{A}^kt^{k-1}}{(k-1)!}+\cdots\\&=\boldsymbol{A}\exp\boldsymbol{A}t\\&=\boldsymbol{A}\boldsymbol{\Phi}(t),\end{aligned}$$

所以 $\boldsymbol{\Phi}(t)$ 是常系数齐次线性微分方程组 (5-31) 的解矩阵. 又因为

$$\boldsymbol{\Phi}(0)=\exp\boldsymbol{O}=\boldsymbol{E},$$

且

$$\mathrm{Det}(\boldsymbol{\Phi}(0))=\mathrm{Det}(\boldsymbol{E})=1\neq 0,$$

所以 $\boldsymbol{\Phi}(t)$ 是常系数齐次线性微分方程组 (5-31) 的基解矩阵.　■

于是, 由定理 5.5 可以得到常系数齐次线性微分方程组 (5-31) 的任一解可表示为

$$\boldsymbol{\varphi}(t)=(\exp\boldsymbol{A}t)\boldsymbol{c},$$

$\boldsymbol{c}$ 为常数列向量. 当 $\boldsymbol{\varphi}(0)=\boldsymbol{\eta}$ 时, $\boldsymbol{\varphi}(t)=(\exp\boldsymbol{A}t)\boldsymbol{\eta}$.

根据矩阵指数的定义, 我们可以求出一些特殊形式系数矩阵对应的齐次线性微分方程组的基解矩阵.

例 5.6　当 $\boldsymbol{A}$ 是对角矩阵时, 即

$$\boldsymbol{A}=\begin{bmatrix}\lambda_1&&&\\&\lambda_2&&\\&&\ddots&\\&&&\lambda_n\end{bmatrix},$$

试求出 $\boldsymbol{x}'(t)=\boldsymbol{A}\boldsymbol{x}(t)$ 的基解矩阵.

解: 由引理 5.9可得

$$
\exp \boldsymbol{A}t=\boldsymbol{E}+\begin{bmatrix}\lambda_1 & & & \\ & \lambda_2 & & \\ & & \ddots & \\ & & & \lambda_n\end{bmatrix}\frac{t}{1!}+\begin{bmatrix}\lambda_1^2 & & & \\ & \lambda_2^2 & & \\ & & \ddots & \\ & & & \lambda_n^2\end{bmatrix}\frac{t^2}{2!}+\cdots+
$$

$$
\begin{bmatrix}\lambda_1^k & & & \\ & \lambda_2^k & & \\ & & \ddots & \\ & & & \lambda_n^k\end{bmatrix}\frac{t^k}{k!}+\cdots=\begin{bmatrix}\mathrm{e}^{\lambda_1 t} & & & \\ & \mathrm{e}^{\lambda_2 t} & & \\ & & \ddots & \\ & & & \mathrm{e}^{\lambda_n t}\end{bmatrix}.
$$

例 5.7 求方程组 $\boldsymbol{x}'(t)=\begin{bmatrix}1 & 1\\ 0 & 1\end{bmatrix}\boldsymbol{x}(t)$ 的基解矩阵.

解: 由于

$$
\boldsymbol{A}=\begin{bmatrix}1 & 1\\ 0 & 1\end{bmatrix}=\begin{bmatrix}1 & 0\\ 0 & 1\end{bmatrix}+\begin{bmatrix}0 & 1\\ 0 & 0\end{bmatrix},
$$

而后两个矩阵是可交换的, 则

$$
\begin{aligned}
\exp \boldsymbol{A}t &= \exp\begin{bmatrix}1 & 0\\ 0 & 1\end{bmatrix}t\cdot\exp\begin{bmatrix}0 & 1\\ 0 & 0\end{bmatrix}t\\
&=\begin{bmatrix}\mathrm{e}^t & 0\\ 0 & \mathrm{e}^t\end{bmatrix}\cdot\left(\boldsymbol{E}+\begin{bmatrix}0 & 1\\ 0 & 0\end{bmatrix}t+\begin{bmatrix}0 & 1\\ 0 & 0\end{bmatrix}^2\frac{t^2}{2!}+\cdots\right).
\end{aligned}
$$

因为

$$
\begin{bmatrix}0 & 1\\ 0 & 0\end{bmatrix}^2=\begin{bmatrix}0 & 0\\ 0 & 0\end{bmatrix},
$$

所以级数只有两项, 基解矩阵为

$$
\exp \boldsymbol{A}t=\mathrm{e}^t\begin{bmatrix}1 & t\\ 0 & 1\end{bmatrix}.
$$

5.2.2 基解矩阵的计算

前面我们介绍了矩阵指数 $\exp\boldsymbol{A}t$ 的定义, 并由定理 5.9 可知, 矩阵指数 $\exp\boldsymbol{A}t$ 就是常系数齐次线性微分方程组 (5-31) 的基解矩阵. 但是, 仅从级数 (5-34) 去求解 $\exp\boldsymbol{A}t$, 并不是一件容易的事情, 因为随着矩阵幂次的增加, 计算量增大, 且级数有无穷多个项. 例 5.6和

例 5.7也只是针对特殊形式的矩阵计算出 $\exp \boldsymbol{A}t$ 级数展开后的每一项. 下面我们针对一般情况下的任意 $n \times n$ 阶矩阵 $\boldsymbol{A}$ 进行讨论.

考虑常系数齐次线性微分方程组 (5-31), 我们采用代数的方法求解其基解矩阵.

对于 $n=1$ 时的一阶常系数齐次线性微分方程

$$x'(t) = \lambda x(t),$$

我们知道它的解为 $x(t) = c\mathrm{e}^{\lambda t}$, c 为任意常数. 于是假设常系数齐次线性微分方程组 (5-31) 也有形为

$$\mathrm{e}^{\lambda t}\boldsymbol{v} \tag{5-35}$$

的解, 其中 $\boldsymbol{v}$ 为常数列向量. 将式 (5-35) 代入常系数齐次线性微分方程组 (5-31) 中得到

$$\lambda \mathrm{e}^{\lambda t}\boldsymbol{v} = \boldsymbol{A}\mathrm{e}^{\lambda t}\boldsymbol{v},$$

于是有

$$(\lambda \boldsymbol{E} - \boldsymbol{A})\boldsymbol{v} = \boldsymbol{0}. \tag{5-36}$$

只要能找到满足方程组 (5-36) 的 λ 和 $\boldsymbol{v}$, 则式 (5-35) 就是常系数齐次线性微分方程组 (5-31) 的解, 这样问题便转化为求解方程组 (5-36).

由线性代数的理论可知, 求解方程组 (5-36) 需要求解

$$|\lambda \boldsymbol{E} - \boldsymbol{A}| = 0, \quad \text{或} \quad \mathrm{Det}(\lambda \boldsymbol{E} - \boldsymbol{A}) = 0. \tag{5-37}$$

方程 (5-37) 称为常系数齐次线性微分方程组 (5-31) 的特征方程, λ 称为特征根, 而向量 $\boldsymbol{v}$ 称为与 λ 对应的特征向量.

由于方程 (5-37) 所得到的特征根情况不同, 可将基解矩阵的求解分为以下两种情况进行讨论.

(1) 当特征根均为单根 (即矩阵 $\boldsymbol{A}$ 有特征根 $\lambda_1, \lambda_2, \cdots, \lambda_n$ 且各不相同) 时, 由上面的讨论可得以下定理.

定理 5.10 若矩阵 $\boldsymbol{A}$ 有 n 个互不相同的特征根 $\lambda_1, \lambda_2, \cdots, \lambda_n$, 那么这些特征根对应着 n 个线性无关的特征向量 $\boldsymbol{v}_1, \boldsymbol{v}_2, \cdots, \boldsymbol{v}_n$, 则常系数齐次线性微分方程组 (5-31) 的基解矩阵可表示为

$$\boldsymbol{\Phi}(t) = [\mathrm{e}^{\lambda_1 t}\boldsymbol{v}_1, \mathrm{e}^{\lambda_2 t}\boldsymbol{v}_2, \cdots, \mathrm{e}^{\lambda_n t}\boldsymbol{v}_n], \quad -\infty < t < +\infty.$$

证明: 由前面的讨论我们已经知道, $e^{\lambda_i t}\boldsymbol{v_i}(i=1,2,\cdots,n)$ 为常系数齐次线性微分方程组 (5-31) 的解, 且

$$\mathrm{Det}(\boldsymbol{\Phi}(0))=\mathrm{Det}([\boldsymbol{v_1},\boldsymbol{v_2},\cdots,\boldsymbol{v_n}])\neq 0,$$

由定理 5.6可知, $\boldsymbol{\Phi}(t)$ 是常系数齐次线性微分方程组 (5-31) 的一个基解矩阵. ■

例 5.8 试求方程组

$$\boldsymbol{x}'(t)=\boldsymbol{A}\boldsymbol{x}(t),\text{其中}\boldsymbol{A}=\begin{bmatrix}1 & 2\\ -2 & 1\end{bmatrix}$$

的一个基解矩阵 $\boldsymbol{\Phi}(t)$, 并求解 $\exp\boldsymbol{A}t$.

解: 特征方程为

$$|\lambda\boldsymbol{E}-\boldsymbol{A}|=\begin{vmatrix}\lambda-1 & -2\\ 2 & \lambda-1\end{vmatrix}=(\lambda-1)^2+4=0,$$

解得特征根 $\lambda_1=1+2i,\lambda_2=1-2i$.

当 $\lambda_1=1+2i$ 时, 由方程组

$$(\lambda_1\boldsymbol{E}-\boldsymbol{A})\boldsymbol{v_1}=\boldsymbol{0}$$

解得特征向量

$$\boldsymbol{v_1}=c_1\begin{bmatrix}1\\ i\end{bmatrix},\quad c_1\text{为任意常数}.$$

当 $\lambda_1=1-2i$ 时, 由方程组

$$(\lambda_2\boldsymbol{E}-\boldsymbol{A})\boldsymbol{v_2}=\boldsymbol{0}$$

解得特征向量

$$\boldsymbol{v_2}=c_2\begin{bmatrix}i\\ 1\end{bmatrix},\quad c_2\text{为任意常数}.$$

由定理 5.10可得, 矩阵

$$\boldsymbol{\Phi}(t)=\begin{bmatrix}e^{(1+2i)t} & ie^{(1-2i)t}\\ ie^{(1+2i)t} & e^{(1-2i)t}\end{bmatrix}$$

为原方程组的一个基本解组.

又因为

$$\boldsymbol{\Phi}(0)=\begin{bmatrix}1 & i\\ i & 1\end{bmatrix},$$

$$\boldsymbol{\Phi}^{-1}(0)=\frac{1}{2}\begin{bmatrix}1 & -i\\ -i & 1\end{bmatrix},$$

所以

$$\exp\boldsymbol{A}t=\boldsymbol{\Phi}(t)\boldsymbol{\Phi}^{-1}(0)=\mathrm{e}^{t}\begin{bmatrix}\cos 2t & \sin 2t\\ -\sin 2t & \cos 2t\end{bmatrix}.$$

注: 在定理 5.10 中, $\boldsymbol{\Phi}(t)$ 不一定就是 $\exp\boldsymbol{A}t$. 由定理 5.7 可知, 两者之间相差一个非奇异常数矩阵 $\boldsymbol{C}$, 使得

$$\exp\boldsymbol{A}t=\boldsymbol{\Phi}(t)\boldsymbol{C},$$

当 $t=0$ 时, 可得

$$\boldsymbol{C}=\boldsymbol{\Phi}^{-1}(0),$$

因此有

$$\exp\boldsymbol{A}t=\boldsymbol{\Phi}(t)\boldsymbol{\Phi}^{-1}(0). \tag{5-38}$$

由式 (5-38) 可知, 若 $\boldsymbol{\Phi}(t)$ 求解出来, $\exp\boldsymbol{A}t$ 也就可以表示出来了. 而 $\exp\boldsymbol{A}t$ 表示了常系数齐次线性微分方程组的基解矩阵的计算问题.

(2) 当特征根 $\lambda_1,\lambda_2,\cdots,\lambda_k$ 的重数分别为 $n_1,n_2,\cdots,n_k$ 且 $n_1+n_2+\cdots+n_k=n$(若 $k=n$, 则属于单根情况 (1)) 时, 对应于每一个 n_j 重特征根 λ_j, 线性代数方程组

$$(\boldsymbol{A}-\lambda_j\boldsymbol{E})^{n_j}\boldsymbol{v}=\boldsymbol{0} \tag{5-39}$$

的解的全体构成 n 维欧几里得空间 U 的一个 n_j 维子空间 $U_j(j=1,2,\cdots,k)$, 这时 n 维欧几里得空间可表示为 $U_1,U_2,\cdots,U_k$ 的直接和. 那么, 对于任一向量 $\boldsymbol{u}\in U$, 存在唯一的向量组 $\boldsymbol{u}_j\in U_j(j=1,2,\cdots,k)$, 使得

$$\boldsymbol{u}=\boldsymbol{u}_1+\boldsymbol{u}_2+\cdots+\boldsymbol{u}_k.$$

- 当 $k=1$ 时, 矩阵 $\boldsymbol{A}$ 只有一个特征根, 不必对 n 维欧几里得空间进行分解;
- 当 $k=n$ 时, $\boldsymbol{u}_j=c_j\boldsymbol{v}_j(j=1,2,\cdots,n)$, 而 $\boldsymbol{v}_j$ 便是特征根 λ_j 所对应的特征向量, c_j 为某些常数.

不失一般性, 我们讨论 $1\leqslant k\leqslant n$ 的情况. 设给定初值条件 $\boldsymbol{\varphi}(0)=\boldsymbol{\eta}$, 则

$$\boldsymbol{\eta}=\boldsymbol{v}_1+\boldsymbol{v}_2+\cdots+\boldsymbol{v}_k, \tag{5-40}$$

其中 $\boldsymbol{v}_j \in U_j(j=1,2,\cdots,k)$, 由于子空间 U_j 是由方程组 (5-39) 产生的, 那么 $\boldsymbol{v}_j$ 一定是方程组 (5-39) 的解, 即有

$$(\boldsymbol{A}-\lambda_j\boldsymbol{E})^l\boldsymbol{v}_j=\boldsymbol{0},\quad l\geqslant n_j,\ j=1,2,\cdots,k. \tag{5-41}$$

于是可得

$$\mathrm{e}^{\lambda_j t}\exp(-\lambda_j\boldsymbol{E}t)=\mathrm{e}^{\lambda_j t}\begin{bmatrix}\mathrm{e}^{-\lambda_j t} & & & \\ & \mathrm{e}^{-\lambda_j t} & & \\ & & \ddots & \\ & & & \mathrm{e}^{-\lambda_j t}\end{bmatrix}=\boldsymbol{E}, \tag{5-42}$$

结合式 (5-41) 和式 (5-42) 得到

$$\begin{aligned}(\exp\boldsymbol{A}t)\boldsymbol{v}_j&=(\exp\boldsymbol{A}t)\mathrm{e}^{\lambda_j t}[\exp(-\lambda_j\boldsymbol{E}t)]\boldsymbol{v}_j\\&=\mathrm{e}^{\lambda_j t}[\exp(A-\lambda_j\boldsymbol{E})t]\boldsymbol{v}_j\\&=\mathrm{e}^{\lambda_j t}[\boldsymbol{E}+t(A-\lambda_j\boldsymbol{E})+\frac{t^2}{2!}(A-\lambda_j\boldsymbol{E})^2+\cdots+\frac{t^{n_j-1}}{(n_j-1)!}(A-\lambda_j\boldsymbol{E})^{n_j-1}]\boldsymbol{v}_j.\end{aligned}$$

由式 (5-40), 对上式求和可得

$$\begin{aligned}\boldsymbol{\varphi}(t)&=(\exp\boldsymbol{A}t)\boldsymbol{\eta}=(\exp\boldsymbol{A}t)\sum_{j=1}^{k}\boldsymbol{v}_j=\sum_{j=1}^{k}(\exp\boldsymbol{A}t)\boldsymbol{v}_j\\&=\sum_{j=1}^{k}\mathrm{e}^{\lambda_j t}[\boldsymbol{E}+t(A-\lambda_j\boldsymbol{E})+\frac{t^2}{2!}(A-\lambda_j\boldsymbol{E})^2+\cdots+\frac{t^{n_j-1}}{(n_j-1)!}(A-\lambda_j\boldsymbol{E})^{n_j-1}]\boldsymbol{v}_j.\end{aligned}$$

因此, 常系数齐次线性微分方程组 (5-31) 满足 $\boldsymbol{\varphi}(0)=\boldsymbol{\eta}$ 的解为

$$\boldsymbol{\varphi}(t)=\sum_{j=1}^{k}\mathrm{e}^{\lambda_j t}\left(\sum_{i=0}^{n_j-1}\frac{t^i}{i!}(\boldsymbol{A}-\lambda_j\boldsymbol{E})^i\right)\boldsymbol{v}_j. \tag{5-43}$$

特别地, 当 $\boldsymbol{A}$ 只有一个特征根时, 不必拆解初始向量 $\boldsymbol{\eta}$, 则对任何向量 $\boldsymbol{u}$ 都有

$$(\boldsymbol{A}-\lambda\boldsymbol{E})^n\boldsymbol{u}=\boldsymbol{0},$$

即 $(\boldsymbol{A}-\lambda\boldsymbol{E})^n$ 为零矩阵. 于是得到

$$\exp\boldsymbol{A}t=\mathrm{e}^{\lambda t}\exp(\boldsymbol{A}-\lambda\boldsymbol{E})t=\mathrm{e}^{\lambda t}\sum_{i=0}^{n-1}(\boldsymbol{A}-\lambda\boldsymbol{E})^i\frac{t^i}{i!}. \tag{5-44}$$

实际上, 我们也可以从公式 (5-43) 中直接求出 $\exp\boldsymbol{A}t$, 因为

$$\exp\boldsymbol{A}t=(\exp\boldsymbol{A}t)\boldsymbol{E}=[(\exp\boldsymbol{A}t)\boldsymbol{e}_1,(\exp\boldsymbol{A}t)\boldsymbol{e}_2,\cdots,(\exp\boldsymbol{A}t)\boldsymbol{e}_n],$$

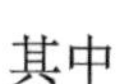

其中

$$e_1=\begin{bmatrix}1\\0\\\vdots\\0\\0\end{bmatrix},e_2=\begin{bmatrix}0\\1\\\vdots\\0\\0\end{bmatrix},\cdots,e_n=\begin{bmatrix}0\\0\\\vdots\\0\\1\end{bmatrix}$$

是单位向量. 由 $\boldsymbol{\varphi}(\boldsymbol{t})=(\exp\boldsymbol{A}t)\boldsymbol{\eta}$ 可知, 计算基解矩阵 $\exp\boldsymbol{A}t$ 实际上只需要将初始向量 $\boldsymbol{\eta}$ 分别取为

$$\boldsymbol{\eta}=\boldsymbol{e}_1,\boldsymbol{\eta}=\boldsymbol{e}_2,\cdots,\boldsymbol{\eta}=\boldsymbol{e}_n,$$

求得的 n 个解作为列, 便可构造出矩阵 $\exp\boldsymbol{A}t$.

例 5.9 试求方程组

$$\boldsymbol{x}'(t)=\boldsymbol{A}\boldsymbol{x}(t),\quad 其中\boldsymbol{A}=\begin{bmatrix}2&1\\1&2\end{bmatrix}$$

的一个基解矩阵 $\boldsymbol{\Phi}(t)$, 并求解 $\exp\boldsymbol{A}t$.

解: 特征方程为

$$|\lambda\boldsymbol{E}-\boldsymbol{A}|=\begin{vmatrix}\lambda-2&-1\\-1&\lambda-2\end{vmatrix}=(\lambda-1)(\lambda-3)=0,$$

解得特征根 $\lambda_1=1,\lambda_2=3$.

当 $\lambda_1=1$ 时, 由方程组

$$(\lambda_1\boldsymbol{E}-\boldsymbol{A})\boldsymbol{v}_1=\boldsymbol{0}$$

可得特征向量

$$\boldsymbol{v}_1=c_1\begin{bmatrix}1\\-1\end{bmatrix},\quad c_1为不为零的任意常数.$$

当 $\lambda_2=3$ 时, 由方程组

$$(\lambda_2\boldsymbol{E}-\boldsymbol{A})\boldsymbol{v}_2=\boldsymbol{0}$$

可得特征向量

$$\boldsymbol{v}_2=c_2\begin{bmatrix}1\\1\end{bmatrix},\quad c_2为任意常数.$$

由定理 5.10可得, 原方程的一个基本解组为

$$\boldsymbol{\Phi}(t)=\begin{bmatrix} e^{t} & e^{3t} \\ -e^{t} & e^{3t} \end{bmatrix}.$$

又因为

$$\boldsymbol{\Phi}(0)=\begin{bmatrix} 1 & 1 \\ -1 & 1 \end{bmatrix},$$

$$\boldsymbol{\Phi}^{-1}(0)=\frac{1}{2}\begin{bmatrix} 1 & -1 \\ 1 & 1 \end{bmatrix},$$

所以

$$\exp \boldsymbol{A}t=\boldsymbol{\Phi}(t)\boldsymbol{\Phi}^{-1}(0)=\frac{1}{2}\begin{bmatrix} e^{t}+e^{3t} & e^{3t}-e^{t} \\ e^{3t}-e^{t} & e^{t}+e^{3t} \end{bmatrix}.$$

例 5.10 求解初值问题 $\boldsymbol{x}'(t)=\boldsymbol{A}\boldsymbol{x}(t), \boldsymbol{\varphi}(0)=\boldsymbol{\eta}$, 其中 $\boldsymbol{A}=\begin{bmatrix} 2 & 1 \\ -1 & 4 \end{bmatrix}$, 并求 $\exp \boldsymbol{A}t$.

解: 由特征方程

$$|\lambda\boldsymbol{E}-\boldsymbol{A}|=\begin{vmatrix} \lambda-2 & -1 \\ 1 & \lambda-4 \end{vmatrix}=\lambda^2-6\lambda+9=0$$

解得 $\lambda=3$ 为 $\boldsymbol{A}$ 的二重特征根, 则对应的特征向量满足

$$(3\boldsymbol{E}-\boldsymbol{A})\boldsymbol{v}=\begin{bmatrix} 1 & -1 \\ 1 & -1 \end{bmatrix}\boldsymbol{v}=\boldsymbol{0},$$

得到特征向量

$$\boldsymbol{v}=c_1\begin{bmatrix} 1 \\ 1 \end{bmatrix}, \quad c_1\text{为任意常数且}c_1\neq 0.$$

因为矩阵 $\boldsymbol{A}$ 只有一个特征根, 即只有一个子空间 U_1, 记 $\boldsymbol{\eta}=\begin{bmatrix} \eta_1 \\ \eta_2 \end{bmatrix}$, 则有

$$\begin{aligned} \boldsymbol{\varphi}(t) &= e^{3t}[\boldsymbol{E}+t(\boldsymbol{A}-3\boldsymbol{E})]\boldsymbol{\eta} \\ &= e^{3t}\left(\boldsymbol{E}+t\begin{bmatrix} -1 & 1 \\ -1 & 1 \end{bmatrix}\right)\begin{bmatrix} \eta_1 \\ \eta_2 \end{bmatrix} \\ &= e^{3t}\begin{bmatrix} \eta_1+t(-\eta_1+\eta_2) \\ \eta_2+t(-\eta_1+\eta_2) \end{bmatrix}. \end{aligned}$$

由公式 (5-43) 可得

$$
\begin{aligned}
\exp \boldsymbol{A}t &= \mathrm{e}^{3t}[\boldsymbol{E}+t(\boldsymbol{A}-3\boldsymbol{E})] \\
&= \mathrm{e}^{3t}\left(\begin{bmatrix} 1 & 0 \\ 0 & 1 \end{bmatrix} + t\begin{bmatrix} -1 & 1 \\ -1 & 1 \end{bmatrix}\right) \\
&= \mathrm{e}^{3t}\begin{bmatrix} 1-t & t \\ -t & 1+t \end{bmatrix}.
\end{aligned}
$$

例 5.11 若

$$
\boldsymbol{A} = \begin{bmatrix} -3 & 1 & & & \\ & -3 & 1 & & \\ & & -3 & & \\ & & & -3 & \\ & & & & -3 \end{bmatrix},
$$

试求出 $\exp \boldsymbol{A}t$.

解: 由特征方程 $|\lambda \boldsymbol{E}-\boldsymbol{A}|=0$ 可解得 $\lambda=-3$ 为矩阵 $\boldsymbol{A}$ 的五重特征根, 且

$$
(\boldsymbol{A}+3\boldsymbol{E})^3=\boldsymbol{0}.
$$

因此, 由公式 (5-43) 可得

$$
\begin{aligned}
\exp \boldsymbol{A}t &= \mathrm{e}^{-3t}\left(\boldsymbol{E}+t(\boldsymbol{A}+3\boldsymbol{E})+\frac{t^2}{2!}(\boldsymbol{A}+3\boldsymbol{E})^2\right) \\
&= \mathrm{e}^{-3t}\left(\begin{bmatrix} 1 & & & & \\ & 1 & & & \\ & & 1 & & \\ & & & 1 & \\ & & & & 1 \end{bmatrix} + t\begin{bmatrix} 0 & 1 & 0 & 0 & 0 \\ 0 & 0 & 1 & 0 & 0 \\ 0 & 0 & 0 & 0 & 0 \\ 0 & 0 & 0 & 0 & 0 \\ 0 & 0 & 0 & 0 & 0 \end{bmatrix} + \frac{t^2}{2!}\begin{bmatrix} 0 & 0 & 1 & 0 & 0 \\ 0 & 0 & 0 & 0 & 0 \\ 0 & 0 & 0 & 0 & 0 \\ 0 & 0 & 0 & 0 & 0 \\ 0 & 0 & 0 & 0 & 0 \end{bmatrix}\right) \\
&= \mathrm{e}^{-3t}\begin{bmatrix} 1 & t & \frac{t^2}{2!} & 0 & 0 \\ 0 & 1 & t & 0 & 0 \\ 0 & 0 & 1 & 0 & 0 \\ 0 & 0 & 0 & 1 & 0 \\ 0 & 0 & 0 & 0 & 1 \end{bmatrix}.
\end{aligned}
$$

例 5.12 试求方程组

$$\boldsymbol{x}'(t)=\boldsymbol{A}\boldsymbol{x}(t),\quad 其中\boldsymbol{A}=\begin{bmatrix}0&1&-1\\1&-1&-1\\0&1&-1\end{bmatrix}$$

满足初值条件 $\boldsymbol{\varphi}(0)=\boldsymbol{\eta}$ 的解 $\boldsymbol{\varphi}(t)$, 及基解矩阵 $\exp\boldsymbol{A}t$.

解: 由特征方程

$$|\lambda\boldsymbol{E}-\boldsymbol{A}|=\begin{vmatrix}\lambda&-1&1\\-1&\lambda+1&1\\0&-1&\lambda+1\end{vmatrix}=\lambda(\lambda+1)^2=0$$

解得单根 $\lambda_1=0$ 和二重根 $\lambda_2=-1$.

当 $\lambda_1=0$ 时, 记特征向量为 $\boldsymbol{u}=[u_1,u_2,u_3]^{\mathrm{T}}$, 则有

$$(\lambda_1\boldsymbol{E}-\boldsymbol{A})\boldsymbol{u}=\begin{bmatrix}0&-1&1\\-1&1&1\\0&-1&1\end{bmatrix}\begin{bmatrix}u_1\\u_2\\u_3\end{bmatrix}=\begin{bmatrix}-u_2+u_3\\-u_1+u_2+u_3\\-u_2+u_3\end{bmatrix}=\boldsymbol{0},$$

得到

$$\boldsymbol{u}=\alpha\begin{bmatrix}2\\1\\1\end{bmatrix},\quad \alpha为不为零的任意常数.$$

当 $\lambda_2=-1$ 时, 记特征向量为 $\boldsymbol{v}=[v_1,v_2,v_3]^{\mathrm{T}}$, 则有

$$\begin{aligned}(\lambda_2\boldsymbol{E}-\boldsymbol{A})^2\boldsymbol{v}&=\begin{bmatrix}-1&-1&1\\-1&0&1\\0&-1&0\end{bmatrix}^2\begin{bmatrix}v_1\\v_2\\v_3\end{bmatrix}\\&=\begin{bmatrix}2&0&-2\\1&0&-1\\1&0&-1\end{bmatrix}\begin{bmatrix}v_1\\v_2\\v_3\end{bmatrix}\\&=\begin{bmatrix}2v_1-2v_3\\v_1-v_3\\v_1-v_3\end{bmatrix}=\boldsymbol{0},\end{aligned}$$

得到

$$\boldsymbol{v}=\begin{bmatrix}\beta\\ \gamma\\ \beta\end{bmatrix},\quad \beta,\gamma\text{为不全为零的任意常数}.$$

因此, 子空间 U_1 由向量 $\boldsymbol{u}$ 张成, 子空间 U_2 由向量 $\boldsymbol{v}$ 张成. 对初始向量 $\boldsymbol{\eta}$ 进行拆解, 令 $\boldsymbol{z}_1\in U_1,\boldsymbol{z}_2\in U_2,\boldsymbol{\eta}=[\eta_1,\eta_2,\eta_3]^{\mathrm{T}}$, 那么有

$$\boldsymbol{z}_1+\boldsymbol{z}_2=\alpha\begin{bmatrix}2\\ 1\\ 1\end{bmatrix}+\begin{bmatrix}\beta\\ \gamma\\ \beta\end{bmatrix}=\begin{bmatrix}2\alpha+\beta\\ \alpha+\gamma\\ \alpha+\beta\end{bmatrix}=\begin{bmatrix}\eta_1\\ \eta_2\\ \eta_3\end{bmatrix}.$$

解得

$$\alpha=\eta_1-\eta_3,\ \beta=2\eta_3-\eta_1,\ \gamma=\eta_2-\eta_1+\eta_3.$$

于是有

$$\boldsymbol{z}_1=\begin{bmatrix}2(\eta_1-\eta_3)\\ \eta_1-\eta_3\\ \eta_1-\eta_3\end{bmatrix},\quad \boldsymbol{z}_2=\begin{bmatrix}2\eta_3-\eta_1\\ \eta_2-\eta_1+\eta_3\\ 2\eta_3-\eta_1\end{bmatrix}.$$

由公式 (5-43) 可得, 满足初值条件 $\varphi(0)=\boldsymbol{\eta}$ 的解为

$$\begin{aligned}
\boldsymbol{\varphi}(t)&=\mathrm{e}^{\lambda_1 t}\boldsymbol{E}\boldsymbol{z}_1+\mathrm{e}^{\lambda_2 t}(\boldsymbol{E}+t(\boldsymbol{A}+\boldsymbol{E}))\boldsymbol{z}_2\\
&=\boldsymbol{z}_1+\mathrm{e}^{-t}(\boldsymbol{E}+t(\boldsymbol{A}+\boldsymbol{E}))\boldsymbol{z}_2\\
&=\begin{bmatrix}2(\eta_1-\eta_3)\\ \eta_1-\eta_3\\ \eta_1-\eta_3\end{bmatrix}+\mathrm{e}^{-t}\left(\boldsymbol{E}+t\begin{bmatrix}1&1&-1\\ 1&0&-1\\ 0&1&0\end{bmatrix}\right)\begin{bmatrix}2\eta_3-\eta_1\\ \eta_2-\eta_1+\eta_3\\ 2\eta_3-\eta_1\end{bmatrix}\\
&=\begin{bmatrix}2(\eta_1-\eta_3)\\ \eta_1-\eta_3\\ \eta_1-\eta_3\end{bmatrix}+\mathrm{e}^{-t}\begin{bmatrix}1+t&t&-t\\ t&1&-t\\ 0&t&1\end{bmatrix}\begin{bmatrix}2\eta_3-\eta_1\\ \eta_2-\eta_1+\eta_3\\ 2\eta_3-\eta_1\end{bmatrix}\\
&=\begin{bmatrix}2(\eta_1-\eta_3)\\ \eta_1-\eta_3\\ \eta_1-\eta_3\end{bmatrix}+\mathrm{e}^{-t}\begin{bmatrix}2\eta_3-\eta_1+t(-\eta_1+\eta_2+\eta_3)\\ \eta_2-\eta_1+\eta_3\\ 2\eta_3-\eta_1+t(\eta_2-\eta_1+\eta_3)\end{bmatrix}.
\end{aligned}$$

分别取 $\boldsymbol{\eta}=[1,0,0]^{\mathrm{T}},[0,1,0]^{\mathrm{T}},[0,0,1]^{\mathrm{T}}$, 可得 3 个线性无关解

$$\boldsymbol{\varphi}_1(t)=\begin{bmatrix}2\\1\\1\end{bmatrix}+\mathrm{e}^{-t}\begin{bmatrix}-1-t\\-1\\-1-t\end{bmatrix}=\begin{bmatrix}2-\mathrm{e}^{-t}(1+t)\\1-\mathrm{e}^{-t}\\1-\mathrm{e}^{-t}(1+t)\end{bmatrix},$$

$$\boldsymbol{\varphi}_2(t)=\begin{bmatrix}0\\0\\0\end{bmatrix}+\mathrm{e}^{-t}\begin{bmatrix}t\\1\\t\end{bmatrix}=\begin{bmatrix}t\mathrm{e}^{-t}\\\mathrm{e}^{-t}\\t\mathrm{e}^{-t}\end{bmatrix},$$

$$\boldsymbol{\varphi}_3(t)=\begin{bmatrix}-2\\-1\\-1\end{bmatrix}+\mathrm{e}^{-t}\begin{bmatrix}2+t\\1\\2+t\end{bmatrix}=\begin{bmatrix}-2+(2+t)\mathrm{e}^{-t}\\-1+\mathrm{e}^{-t}\\-1+(2+t)\mathrm{e}^{-t}\end{bmatrix},$$

因此

$$\exp\boldsymbol{A}t=\begin{bmatrix}2-(1+t)\mathrm{e}^{-t} & t\mathrm{e}^{-t} & -2+(2+t)\mathrm{e}^{-t}\\1-\mathrm{e}^{-t} & \mathrm{e}^{-t} & -1+\mathrm{e}^{-t}\\1-(1+t)\mathrm{e}^{-t} & t\mathrm{e}^{-t} & -1+(2+t)\mathrm{e}^{-t}\end{bmatrix}.$$

例 5.13 求方程组

$$\begin{cases}x_1'=2x_1+2x_2-2x_3,\\x_2'=2x_1+5x_2-4x_3,\\x_3'=-2x_1-4x_2+5x_3,\end{cases}$$

满足初值条件 $\boldsymbol{\varphi}(0)=\boldsymbol{\eta}$ 的解 $\boldsymbol{\varphi}(t)$, 并求 $\exp\boldsymbol{A}t$.

解: 令系数矩阵

$$\boldsymbol{A}=\begin{bmatrix}2 & 2 & -2\\2 & 5 & -4\\-2 & -4 & 5\end{bmatrix},$$

由特征方程

$$|\lambda\boldsymbol{E}-\boldsymbol{A}|=\begin{vmatrix}\lambda-2 & -2 & 2\\-2 & \lambda-5 & 4\\2 & 4 & \lambda-5\end{vmatrix}=0$$

解得特征根 $\lambda_1=10$ 为单根, $\lambda_2=1$ 为二重根.

当 $\lambda_1 = 10$ 时, 记特征向量为 $\boldsymbol{u} = [u_1, u_2, u_3]^{\mathrm{T}}$, 则有

$$(\boldsymbol{A} - 10\boldsymbol{E})\boldsymbol{u} = \begin{bmatrix} -8 & 2 & -2 \\ 2 & -5 & -4 \\ -2 & -4 & -5 \end{bmatrix} \boldsymbol{u} = \begin{bmatrix} -8u_1 + 2u_2 - 2u_3 \\ 2u_1 - 5u_2 - 4u_3 \\ -2u_1 - 4u_2 - 5u_3 \end{bmatrix} = \boldsymbol{0},$$

得到对应的特征向量

$$\boldsymbol{u} = c_1 \begin{bmatrix} 1 \\ 2 \\ -2 \end{bmatrix}, \quad c_1\text{为任意常数}.$$

当 $\lambda_2 = 1$ 时, 记特征向量为 $\boldsymbol{v} = [v_1, v_2, v_3]^{\mathrm{T}}$, 则有

$$(\boldsymbol{A} - \boldsymbol{E})\boldsymbol{v} = \begin{bmatrix} 1 & 2 & -2 \\ 2 & 4 & -4 \\ -2 & -4 & 4 \end{bmatrix} \boldsymbol{v} = \begin{bmatrix} v_1 + 2v_2 - 2v_3 \\ 2v_1 + 4v_3 - 4v_3 \\ -2v_1 - 4v_2 + 4v_3 \end{bmatrix} = \boldsymbol{0},$$

得到对应的特征向量

$$\boldsymbol{v} = \begin{bmatrix} -2c_2 + 2c_3 \\ c_2 \\ c_3 \end{bmatrix}, \quad c_2, c_3\text{为任意常数}.$$

因此, 子空间 U_1 是由向量 $\boldsymbol{u}$ 所张成的, 子空间 U_2 是由向量 $\boldsymbol{v}$ 所张成的. 令 $\boldsymbol{z}_1 \in U_1, \boldsymbol{z}_2 \in U_2, \boldsymbol{\eta} = [\eta_1, \eta_2, \eta_3]^{\mathrm{T}}$, 那么有

$$\boldsymbol{z}_1 + \boldsymbol{z}_2 = c_1 \begin{bmatrix} 1 \\ 2 \\ -2 \end{bmatrix} + \begin{bmatrix} -2c_2 + 2c_3 \\ c_2 \\ c_3 \end{bmatrix} = \begin{bmatrix} c_1 - 2c_2 + 2c_3 \\ 2c_1 + c_2 \\ -2c_1 + c_3 \end{bmatrix} = \begin{bmatrix} \eta_1 \\ \eta_2 \\ \eta_3 \end{bmatrix}.$$

于是得到

$$\begin{aligned} c_1 &= \frac{1}{9}(\eta_1 + 2\eta_2 - 2\eta_3), \\ c_2 &= \frac{1}{9}(-2\eta_1 + 5\eta_2 + 4\eta_3), \\ c_3 &= \frac{1}{9}(2\eta_1 + 4\eta_2 + 5\eta_3). \end{aligned} \tag{5-45}$$

这时

$$\boldsymbol{z}_1 = \frac{1}{9} \begin{bmatrix} \eta_1 + 2\eta_2 - 2\eta_3 \\ 2(\eta_1 + 2\eta_2 - 2\eta_3) \\ -2(\eta_1 + 2\eta_2 - 2\eta_3) \end{bmatrix}, \quad \boldsymbol{z}_2 = \frac{1}{9} \begin{bmatrix} 8\eta_1 - 2\eta_2 + 2\eta_3 \\ -2\eta_1 + 5\eta_2 + 4\eta_3 \\ 2\eta_1 + 4\eta_2 + 5\eta_3 \end{bmatrix}.$$

由此可得满足初值条件 $\boldsymbol{\varphi}(0)=\boldsymbol{\eta}$ 的解为

$$\begin{aligned}\boldsymbol{\varphi}(t)&=\mathrm{e}^{10t}\boldsymbol{E}\boldsymbol{z}_1+\mathrm{e}^{t}(\boldsymbol{E}+t(\boldsymbol{A}-\boldsymbol{E}))\boldsymbol{z}_2\\&=\frac{1}{9}\mathrm{e}^{10t}\begin{bmatrix}\eta_1+2\eta_2-2\eta_3\\2(\eta_1+2\eta_2-2\eta_3)\\-2(\eta_1+2\eta_2-2\eta_3)\end{bmatrix}\\&\quad+\frac{1}{9}\mathrm{e}^{t}\left(\boldsymbol{E}+t\begin{bmatrix}1&2&-2\\2&4&-4\\-2&-4&4\end{bmatrix}\right)\begin{bmatrix}8\eta_1-2\eta_2+2\eta_3\\-2\eta_1+5\eta_2+4\eta_3\\2\eta_1+4\eta_2+5\eta_3\end{bmatrix}\\&=\frac{1}{9}\mathrm{e}^{10t}\begin{bmatrix}\eta_1+2\eta_2-2\eta_3\\2(\eta_1+2\eta_2-2\eta_3)\\-2(\eta_1+2\eta_2-2\eta_3)\end{bmatrix}+\frac{1}{9}\mathrm{e}^{t}\begin{bmatrix}8\eta_1-2\eta_2+2\eta_3\\-2\eta_1+5\eta_2+4\eta_3\\2\eta_1+4\eta_2+5\eta_3\end{bmatrix}.\end{aligned}$$

分别取 $\boldsymbol{\eta}=[1,0,0]^{\mathrm{T}},[0,1,0]^{\mathrm{T}},[0,0,1]^{\mathrm{T}}$, 代入上式得到 3 个线性无关解

$$\boldsymbol{\varphi}_1(t)=\frac{1}{9}\begin{bmatrix}\mathrm{e}^{10t}+8\mathrm{e}^{t}\\2\mathrm{e}^{10t}-2\mathrm{e}^{t}\\-2\mathrm{e}^{10t}+2\mathrm{e}^{t}\end{bmatrix},$$

$$\boldsymbol{\varphi}_2(t)=\frac{1}{9}\begin{bmatrix}2\mathrm{e}^{10t}-2\mathrm{e}^{t}\\4\mathrm{e}^{10t}+5\mathrm{e}^{t}\\-4\mathrm{e}^{10t}+4\mathrm{e}^{t}\end{bmatrix},$$

$$\boldsymbol{\varphi}_3(t)=\frac{1}{9}\begin{bmatrix}-2\mathrm{e}^{10t}+2\mathrm{e}^{t}\\-4\mathrm{e}^{10t}+4\mathrm{e}^{t}\\4\mathrm{e}^{10t}+5\mathrm{e}^{t}\end{bmatrix}.$$

于是得到

$$\exp\boldsymbol{A}t=\frac{1}{9}\begin{bmatrix}\mathrm{e}^{10t}+8\mathrm{e}^{t}&2\mathrm{e}^{10t}-2\mathrm{e}^{t}&-2\mathrm{e}^{10t}+2\mathrm{e}^{t}\\2\mathrm{e}^{10t}-2\mathrm{e}^{t}&4\mathrm{e}^{10t}+5\mathrm{e}^{t}&-4\mathrm{e}^{10t}+4\mathrm{e}^{t}\\-2\mathrm{e}^{10t}+2\mathrm{e}^{t}&-4\mathrm{e}^{10t}+4\mathrm{e}^{t}&4\mathrm{e}^{10t}+5\mathrm{e}^{t}\end{bmatrix}.$$

利用空间分解的结论给出的公式 (5-43) 通过有限次代数运算便可求出常系数线性微分方程组的任一解 $\boldsymbol{\varphi}(t)$, 再对初值条件 $\boldsymbol{\varphi}(0)=\boldsymbol{\eta}$ 中的 $\boldsymbol{\eta}$ 取 n 组不同的值, 便可得到基解矩阵 $\exp\boldsymbol{A}t$.

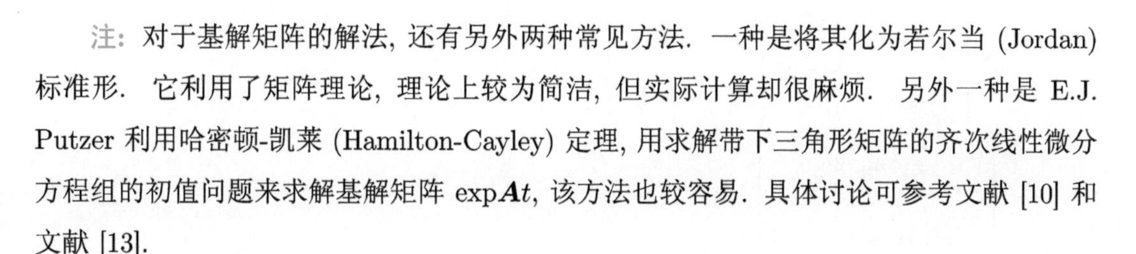

注: 对于基解矩阵的解法, 还有另外两种常见方法. 一种是将其化为若尔当 (Jordan) 标准形. 它利用了矩阵理论, 理论上较为简洁, 但实际计算却很麻烦. 另外一种是 E.J. Putzer 利用哈密顿-凯莱 (Hamilton-Cayley) 定理, 用求解带下三角形矩阵的齐次线性微分方程组的初值问题来求解基解矩阵 $\exp\boldsymbol{A}t$, 该方法也较容易. 具体讨论可参考文献 [10] 和文献 [13].

对于非齐次线性微分方程组

$$\boldsymbol{x}' = \boldsymbol{A}\boldsymbol{x} + \boldsymbol{f}(t) \tag{5-46}$$

由 5.1 节中的式 (5-26) 可以给出解 $\boldsymbol{\varphi}(t)$ 的计算公式. 因为 $\boldsymbol{\Phi}(t) = \exp\boldsymbol{A}t$, 所以

$$\begin{aligned}\boldsymbol{\Phi}^{-1}(s) &= \exp(-\boldsymbol{A}s),\\ \boldsymbol{\Phi}^{-1}(t_0) &= \exp(-\boldsymbol{A}t_0).\end{aligned}$$

当 $\boldsymbol{\varphi}(t_0) = \boldsymbol{\eta}$ 时, 将上面两式代入式 (5-26), 可得

$$\boldsymbol{\varphi}(t) = \exp[\boldsymbol{A}(t-t_0)]\boldsymbol{\eta} + \int_{t_0}^{t} \exp[\boldsymbol{A}(t-s)]\boldsymbol{f}(s)\mathrm{d}s. \tag{5-47}$$

式 (5-47) 虽然给出了求解常系数非齐次线性微分方程组的方法, 但其中的积分式除了某些特殊情形是不容易计算的.

例 5.14　求方程组

$$\boldsymbol{x}' = \boldsymbol{A}\boldsymbol{x} + \boldsymbol{f}(t), \quad \boldsymbol{A} = \begin{bmatrix} 1 & 2 \\ -2 & 1 \end{bmatrix}, \quad \boldsymbol{f}(t) = \begin{bmatrix} \mathrm{e}^t \\ 0 \end{bmatrix},$$

满足初值条件

$$\boldsymbol{\varphi}(0) = \begin{bmatrix} 0 \\ 1 \end{bmatrix}$$

的解 $\boldsymbol{\varphi}(t)$.

解: 由例 5.8 可得

$$\exp\boldsymbol{A}t = \mathrm{e}^t \begin{bmatrix} \cos 2t & \sin 2t \\ -\sin 2t & \cos 2t \end{bmatrix},$$

代入式 (5-47) 得

$$\begin{aligned}\boldsymbol{\varphi}(t) &= \mathrm{e}^t \begin{bmatrix} \cos 2t & \sin 2t \\ -\sin 2t & \cos 2t \end{bmatrix} \begin{bmatrix} 0 \\ 1 \end{bmatrix} + \int_0^t \mathrm{e}^{t-s} \begin{bmatrix} \cos 2(t-s) & \sin 2(t-s) \\ -\sin 2(t-s) & \cos 2(t-s) \end{bmatrix} \begin{bmatrix} \mathrm{e}^s \\ 0 \end{bmatrix} \mathrm{d}s \\ &= \mathrm{e}^t \begin{bmatrix} \sin 2t \\ \cos 2t \end{bmatrix} + \mathrm{e}^t \int_0^t \begin{bmatrix} \cos 2(t-s) \\ -\sin 2(t-s) \end{bmatrix} \mathrm{d}s\end{aligned}$$

$$
=\mathrm{e}^t\begin{bmatrix}\sin 2t\\ \cos 2t\end{bmatrix}-\frac{1}{2}\mathrm{e}^t\begin{bmatrix}-\sin 2t\\ 1-\cos 2t\end{bmatrix}
$$

$$
=\begin{bmatrix}\dfrac{3}{2}\mathrm{e}^t\sin 2t\\ \dfrac{1}{2}\mathrm{e}^t(3\cos 2t-1)\end{bmatrix}.
$$

最后, 我们介绍如何利用拉普拉斯变换法求基解矩阵.

定义向量函数的拉普拉斯变换为

$$
\mathscr{L}[\boldsymbol{f}(t)]=\int_0^{+\infty}\mathrm{e}^{-st}\boldsymbol{f}(t)\mathrm{d}t, \tag{5-48}
$$

其中, $\boldsymbol{f}(t)$ 是 n 维向量函数, 它的每一个分量都存在拉普拉斯变换. 应用拉普拉斯变换可以将求解线性微分方程组的问题化为求解线性代数方程组的问题.

例 5.15 利用拉普拉斯变换 (5-48) 求解例 5.14.

解: 将原方程组写为分量形式

$$
\begin{cases} x_1'=x_1+2x_2+\mathrm{e}^t,\\ x_2'=-2x_1+x_2. \end{cases} \tag{5-49}
$$

初值条件为 $x_1(0)=0, x_2(0)=1$.

令

$$
X_1(s)=\mathscr{L}[x_1(t)],\quad X_2(s)=\mathscr{L}[x_2(t)],
$$

对方程组 (5-49) 进行拉普拉斯变换得到

$$
\begin{cases} sX_1(s)=X_1(s)+2X_2(s)+\dfrac{1}{s-1},\\ sX_2(s)-1=-2X_1(s)+X_2(s). \end{cases}
$$

化简为

$$
\begin{cases} (s-1)X_1(s)-2X_2(s)=\dfrac{1}{s-1},\\ 2X_1(s)+(s-1)X_2(s)=1. \end{cases}
$$

于是解得

$$
\begin{cases} X_1(s)=\dfrac{3}{(s-1)^2+2^2}=\dfrac{3}{2}\dfrac{2}{(s-1)^2+2^2},\\ X_2(s)=\dfrac{s-1-\dfrac{2}{s-1}}{(s-1)^2+2^2}=\dfrac{\dfrac{3}{2}(s-1)}{(s-1)^2+2^2}-\dfrac{\dfrac{1}{2}}{s-1}. \end{cases}
$$

由表 4-1 (拉普拉斯变换表) 便可得到

$$x_1(t) = \frac{3}{2}\mathrm{e}^t \sin 2t,$$
$$x_2(t) = \frac{3}{2}\mathrm{e}^t \cos 2t - \frac{1}{2}\mathrm{e}^t.$$

这与例 5.14结果一致.

例 5.16　利用拉普拉斯变换法求方程组

$$\begin{cases} x_1' = x_1 + 2x_2, \\ x_2' = -x_1 + x_2, \end{cases}$$

满足初值条件 $\varphi_1(0) = 0, \varphi_2(0) = 1$ 的解 $\varphi_1(t), \varphi_2(t)$, 并求出它的基解矩阵.

解: 令

$$X_1(s) = \mathscr{L}[\varphi_1(t)], \quad X_2(s) = \mathscr{L}[\varphi_2(t)].$$

假设

$$x_1 = \varphi_1(t), \quad x_2 = \varphi_2(t)$$

满足原方程组, 对原方程组进行拉普拉斯变换可得

$$\begin{cases} sX_1(s) - \varphi_1(0) = X_1(s) + 2X_2(s), \\ sX_2(s) - \varphi_2(0) = -X_1(s) + X_2(s), \end{cases}$$

化简可得

$$\begin{cases} (s-1)X_1(s) - 2X_2(s) = \varphi_1(0) = 0, \\ X_1(s) + (s-1)X_2(s) = \varphi_2(0) = 1, \end{cases}$$

即

$$\begin{cases} X_1(s) = \dfrac{2}{(s-1)^2+2}, \\ X_2(s) = \dfrac{s-1}{(s-1)^2+2}. \end{cases}$$

由表 4-1 (拉普拉斯变换表) 可得

$$\begin{cases} \varphi_1(t) = \sqrt{2}\mathrm{e}^t \sin \sqrt{2}t, \\ \varphi_2(t) = \mathrm{e}^t \cos \sqrt{2}t. \end{cases}$$

为了构造基解矩阵, 我们需要再求出满足初值条件

$$\psi_1(0) = 1, \quad \psi_2(0) = 0$$

的解 $(\psi_1(t), \psi_2(t))$. 类似上述变换过程可得

$$\begin{cases} (s-1)X_1(s) - 2X_2(s) = \psi_1(0) = 1, \\ X_1(s) + (s-1)X_2(s) = \psi_2(0) = 0, \end{cases}$$

解得

$$\begin{cases} X_1(s) = \dfrac{s-1}{(s-1)^2+2}, \\ X_2(s) = -\dfrac{1}{(s-1)^2+2}. \end{cases}$$

查表 4-1 得到

$$\begin{cases} \psi_1(t) = \mathrm{e}^t \cos \sqrt{2}t, \\ \psi_2(t) = -\dfrac{1}{\sqrt{2}}\mathrm{e}^t \sin \sqrt{2}t. \end{cases}$$

因此, 原方程组的基解矩阵为

$$\boldsymbol{\Phi}(t) = \begin{bmatrix} \varphi_1(t) & \psi_1(t) \\ \varphi_2(t) & \psi_2(t) \end{bmatrix} = \begin{bmatrix} \sqrt{2}\mathrm{e}^t \sin \sqrt{2}t & \mathrm{e}^t \cos \sqrt{2}t \\ \mathrm{e}^t \cos \sqrt{2}t & -\dfrac{1}{\sqrt{2}}\mathrm{e}^t \sin \sqrt{2}t \end{bmatrix}.$$

注: 非线性常微分方程 (组) 往往更能反映运动过程的本质, 但大多数都不能直接求解. 早在 100 多年前, 俄国李雅普诺夫和法国庞加莱曾分别提出了常微分方程 (组) 的稳定性和定性的理论以及方法. 关于非线性常微分方程 (组) 的理论和解析方法的详细论述, 可参考文献 [14] 和文献 [15].

李雅普诺夫 (Aleksandr Mikhailovich Lyapunov, 1857—1918 年), 俄国著名的数学家、力学家. 19 世纪以前, 俄国的数学是相当落后的, 直到切比雪夫创立了彼得堡学派以后, 才摆脱了落后境地, 开始走向世界前列. 李雅普诺夫与师兄马尔科夫是切比雪夫的两个最著名、最有才华的学生, 他们都是彼得堡学派的重要成员. 1876 年, 李雅普诺夫考入圣彼得堡大学数学系, 1880 年在圣彼得堡大学毕业后, 留校教力学, 1885 年在该校获硕士学位. 1892 年, 他的博士论文《论运动稳定性的一般问题》在莫斯科大学通过. 1892 年起, 他任哈尔科夫大学教授. 1901 年初, 他被选为彼得堡科学院通讯院士, 同年底成为院士. 1902 年起, 他在彼得堡科学院工作. 李雅普诺夫在常微分方程定性理论和天体力学方面的工作使他赢得了国际声誉. 在概率论方面, 李雅普诺夫引入了特征函数这一有力工具, 从一个全新的角度去考察中心极限定理, 在相当宽的条件下证明了中心极限定理, 实现了数学方法上的革命.

5.3 应用举例

例 5.17 (糖尿病检测[16]) 糖尿病是新陈代谢疾病，病人体内不能提供足够的胰岛素，从而不能消耗完体内所有的糖，血液和尿液中含有过多的糖. 检测糖尿病的常用方法是葡萄糖耐量检测 (GTT)，禁食后摄入大剂量的葡萄糖，然后在不同时间检测葡萄糖浓度 (G) 和激素净浓度 (H)，视它们的变化情况做出判断. 20 世纪 60 年代，美国 Ackerman 提出了简易检测模型. 假设

$$\begin{cases} \dfrac{\mathrm{d}G}{\mathrm{d}t} = F_1(G,H) + J(t), \\ \dfrac{\mathrm{d}H}{\mathrm{d}t} = F_2(G,H), \end{cases}$$

其中，$J(t)$ 为引起血糖浓度增加的外部速率. 开始时达到平衡状态

$$\begin{cases} F_1(G_0,H_0) = 0, \\ F_2(G_0,H_0) = 0. \end{cases}$$

做变换

$$g = G - G_0, h = H - H_0$$

考虑其偏差值，得到

$$\begin{cases} \dfrac{\mathrm{d}g}{\mathrm{d}t} = F_1(G_0+g, H_0+h) + J(t), \\ \dfrac{\mathrm{d}h}{\mathrm{d}t} = F_2(G_0+g, H_0+h). \end{cases}$$

将右端函数展开简化

$$F_1(G_0+g, H_0+h) = F_1(G_0,H_0) + \frac{\partial F_1(G_0,H_0)}{\partial G}g + \frac{\partial F_1(G_0,H_0)}{\partial H}h + \varepsilon_1,$$
$$F_2(G_0+g, H_0+h) = F_2(G_0,H_0) + \frac{\partial F_2(G_0,H_0)}{\partial G}g + \frac{\partial F_2(G_0,H_0)}{\partial H}h + \varepsilon_2,$$

忽略小偏差项 $\varepsilon_1, \varepsilon_2$，并记

$$m_1 = -\frac{\partial F_1(G_0,H_0)}{\partial G},\ m_2 = -\frac{\partial F_1(G_0,H_0)}{\partial H},$$
$$m_4 = \frac{\partial F_2(G_0,H_0)}{\partial G},\ m_3 = -\frac{\partial F_2(G_0,H_0)}{\partial H},$$

则方程组可以化为

$$\begin{cases} \dfrac{\mathrm{d}g}{\mathrm{d}t} = -m_1 g - m_2 h + J(t), \\ \dfrac{\mathrm{d}h}{\mathrm{d}t} = -m_3 h + m_4 g, \end{cases} \tag{5-50}$$

其中，m_i 均为正常数. 这便是糖尿病检测模型.

解: 若取摄入葡萄糖后的某时刻作为初始时刻 $t=0$, 则有

$$J(t)\equiv 0,\quad (t>0).$$

由 5.1 节中一阶线性方程组与高阶方程组的解的等价性, 对方程组 (5-50) 中的第一个方程求导, 再消去方程中的 h, 则可得到关于 g 的二阶方程

$$\frac{\mathrm{d}^2g}{\mathrm{d}t^2}+(m_1+m_3)\frac{\mathrm{d}g}{\mathrm{d}t}+(m_1m_3+m_2m_4)g=0,$$

该方程与方程组 (5-50) 等价, 令

$$2a=m_1+m_3,\quad \omega_0^2=m_1m_3+m_2m_4,$$

则上式化为

$$\frac{\mathrm{d}^2g}{\mathrm{d}t^2}+2a\frac{\mathrm{d}g}{\mathrm{d}t}+\omega_0^2g=0. \tag{5-51}$$

方程 (5-51) 为二阶线性齐次线性微分方程, 其对应的特征方程为

$$\lambda^2+2a\lambda+\omega_0^2=0. \tag{5-52}$$

当 $a>\omega_0$ 时, 可求得特征值

$$\lambda_1=-a+\sqrt{a^2-\omega_0^2},\quad \lambda_2=-a-\sqrt{a^2-\omega_0^2}.$$

此时, 方程 (5-51) 的解为

$$g(t)=c_1\mathrm{e}^{(-a+\sqrt{a^2-\omega_0^2})t}+c_2\mathrm{e}^{(-a-\sqrt{a^2-\omega_0^2})t},$$

其中 c_1,c_2 为任意常数.

当 $a=\omega_0$ 时, 可求得特征值

$$\lambda_1=\lambda_2=-a.$$

则方程 (5-51) 的解为

$$g(t)=(c_1+c_2t)\mathrm{e}^{-at},$$

其中 c_1,c_2 为任意常数.

当 $a<\omega_0$ 时, 可求得特征值

$$\lambda_1=-a+i\sqrt{\omega_0^2-a^2},\quad \lambda_2=-a-i\sqrt{\omega_0^2-a^2}.$$

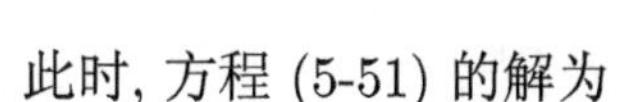

此时, 方程 (5-51) 的解为

$$g(t)=c_1\mathrm{e}^{-at}\cos\left(\sqrt{\omega_0^2-a^2t}\right)+c_2\mathrm{e}^{-at}\sin\left(\sqrt{\omega_0^2-a^2t}\right),$$

其中 c_1,c_2 为任意常数.

因为 $a>0$, 所以当 $t\to+\infty$ 时, $g(t)\to 0$, 即趋于平衡值, 这与实际相符.

例 5.18 (扩音器振动模型[5]) 由电路和机械装置组装成的永磁体扩音器模型是一个常微分方程组. 一个时变电源电压 $E(t)$ 驱动着一个音圈能换器, 从而使扬声器的振动膜发生振动. 能换器本质上是永磁场内的自由运动. 当变化的电流通过音圈时, 音圈在永磁体的磁力和电流产生的磁力相互作用下进行运动. 记能换器的转化系数为 T, f 为能换器与扬声器的相互作用力, R 为能换器电阻, L 为能换器的感应系数. 质量为 m 的扬声器的振动是一个具有阻尼的弹簧系统振动. 阻尼系数为 C, 弹簧的弹性系数为 k, 于是有关系式

$$e=T\frac{\mathrm{d}x}{\mathrm{d}t},\quad f=-Ti.$$

其中, e 为音圈两端的电压降, x 为音圈位移, x' 为音圈的速度. 由牛顿第二定律及回路电压定律, 可得微分方程组

$$\begin{cases}m\dfrac{\mathrm{d}^2x}{\mathrm{d}t^2}+c\dfrac{\mathrm{d}x}{\mathrm{d}t}+kx=Ti,\\ T\dfrac{\mathrm{d}x}{\mathrm{d}t}+L\dfrac{\mathrm{d}i}{\mathrm{d}t}+Ri=E(t).\end{cases}\tag{5-53}$$

解: 令 $\dfrac{\mathrm{d}x}{\mathrm{d}t}=y$, 则方程组 (5-53) 可化为一阶微分方程组

$$\begin{cases}\dfrac{\mathrm{d}x}{\mathrm{d}t}=y,\\ \dfrac{\mathrm{d}y}{\mathrm{d}t}=-\dfrac{k}{m}x-\dfrac{c}{m}y+\dfrac{T}{m}i,\\ \dfrac{\mathrm{d}i}{\mathrm{d}t}=-\dfrac{T}{L}y-\dfrac{R}{L}i+E(t).\end{cases}\tag{5-54}$$

方程组 (5-54) 可记为

$$\boldsymbol{x}'(t)=\boldsymbol{A}\boldsymbol{x}(t)+\boldsymbol{g}(t),\tag{5-55}$$

其中

$$\boldsymbol{A}=\begin{bmatrix}0&1&0\\-\dfrac{k}{m}&-\dfrac{c}{m}&\dfrac{T}{m}\\0&-\dfrac{T}{L}&-\dfrac{R}{L}\end{bmatrix},\quad \boldsymbol{g}(t)=\begin{bmatrix}0\\0\\E(t)\end{bmatrix},\quad \boldsymbol{x}=\begin{bmatrix}x\\y\\i\end{bmatrix}.$$

取 $m=1,\ k=1,\ c=1,\ T=1,\ R=2,\ L=1,\ E(t)=\cos\omega t$, 则

$$\boldsymbol{A}=\begin{bmatrix}0&1&0\\-1&-1&1\\0&-1&-2\end{bmatrix},\quad \boldsymbol{g}(t)=\begin{bmatrix}0\\0\\\cos\omega t\end{bmatrix}.$$

于是, 矩阵 $\boldsymbol{A}$ 的特征方程为

$$\lambda^3+3\lambda^2+4\lambda+2=0.$$

解得特征根

$$\lambda_1=-1,\ \lambda_2=-1+i,\ \lambda_3=-1-i,$$

所对应的特征向量分别为

$$\boldsymbol{\alpha}_1=\begin{bmatrix}1\\-1\\1\end{bmatrix},\quad \boldsymbol{\alpha}_2=\begin{bmatrix}-1\\1-i\\i\end{bmatrix},\quad \boldsymbol{\alpha}_3=\begin{bmatrix}-1\\1+i\\-i\end{bmatrix}.$$

因此, 方程组 (5-55) 对应的齐次线性方程的基解矩阵为

$$\boldsymbol{\Phi}(t)=\begin{bmatrix}\mathrm{e}^{-t}&-\mathrm{e}^{-t}\cos t&-\mathrm{e}^{-t}\sin t\\-\mathrm{e}^{-t}&\mathrm{e}^{-t}(\sin t+\cos t)&\mathrm{e}^{-t}(\sin t-\cos t)\\\mathrm{e}^{-t}&-\mathrm{e}^{-t}\sin t&\mathrm{e}^{-t}\cos t\end{bmatrix}.$$

记

$$\boldsymbol{g}(t)=(\cos\omega t)\boldsymbol{a},\ \text{其中}\ \boldsymbol{a}=\begin{bmatrix}0\\0\\1\end{bmatrix}.$$

我们采用待定系数法求方程组 (5-55) 的一个特解, 其形式为

$$\bar{\boldsymbol{x}}=(\cos\omega t)\bar{\boldsymbol{a}}+(\sin\omega t)\bar{\boldsymbol{b}}.$$

将 $\bar{\boldsymbol{x}}$ 代入方程组 (5-55) 可得

$$-\omega(\sin\omega t)\bar{\boldsymbol{a}}+\omega(\cos\omega t)\bar{\boldsymbol{b}}=(\cos\omega t)\boldsymbol{A}\bar{\boldsymbol{a}}+(\sin\omega t)\boldsymbol{A}\bar{\boldsymbol{b}}+(\cos\omega t)\boldsymbol{a}.$$

比较系数可得

$$\begin{cases}-\omega\bar{\boldsymbol{a}}=\boldsymbol{A}\bar{\boldsymbol{b}},\\\omega\bar{\boldsymbol{b}}=\boldsymbol{A}\bar{\boldsymbol{a}}+\boldsymbol{a}.\end{cases}\tag{5-56}$$

于是有

$$\bar{\boldsymbol{a}}=\begin{bmatrix}\dfrac{-(3\omega^2-2)}{\omega^6+\omega^4+4\omega^2+4}\\ \dfrac{-\omega^2(\omega^2-4)}{\omega^6+\omega^4+4\omega^2+4}\\ \dfrac{2\omega^4-\omega^2+2}{\omega^6+\omega^4+4\omega^2+4}\end{bmatrix},\quad \bar{\boldsymbol{b}}=\begin{bmatrix}\dfrac{-\omega(\omega^2-4)}{\omega^6+\omega^4+4\omega^2+4}\\ \dfrac{\omega(3\omega^2-2)}{\omega^6+\omega^4+4\omega^2+4}\\ \dfrac{\omega(\omega^4-2\omega^2+2)}{\omega^6+\omega^4+4\omega^2+4}\end{bmatrix}.$$

因此, 方程组 (5-55) 的通解为

$$\boldsymbol{x}(t)=\boldsymbol{\Phi}(t)\boldsymbol{c}+(\cos\omega t)\bar{\boldsymbol{a}}+(\sin\omega t)\bar{\boldsymbol{b}},$$

其中 $\boldsymbol{c}$ 为常数列向量.

习　题　5

1. 验证

$$\boldsymbol{u}(t)=\begin{bmatrix}\mathrm{e}^t\cos t\\ \mathrm{e}^t\sin t\end{bmatrix}$$

是方程组

$$\boldsymbol{x}'=\begin{bmatrix}1&-1\\1&1\end{bmatrix}\boldsymbol{x},\quad \boldsymbol{x}=\begin{bmatrix}x_1\\x_2\end{bmatrix}\tag{5-57}$$

的解，且满足初值条件

$$\boldsymbol{u}(0)=\begin{bmatrix}1\\0\end{bmatrix}.\tag{5-58}$$

2. 将下列初值问题化为与之等价的一阶微分方程组的初值问题.

(1) $x'''+2x''+5t^2x'+7tx=t\mathrm{e}^t$, $x(1)=2, x'(1)=1, x''(1)=3$;

(2) $x^{(4)}+tx'=\mathrm{e}^{-t}$, $x(0)=1, x'(0)=x''(0)=x'''(0)=0$;

(3) $x^{(5)}+2tx^{(4)}+t^2x'+6x=\mathrm{e}^t\cos t$, $x(0)=1, x'(0)=-1, x''(0)=2, x'''(0)=1, x^{(4)}(0)=2$.

3. 利用逐步逼近法求方程组 (5-57) 满足初值条件 (5-58) 的第二次近似值.

4. 设 $\boldsymbol{x}(t)$ 是 $t_0\leqslant t\leqslant t_1$ 上的连续函数，且当 $t_0\leqslant t\leqslant t_1$ 时，有

$$|\boldsymbol{x}(t)|\leqslant M+K\int_{t_0}^t|\boldsymbol{x}(\tau)|\mathrm{d}\tau,$$

其中 M 和 K 都是非负常数. 试用逐步逼近法证明: 当 $t_0\leqslant t\leqslant t_1$ 时, 有

$$|\boldsymbol{x}(t)|\leqslant M\mathrm{e}^{k(t-t_0)}.$$

5. 设函数 $\boldsymbol{x}(t)$ 在 $0<t<t_1$ 上连续，且 $\int_{0^+}^t a(\tau)\mathrm{d}\tau(0<t<\tau)$ 收敛，证明方程

$$\frac{\mathrm{d}\boldsymbol{x}}{\mathrm{d}t}=a(t)\boldsymbol{x}$$

满足条件 $\lim\limits_{t\to0^+}\boldsymbol{x}(t)=0$ 的解只有一个.

6. 验证 $\boldsymbol{\Phi}(t)=\begin{bmatrix}\mathrm{e}^t & -(t+1)\\ 0 & t\end{bmatrix}$ 是方程组 $\boldsymbol{x}'=\begin{bmatrix}1 & 1\\ 0 & \dfrac{1}{t}\end{bmatrix}\boldsymbol{x}$ 在任何不包含原点的区间 $[a,b]$ 上的基解矩阵.

7. 设 $\boldsymbol{\Phi}(t)$ 为方程组 $\boldsymbol{x}'=\boldsymbol{A}\boldsymbol{x}$ ($\boldsymbol{A}$ 为 $n\times n$ 常数矩阵) 的标准基解矩阵 (即 $\boldsymbol{\Phi}(0)=\boldsymbol{E}$), 证明: $\boldsymbol{\Phi}(t)\boldsymbol{\Phi}^{-1}(t_0)=\boldsymbol{\Phi}(t-t_0)$, 其中 t_0 为某一值.

8. 给定方程组 $\boldsymbol{x}'=\boldsymbol{A}\boldsymbol{x}+\boldsymbol{f}(t)$, 其中

$$\boldsymbol{A}=\begin{bmatrix}1 & 1\\ 0 & 1\end{bmatrix},\quad \boldsymbol{f}(t)=\begin{bmatrix}\sin t\\ \cos t\end{bmatrix}.$$

(1) 验证 $\boldsymbol{\Phi}(t)=\begin{bmatrix}\mathrm{e}^t & t\mathrm{e}^t\\ 0 & \mathrm{e}^t\end{bmatrix}$ 是 $\boldsymbol{x}'=\boldsymbol{A}\boldsymbol{x}$ 的基解矩阵;

(2) 求 $\boldsymbol{x}'=\boldsymbol{A}\boldsymbol{x}+\boldsymbol{f}(t)$ 满足初值条件 $\boldsymbol{\varphi}(0)=\begin{bmatrix}1\\ -1\end{bmatrix}$ 的解 $\boldsymbol{\varphi}(t)$.

9. 证明:

$$\boldsymbol{\Phi}(t)=\begin{bmatrix}2\mathrm{e}^t & 2\mathrm{e}^{3t} & 2\mathrm{e}^{5t}\\ 2\mathrm{e}^t & 0 & -2\mathrm{e}^{5t}\\ \mathrm{e}^t & -\mathrm{e}^{3t} & \mathrm{e}^{5t}\end{bmatrix}$$

是方程

$$\boldsymbol{x}'=\begin{bmatrix}3 & -2 & 0\\ -1 & 3 & -2\\ 0 & -1 & 3\end{bmatrix}\boldsymbol{x}$$

的基解矩阵.

10. 求方程组 $\boldsymbol{x}'=\boldsymbol{A}\boldsymbol{x}+\boldsymbol{f}(t)$ 满足初值条件 $\boldsymbol{\varphi}(0)=\begin{bmatrix}\eta_1\\ \eta_2\end{bmatrix}$ 的解 $\boldsymbol{\varphi}(t)$, 其中

$$\boldsymbol{A}=\begin{bmatrix}-1 & -2\\ 3 & 4\end{bmatrix},\boldsymbol{f}(t)=\begin{bmatrix}2\mathrm{e}^{-t}\\ \mathrm{e}^{-t}\end{bmatrix}.$$

11. 试求下列方程的通解.

(1) $x''-x=2\cos t$;

(2) $x''-4x'+4x=\mathrm{e}^t$;

(3) $x'''-6x=\mathrm{e}^t$.

12. 已知方程组

$$\begin{cases}\dfrac{\mathrm{d}x_1}{\mathrm{d}t}=x_1\cos t+x_2(\sin t-1),\\ \dfrac{\mathrm{d}x_2}{\mathrm{d}t}=x_1(1+\cos t)+x_2\sin t,\end{cases}$$

有解 $x_1=\sin t, x_2=-\cos t$, 求其通解.

13. 计算下列矩阵的特征根及对应的特征向量.

(1) $\begin{bmatrix}2 & 5\\ 4 & 2\end{bmatrix}$;　　(2) $\begin{bmatrix}1 & -2\\ 2 & 3\end{bmatrix}$;

(3) $\begin{bmatrix} 1 & 0 & 1 \\ 0 & 1 & 1 \\ -1 & 1 & 2 \end{bmatrix}$;　　(4) $\begin{bmatrix} 0 & 2 & 0 \\ 1 & 3 & -1 \\ 0 & 2 & 0 \end{bmatrix}$.

14. 求下列方程组 $\boldsymbol{x}' = \boldsymbol{A}\boldsymbol{x}$ 的一个基解矩阵, 并计算 $\exp\boldsymbol{A}t$, 其中 $\boldsymbol{A}$ 为

(1) $\begin{bmatrix} 4 & -1 \\ 1 & 4 \end{bmatrix}$;　　(2) $\begin{bmatrix} 1 & 2 \\ -3 & 0 \end{bmatrix}$;

(3) $\begin{bmatrix} -1 & 1 & 0 \\ 0 & -1 & 0 \\ 1 & 0 & -4 \end{bmatrix}$;　　(4) $\begin{bmatrix} 0 & 1 & -1 \\ 1 & 1 & 0 \\ 1 & 0 & 1 \end{bmatrix}$.

15. 试求方程组 $\boldsymbol{x}' = \boldsymbol{A}\boldsymbol{x}$ 的基解矩阵, 并求满足初值条件 $\boldsymbol{\varphi}(0) = \boldsymbol{\eta}$ 的解 $\boldsymbol{\varphi}(t)$.

(1) $\boldsymbol{A} = \begin{bmatrix} 2 & 5 \\ 5 & 2 \end{bmatrix}, \quad \boldsymbol{\eta} = \begin{bmatrix} 1 \\ -1 \end{bmatrix}$;

(2) $\boldsymbol{A} = \begin{bmatrix} 1 & -2 \\ 2 & 3 \end{bmatrix}, \quad \boldsymbol{\eta} = \begin{bmatrix} 2 \\ 1 \end{bmatrix}$;

(3) $\boldsymbol{A} = \begin{bmatrix} 1 & 2 & 1 \\ 1 & -1 & 1 \\ 2 & 0 & -3 \end{bmatrix}, \quad \boldsymbol{\eta} = \begin{bmatrix} 0 \\ 1 \\ 0 \end{bmatrix}$.

16. 求方程组 $\boldsymbol{x}' = \boldsymbol{A}\boldsymbol{x} + \boldsymbol{f}(t)$ 满足以下条件的解.

(1) $\boldsymbol{A} = \begin{bmatrix} -1 & -2 \\ 3 & 4 \end{bmatrix}, \quad \boldsymbol{f}(t) = \begin{bmatrix} 2\mathrm{e}^{-t} \\ \mathrm{e}^{-t} \end{bmatrix}, \quad \boldsymbol{\varphi}(0) = \begin{bmatrix} 1 \\ -1 \end{bmatrix}$;

(2) $\boldsymbol{A} = \begin{bmatrix} 4 & -3 \\ 2 & 5 \end{bmatrix}, \quad \boldsymbol{f}(t) = \begin{bmatrix} \sin t \\ -\cos t \end{bmatrix}, \quad \boldsymbol{\varphi}(0) = \begin{bmatrix} \eta_1 \\ \eta_2 \end{bmatrix}$;

(3) $\boldsymbol{A} = \begin{bmatrix} 0 & 1 & 0 \\ 0 & 0 & 2 \\ -15 & 3 & 5 \end{bmatrix}, \quad \boldsymbol{f}(t) = \begin{bmatrix} 0 \\ 0 \\ \mathrm{e}^{t} \end{bmatrix}, \quad \boldsymbol{\varphi}(0) = \begin{bmatrix} 0 \\ 0 \\ 0 \end{bmatrix}$;

(4) $\boldsymbol{A} = \begin{bmatrix} 16 & 14 & 38 \\ -9 & -7 & -18 \\ -4 & -4 & -11 \end{bmatrix}, \quad \boldsymbol{f}(t) = \begin{bmatrix} -2\mathrm{e}^{-t} \\ -3\mathrm{e}^{-t} \\ 2\mathrm{e}^{-t} \end{bmatrix}, \quad \boldsymbol{\varphi}(0) = \begin{bmatrix} 0 \\ 0 \\ 0 \end{bmatrix}$.

第6章 常微分方程初值问题的数值方法

本章我们开始考虑用数值方法求解如下形式的常微分方程初值问题:

$$\begin{cases} \dfrac{\mathrm{d}y}{\mathrm{d}t} = f(t,y), \quad t_0 < t \leqslant T, \\ y(t_0) = y_0. \end{cases} \tag{6-1}$$

其中, f 是关于 t 和 y 的已知函数, t_0 为初始时刻, T 为终止时刻, y_0 为给定的初值. 由常微分方程解的存在唯一性理论可知, 当 f 在区域 $t_0 \leqslant t \leqslant T, -\infty < y < +\infty$ 内连续且关于 y 满足一致利普希茨连续性时, 初值问题 (6-1) 的解是存在且唯一的.

6.1 欧拉方法

6.1.1 欧拉方法及其改进

- 欧拉方法

为了对初值问题 (6-1) 进行离散, 我们首先引入有限个节点 (网格点) 对区间 $[t_0, T]$ 进行剖分:

$$t_0 < t_1 < t_2 < \cdots < t_N = T.$$

方便起见, 常常选取一些等距节点, 即

$$t_n = t_0 + nh, \quad n = 1, \cdots, N,$$

其中, $h = (T - t_0)/N$ 为两个相邻节点间的距离, 叫作网格步长. 用 y_j 表示 $y(x)$ 在节点 t_j 处的近似值. 如果初值问题 (6-1) 的解 $y(x)$ 在 $[t_0, T]$ 上具有连续二阶导数, 由泰勒 (Taylor) 展开可知

$$\begin{aligned} y(t_{n+1}) &= y(t_n) + hy'(t_n) + \frac{h^2}{2}y''(\xi_n), \\ &= y(t_n) + hf(t_n, y(t_n)) + \frac{h^2}{2}y''(\xi_n), \quad t_n \leqslant \xi_n \leqslant t_{n+1}. \end{aligned}$$

省略高阶项, 并从 $y_0 = y(t_0)$ 开始, 可得近似计算公式

$$y_{n+1} = y_n + hf(t_n, y_n), \quad n = 0, 1, \cdots, N-1. \tag{6-2}$$

该公式称为欧拉方法.

例 6.1　考虑初值问题

$$y' = 2y, \quad y(0) = 1.$$

其中, $f(t, y) = 2y$, 满足解的存在唯一性定理 (利普希茨常数 $L = 2$). 易求得该问题的准确解为 $y(t) = \mathrm{e}^{2t}$. 从 $y_0 = 1$ 开始, 该问题的欧拉方法为

$$y_{n+1} = y_n + 2hy_n = (1 + 2h)y_n, \quad n = 0, 1, \cdots .$$

当 $N \to \infty$(也就是 $h \to 0$) 时,

$$y_N = (1 + 2h)^N y_0 = \left(1 + 2\frac{T - t_0}{N}\right)^N y_0 = \left(1 + 2\frac{T}{N}\right)^N \to \mathrm{e}^{2T}.$$

以上例子说明, 当 $h \to 0$ 时, 欧拉方法能够收敛到该模型问题的准确解. 为了分析这种收敛性以及描述方法的收敛速度, 需要给出欧拉方法的截断误差. 式 (6-2) 的截断误差定义为

$$\tau(t, h) = \frac{y(t + h) - y(t)}{h} - f(t, y(t)).$$

从定义可知, 欧拉方法的截断误差指的就是将准确解代入式 (6-2) 以后的剩余量. 在截断误差中, 我们主要关注的是网格步长 h 的阶数变化. 因此, 为方便起见, 往往在一些特殊节点上计算截断误差 $\tau(t_n, h)$. 由泰勒展开可知, 准确解满足

$$\frac{y(t_{n+1}) - y(t_n)}{h} = f(t_n, y(t_n)) + \frac{h}{2}y''(\xi_n).$$

因此, 欧拉方法的截断误差为 $O(h)$, 这种方法称为具有一阶精度.

- **中点方法**

引入一个半时间步 $t_{n+\frac{1}{2}} = t_n + \dfrac{h}{2}$, 从 t_n 到 t_{n+1} 用两次欧拉方法可得到新的计算公式

$$\begin{cases} y_{n+\frac{1}{2}} = y_n + \dfrac{h}{2}f(t_n, y_n), \\ y_{n+1} = y_n + hf(t_{n+\frac{1}{2}}, y_{n+\frac{1}{2}}). \end{cases} \tag{6-3}$$

该公式等价于

$$y_{n+1} = y_n + hf(t_{n+\frac{1}{2}}, y_n + \frac{h}{2}f(t_n, y_n)). \tag{6-4}$$

式 (6-3) 或式 (6-4) 叫作中点方法. 与欧拉方法相比, 中点方法需要进行两次函数求值运算, 但是精度会提高到二阶.

将 $y(t_{n+1})$ 与 $y(t_n)$ 在 $t_{n+\frac{1}{2}}$ 处泰勒展开, 可得

$$y(t_{n+1}) = y(t_{n+\frac{1}{2}}) + \frac{h}{2}f(t_{n+\frac{1}{2}}, y(t_{n+\frac{1}{2}})) + \frac{h^2}{8}y''(t_{n+\frac{1}{2}}) + O(h^3),$$

$$y(t_n) = y(t_{n+\frac{1}{2}}) - \frac{h}{2}f(t_{n+\frac{1}{2}}, y(t_{n+\frac{1}{2}})) + \frac{h^2}{8}y''(t_{n+\frac{1}{2}}) + O(h^3).$$

两式相减可得

$$y(t_{n+1}) - y(t_n) = hf(t_{n+\frac{1}{2}}, y(t_{n+\frac{1}{2}})) + O(h^3).$$

由 $y(t_{n+\frac{1}{2}})$ 的泰勒展开

$$y(t_{n+\frac{1}{2}}) = y(t_n) + \frac{h}{2}f(t_n, y(t_n)) + O(h^2)$$

以及 f 对 y 的利普希茨连续性可知

$$\begin{aligned} y(t_{n+1}) - y(t_n) &= hf(t_{n+\frac{1}{2}}, y(t_n) + \frac{h}{2}f(t_n, y(t_n)) + O(h^2)) + O(h^3) \\ &= hf(t_{n+\frac{1}{2}}, y(t_n) + \frac{h}{2}f(t_n, y(t_n))) + O(h^3), \end{aligned}$$

因此

$$\frac{y(t_{n+1}) - y(t_n)}{h} = f(t_{n+\frac{1}{2}}, y(t_n) + \frac{h}{2}f(t_n, y(t_n))) + O(h^2).$$

- 梯形方法

初值问题 (6-1) 的第一式可写为

$$y(t+h) = y(t) + \int_t^{t+h} f(x, y(x))\mathrm{d}x,$$

用梯形积分公式作近似替换, 可得

$$\begin{aligned} y_{n+1} &= y_n + \int_{t_n}^{t_{n+1}} f(x, y(x))\mathrm{d}x \\ &\approx y_n + \int_{t_n}^{t_{n+1}} \frac{1}{2}(f(t_n, y_n) + f(t_{n+1}, y_{n+1}))\mathrm{d}x \\ &= y_n + \frac{1}{2}h(f(t_n, y_n) + f(t_{n+1}, y_{n+1})). \end{aligned} \tag{6-5}$$

上式这种求解常微分方程初值问题的方法称为梯形方法. 梯形方法与欧拉方法和中点方法的区别在于, 右端含有未知项 y_{n+1}, 因而属于隐式方法; 欧拉方法与中点方法的未知项 y_{n+1} 是显式计算得到的, 属于显式方法. 由于梯形积分公式具有三阶精度, 因此梯形方法的截断误差为 $O(h^2)$.

如果函数 f 关于 y 是非线性的, 梯形方法将面临求解非线性方程, 这给实际计算带来了很大困难. 为了避免每一次求解非线性方程, 可先用欧拉方法预估一个中间值 y_{n+1}^*, 然后

再使用线性化的梯形方法, 这种求解方法叫**Heun 方法**, 即

$$\begin{aligned} y_{n+1}^* &= y_n + hf(t_n, y_n), \\ y_{n+1} &= y_n + \frac{1}{2}h(f(t_n, y_n) + f(t_{n+1}, y_{n+1}^*)). \end{aligned} \tag{6-6}$$

莱昂哈德·欧拉 (Leonhard Euler, 1707—1783 年), 瑞士数学家和物理学家, 近代数学先驱之一. 1707 年, 欧拉生于瑞士的巴塞尔, 13 岁时入读巴塞尔大学, 15 岁大学毕业, 16 岁获硕士学位. 作为柏林科学院院士、彼得堡科学院院士, 欧拉一生主要在这两地度过. 最后 17 年间, 欧拉完全失明, 但仍通过口授撰写众多论文, 其全集完全印出约一百卷以上. 他平均每年写 800 多页论文, 还写了大量的力学、分析学、几何学等课本, 《无穷小分析引论》《微分学原理》《积分学原理》等都成为数学中的经典著作, 创造了一些标准数学记号: $\mathrm{e}, \pi, i, \log_a x, \mathrm{e}^{i\theta} = \cos\theta + i\sin\theta$ 等. 欧拉对数学的研究非常广泛, 在许多数学分支中都可经常见到以他的名字命名的重要常数、公式和定理. 他是运用无穷级数、无穷乘积、连分数的大师, 对微分方程提出了许多重要思想: 各种降阶法、积分因子法、二阶线性方程理论、幂级数解法及变分法等.

6.1.2　欧拉方法分析

比较式 (6-2)、式 (6-4) 和式 (6-6), 我们发现这三种方法都可以写为统一的迭代表达式

$$y_{n+1} = y_n + h\psi(t_n, y_n, h). \tag{6-7}$$

于是

- 欧拉方法: $\psi(t, y, h) = f(t, y)$,
- 中点方法: $\psi(t, y, h) = f\left(t + \frac{h}{2}, y + \frac{h}{2}f(t, y)\right)$,
- Heun 方法: $\psi(t, y, h) = \frac{1}{2}(f(t, y) + f(t + h, y + hf(t, y)))$.

在欧拉方法以及改进的欧拉方法中, 单纯考虑计算 y_{n+1} 的表达式, 都是通过 y_n 获得的, 而与之前所有时刻 $y_{n-1}, y_{n-2}, \cdots, y_0$ 无关. 这样的计算方法称为**单步方法**. 为了给出单步方法的理论分析, 需要介绍两个重要的概念: 相容性和稳定性.

定义 6.1　如果

$$\lim_{h \to 0} \psi(t, y, h) = f(t, y),$$

则称单步方法 (6-7) 是**相容的**.

定义 6.2 假设由初始值 y_0 和其扰动 $y_0+\delta_0$ 出发, 通过单步方法 (6-7) 所得到的数值解分别为 y_n 与 $\widetilde{y}_n$. 如果存在常数 $C>0$ 和步长 $h_0>0$, 使得当 $h\leqslant h_0$ 时有

$$|y_n-\widetilde{y}_n|\leqslant C|\delta_0|,$$

则称单步方法 (6-7) 是**稳定的**.

事实上, 如果 $\psi(t,y,h)$ 关于 y 满足利普希茨连续性, 则单步方法 (6-7) 是稳定的.

定义 6.3 单步方法 (6-7) 的局部截断误差定义为

$$\tau(t,h)=\frac{y(t+h)-y(t)}{h}-\psi(t,y(t),h).$$

全局误差定义为 t_n 时刻的准确解 $y(t_n)$ 与其数值解 y_n 之间的差. 当 $h\to 0$ 时, 对固定的节点 t_n, 若有

$$\max_n|y(t_n)-y_n|\to 0,$$

则称单步方法 (6-7) 是**收敛的**.

下面我们给出单步方法 (6-7) 的收敛性.

定理 6.1 如果单步方法 (6-7) 是相容的、稳定的, 且截断误差满足

$$|\tau(t,h)|\leqslant Ch^p,$$

则

$$\max_n|y(t_n)-y_n|\leqslant Ch^p\frac{e^{L(T-t_0)}-1}{L}+e^{L(T-t_0)}|y_0-y(t_0)|,$$

其中, L 是 ψ 所满足的利普希茨常数.

证明: 方程的准确解满足

$$y(t_{n+1})=y(t_n)+h\psi(t_n,y(t_n),h)+h\tau(t_n,h).$$

将其与单步方法 (6-7) 相减, 记 $e_n=y(t_n)-y_n$, 则有

$$e_{n+1}=e_n+h(\psi(t_n,y(t_n),h)-\psi(t_n,y_n,h))+h\tau(t_n,h).$$

两边同时取绝对值, 并利用 ψ 的利普希茨连续性以及 $\tau(t_n,h)$ 的有界性, 则有

$$|e_{n+1}|\leqslant(1+hL)|e_n|+Ch^{p+1}.$$

类似递推下去, 则有

$$\begin{aligned}|e_{n+1}| &\leqslant (1+hL)^{n+1}|e_0| + Ch^{p+1}\cdot\sum_{k=0}^{n}(1+hL)^k\\ &= (1+hL)^{n+1}|e_0| + Ch^{p+1}\cdot\frac{(1+hL)^{n+1}-1}{hL}\\ &= (1+hL)^{n+1}|e_0| + Ch^{p}\cdot\frac{(1+hL)^{n+1}-1}{L}\\ &= \mathrm{e}^{(n+1)hL}|e_0| + Ch^{p}\cdot\frac{\mathrm{e}^{(n+1)hL}-1}{L}.\end{aligned}$$

因为

$$h = \frac{T-t_0}{N} \leqslant \frac{T-t_0}{n},$$

所以

$$\max_n |e_n| \leqslant Ch^p\frac{\mathrm{e}^{L(T-t_0)}-1}{L} + \mathrm{e}^{L(T-t_0)}|e_0|. \quad \blacksquare$$

6.2 Runge-Kutta 方法

由上节内容可知, 从泰勒展开思想出发可以建立一阶单步方法. 但是如要建立更高阶的单步方法, 则需要对已知函数 $f(x,y)$ 求各阶偏导数, 这在实际应用中很不方便. 而先考虑对初值问题 (6-1) 第一式的两边进行积分, 然后再用高阶数值积分方法逼近积分项, 将从很大程度上简化运算. 现在考虑从 t_n 到 t_{n+1} 时, 初值问题 (6-1) 第一式的等价积分型表达形式:

$$y(t_{n+1}) = y(t_n) + \int_{t_n}^{t_{n+1}} f(x,y(x))\mathrm{d}x. \tag{6-8}$$

式 (6-8) 中的积分采用梯形积分公式近似, 并考虑到

$$f(t_{n+1},y(t_{n+1})) \approx f(t_{n+1},y(t_n)+hf(t_n,y(t_n))),$$

则存在常数 c_1, c_2, 使得

$$y(t_{n+1}) \approx y(t_n) + h[c_1 f(t_n,y(t_n)) + c_2 f(t_{n+1},y(t_n)+hf(t_n,y(t_n)))].$$

如果在区间 $[t_n,t_{n+1}]$ 上插入一个节点 $t_n < t_n+a_2h < t_{n+1}$, 则式 (6-8) 等价于

$$y(t_{n+1}) = y(t_n) + \int_{t_n}^{t_n+a_2h} f(x,y(x))\mathrm{d}x + \int_{t_n+a_2h}^{t_{n+1}} f(x,y(x))\mathrm{d}x.$$

利用梯形公式对上面两个积分近似, 并考虑到

$$f(t_{n+1},y(t_{n+1})) \approx f(t_{n+1},y(t_n+a_2h) + d_2hf(t_n+a_2h,y(t_n+a_2h))),$$

$$f(t_n + a_2h, y(t_n + a_2h)) \approx f(t_n + a_2h, y(t_n) + d_1hf(t_n, y(t_n))),$$

则存在常数 c_1, c_2, c_3, b_1, b_2, 使得

$$\begin{aligned} y(t_{n+1}) \approx y(t_n) + h[&c_1f(t_n, y(t_n))+ \\ &c_2f(t_n + a_2h, y(t_n) + b_1hf(t_n, y(t_n)))+ \\ &c_3f(t_{n+1}, y(t_n) + b_1hf(t_n, y(t_n))+ \\ &b_2hf(t_n + a_2h, y(t_n) + b_1hf(t_n, y(t_n))))]. \end{aligned}$$

这个过程可以继续下去, 考虑更多中间节点便得到 Runge-Kutta 方法.

定义 6.4 设 m 是一个正整数, 表示使用函数值 f 的个数, $a_i, c_i, b_{ij}(i = 2, 3, \cdots, m;$ $j = 1, 2, \cdots, i-1)$ 为待定的加权因子 (为实数), 方法

$$y_{n+1} = y_n + h(c_1K_1 + \cdots + c_mK_m) \tag{6-9}$$

被称为初值问题 (6-1) 的**m 级显式 Runge-Kutta 方法**, 其中

$$\begin{aligned} &K_1 = f(t_n, y_n), \\ &K_2 = f(t_n + a_2h, y_n + hb_{21}K_1), \\ &\cdots \\ &K_m = f\left(t_n + a_mh, y_n + h\sum_{i=1}^{m-1} b_{mi}K_i\right). \end{aligned}$$

这些系数满足

$$\sum_{j=1}^{m} c_j = 1; \quad a_i = \sum_{j=1}^{i-1} b_{ij}, \quad i = 2, 3, \cdots, m.$$

若式 (6-9) 中 $K_i(i = 1, 2, \cdots, m)$ 满足下列方程组

$$\begin{aligned} &K_1 = f(t_n, y_n + hb_{11}K_1), \\ &K_2 = f(t_n + a_2h, y_n + hb_{21}K_1 + hb_{21}K_2), \\ &\cdots \\ &K_m = f\left(t_n + a_mh, y_n + h\sum_{i=1}^{m} b_{mi}K_i\right), \end{aligned}$$

则式 (6-9) 称为**m 级隐式 Runge-Kutta 方法**. 以上两种方法中的系数满足

$$\sum_{j=1}^{m} c_j = 1; \quad a_i = \sum_{j=1}^{i-1} b_{ij}, \quad i = 2, 3, \cdots, m.$$

我们常常采用泰勒展开思想求得 Runge-Kutta 方法 (6-9) 中的各个待定系数. 以 $m = 2$ 为例, 取两点 $(t, y), (t + a_2 h, y + b_{21} h f(t, y))$ 作线性组合

$$\psi(t, y, h) = c_1 f(t, y) + c_2 f(t + a_2 h, y + b_{21} h f(t, y)),$$

其中, 系数 c_1, c_2, a_2, b_{21} 的选取应尽可能使 $y(t) + h\psi(t, y, h)$ 与 $y(t + h)$ 在 t 的泰勒展开有相同的项.

将 $\psi(t, y, h)$ 在 (t, y) 展开

$$\psi(t, y, h) = c_1 f(t, y) + c_2[f(t, y) + a_2 h f_t(t, y) + b_{21} h f(t, y) f_y(t, y)] + O(h^2),$$

而

$$\begin{aligned} y(t+h) &= y(t) + hy'(t) + \frac{h^2}{2} y''(t) + O(h^3) \\ &= y(t) + h\left[f(t, y) + \frac{h}{2}(f_t(t, y) + f_y(t, y) f(t, y)) + O(h^2)\right], \end{aligned}$$

比较以上两个展开式的系数, 可知

$$\begin{cases} c_1 + c_2 = 1, \\ c_2 a_2 = \dfrac{1}{2}, \\ c_2 b_{21} = \dfrac{1}{2}. \end{cases} \tag{6-10}$$

可以看到方程组 (6-10) 有无穷多组解.

若取 $c_1 = c_2 = \dfrac{1}{2}, a_2 = 1, b_{21} = 1$, 对应的二阶单步方法即是 Heun 方法:

$$\begin{cases} y_{n+1} = y_n + \dfrac{h}{2}(K_1 + K_2), \\ K_1 = f(t_n, y_n), \\ K_2 = f(t_n + h, y_n + hK_1). \end{cases}$$

若取 $c_1 = \dfrac{1}{4}, c_2 = \dfrac{3}{4}, a_2 = \dfrac{2}{3}, b_{21} = \dfrac{2}{3}$, 则导出另一个二阶单步方法:

$$\begin{cases} y_{n+1} = y_n + \dfrac{h}{4}(K_1 + 3K_2), \\ K_1 = f(t_n, y_n), \\ K_2 = f\left(t_n + \dfrac{2}{3}h, y_n + \dfrac{2}{3}hK_1\right). \end{cases}$$

其他 m 阶 Runge-Kutta 方法也可如上述二阶方法构造, 即首先利用泰勒展开比较 h 的幂次不超过 p 的项的系数, 其次确定 m 级显式 Runge-Kutta 方法中系数满足的代数方程组, 最后求方程组的解, 也就得到了 m 级 p 阶 Runge-Kutta 方法.

如下是一些常见的 Runge-Kutta 方法.

- **三级三阶显式 Runge-Kutta 方法**

$$\begin{cases} y_{n+1} = y_n + \dfrac{h}{6}(K_1 + 4K_2 + K_3), \\ K_1 = f(t_n, y_n), \\ K_2 = f\left(t_n + \dfrac{1}{2}h, y_n + \dfrac{1}{2}hK_1\right), \\ K_3 = f(t_n + h, y_n - hK_1 + 2hK_2). \end{cases}$$

- **三级三阶显式 Heun 方法**

$$\begin{cases} y_{n+1} = y_n + \dfrac{h}{4}(K_1 + 3K_3), \\ K_1 = f(t_n, y_n), \\ K_2 = f\left(t_n + \dfrac{1}{3}h, y_n + \dfrac{1}{3}hK_1\right), \\ K_3 = f\left(t_n + \dfrac{2}{3}h, y_n + \dfrac{2}{3}hK_2\right). \end{cases}$$

- **四级四阶古典显式 Runge-Kutta 方法**

$$\begin{cases} y_{n+1} = y_n + \dfrac{h}{6}(K_1 + 2K_2 + 2K_3 + K_4), \\ K_1 = f(t_n, y_n), \\ K_2 = f\left(t_n + \dfrac{1}{2}h, y_n + \dfrac{1}{2}hK_1\right), \\ K_3 = f\left(t_n + \dfrac{1}{2}h, y_n + \dfrac{1}{2}hK_2\right), \\ K_4 = f(t_n + h, y_n + hK_3). \end{cases}$$

- **四级四阶显式 Runge-Kutta 方法**

$$\begin{cases} y_{n+1} = y_n + \dfrac{h}{8}(K_1 + 3K_2 + 3K_3 + K_4), \\ K_1 = f(t_n, y_n), \\ K_2 = f\left(t_n + \dfrac{1}{3}h, y_n + \dfrac{1}{3}hK_1\right), \\ K_3 = f\left(t_n + \dfrac{2}{3}h, y_n - \dfrac{1}{3}hK_1 + hK_2\right), \\ K_4 = f(t_n + h, y_n + hK_1 - hK_2 + hK_3). \end{cases}$$

• 四级四阶显式 Gill 方法

$$
\begin{cases}
y_{n+1}=y_n+\dfrac{h}{6}[K_1+(2-\sqrt{2})K_2+(2+\sqrt{2})K_3+K_4),\\
K_1=f(t_n,y_n),\\
K_2=f\left(t_n+\dfrac{1}{2}h,y_n+\dfrac{1}{2}hK_1\right),\\
K_3=f\left(t_n+\dfrac{1}{2}h,y_n+\dfrac{\sqrt{2}-1}{2}hK_1+(1-\dfrac{\sqrt{2}}{2})hK_2\right),\\
K_4=f\left(t_n+h,y_n-\dfrac{\sqrt{2}}{2}hK_2+(1+\dfrac{\sqrt{2}}{2})hK_3\right).
\end{cases}
$$

由于 Runge-Kutta 方法的级数从 4 变为 5 时, 精度的阶数并没有相应地从 4 提高到 5, 故而 4 级以上的 Runge-Kutta 方法很少被采用. 而且级数越高, Runge-Kutta 方法中的待定系数越难求解. 对于隐式 Runge-Kutta 方法, 也可以用以上泰勒展开和数值积分的方法确定各个参数. Kuntzmann(1961) 和 Butcher(1964) 已提出对所有的 m 级方法均存在 $2m$ 阶隐式 Runge-Kutta 方法, 显然要比显式 Runge-Kutta 方法优越. 更加详细的介绍可参考文献 [17] 和文献 [18].

龙格 (Carl David Tolme Runge, 1856—1927 年), 德国数学家、物理学家. 他生于德国不来梅 (Bremen), 早年在慕尼黑大学和柏林大学学习, 1880 年获博士学位, 先后在汉诺威工科大学和格廷根大学任职. 龙格在光谱学方面有重要贡献. 在数学方面, 他主要研究了函数论、代数学、数值和图解计算理论及其应用. 他发展了解析函数的逼近理论, 曾得到多项重要结果, 给出了代数方程数值解的一般方法, 还提出了微分方程数值积分的 Runge-Kutta 方法. 他著名的工作是对塞曼 (Zeeman) 效应和丢番图 (Diophantine) 方程的研究.

6.3 线性多步方法

单步方法仅用了 y_n 求解 y_{n+1}. 事实上, 在计算 y_{n+1} 的时候, 我们已经知道了 $t_n,t_{n-1},\cdots,t_0$ 时刻的近似解. 因此, 将 $y_{n-1},y_{n-2},\cdots,y_0$ 的部分或全部值用于计算 y_{n+1} 是一个很自然的想法. 这样得到初值问题 (6-1) 的新的计算公式:

$$
\sum_{j=0}^{m}a_jy_{n+j}=h\sum_{j=0}^{m}b_jf(t_{n+j},y_{n+j}),\quad n=1,2,\cdots. \tag{6-11}
$$

该公式称为m 步线性多步方法. 这里, $a_m=1$, 其他 a_j, b_j 为常数. 当 $b_m=0$ 时, 该方法是显式的, 否则为隐式的.

- **Adams-Bashforth 方法**

我们再次考虑初值问题 (6-1) 的等价积分方程 (6-8) 的计算. 使用复化梯形公式, 并把函数取值近似代换, 便导出了 Runge-Kutta 方法. 由于数值积分中产生的函数值均由 y_n 的各种增加量代替, 因而 Runge-Kutta 方法是一种单步方法. 如果考虑用插值型数值积分方法近似计算方程 (6-8) 中的积分, 则可推导出多步方法.

用 m 个已知值 $y_n, y_{n-1}, \cdots, y_{n-m+1}$ 先构造出函数 $f(t,y)$ 的样本值

$$f(t_n, y_n), f(t_{n-1}, y_{n-1}), \cdots, f(t_{n-m+1}, y_{n-m+1}),$$

然后在节点 $t_n, t_{n-1}, \ldots, t_{n-m+1}$ 上对 $f(t,y)$ 进行 $m-1$ 次拉格朗日插值, 得到插值多项式

$$P_{m-1}(x) = \sum_{j=0}^{m-1}\left(\prod_{i=0,i\neq j}^{m-1} \frac{x-t_{n-i}}{t_{n-j}-t_{n-i}}\right) f(t_{n-j}, y_{n-j}).$$

用 $P_{m-1}(x)$ 代替被积函数 $f(x, y(x))$, 得到计算公式

$$\begin{aligned} y_{n+1} &= y_n + \int_{t_n}^{t_{n+1}} P_{m-1}(x)\mathrm{d}x \\ &= y_n + h\sum_{j=0}^{m-1} b_j f(t_{n-j}, y_{n-j}), \end{aligned} \tag{6-12}$$

其中

$$b_j = \frac{1}{h}\int_{t_n}^{t_{n+1}} \left(\prod_{i=0,i\neq j}^{m-1} \frac{x-t_{n-i}}{t_{n-j}-t_{n-i}}\right)\mathrm{d}x.$$

式 (6-12) 称为 m 步 Adams-Bashforth 方法. 与单步方法的不同在于, 多步方法需要更多的启动层. 另外, Adams-Bashforth 方法是显式方法.

当 $m=1$ 时, 就是欧拉方法

$$y_{n+1} = y_n + hf(t_n, y_n).$$

当 $m=2$ 时, 容易计算得到

$$b_0 = \frac{1}{h}\int_{t_n}^{t_{n+1}} \frac{x-t_{n-1}}{t_n - t_{n-1}}\mathrm{d}x = \frac{3}{2}, \quad b_1 = \frac{1}{h}\int_{t_n}^{t_{n+1}} \frac{x-t_n}{t_{n-1}-t_n}\mathrm{d}x = -\frac{1}{2},$$

因此两步 Adams-Bashforth 方法为

$$y_{n+1} = y_n + h\left(\frac{3}{2}f(t_n, y_n) - \frac{1}{2}f(t_{n-1}, y_{n-1})\right).$$

由于拉格朗日插值的数值积分误差为 $O(h^{m+1})$, 因而 Adams-Bashforth 方法的局部截断误差为 $O(h^m)$.

- **Adams-Moulton 方法**

Adams-Moulton 方法考虑在节点 $t_{n+1}, t_n, t_{n-1}, \cdots, t_{n-m+1}$ 上构造 m 次拉格朗日插值多项式, 使其通过样本值

$$f(t_{n+1}, y_{n+1}), f(t_n, y_n), f(t_{n-1}, y_{n-1}), \cdots, f(t_{n-m+1}, y_{n-m+1}).$$

此时, 插值多项式表达式为

$$P_m(x) = \sum_{j=0}^{m} \left(\prod_{i=0, i\neq j}^{m} \frac{x - t_{n+1-i}}{t_{n+1-j} - t_{n+1-i}} \right) f(t_{n+1-j}, y_{n+1-j}).$$

Adams-Moulton 方法的计算公式为

$$y_{n+1} = y_n + h \sum_{j=0}^{m} b_j f(t_{n+1-j}, y_{n+1-j}), \tag{6-13}$$

其中

$$b_j = \frac{1}{h} \int_{t_n}^{t_{n+1}} \left(\prod_{i=0, i\neq j}^{m} \frac{x - t_{n+1-i}}{t_{n+1-j} - t_{n+1-i}} \right) \mathrm{d}x.$$

显然, 这个方法是隐式的. 由于使用了比 Adams-Bashforth 方法更高一次的多项式插值, 因而 Adams-Moulton 方法的截断误差为 $O(h^{m+1})$.

当 $m = 0$ 时, 就是向后欧拉方法

$$y_{n+1} = y_n + hf(t_{n+1}, y_{n+1}).$$

当 $m = 1$ 时,

$$b_0 = \frac{1}{h} \int_{t_n}^{t_{n+1}} \frac{x - t_n}{t_{n+1} - t_n} \mathrm{d}x = \frac{1}{2}, \quad b_1 = \frac{1}{h} \int_{t_n}^{t_{n+1}} \frac{x - t_{n+1}}{t_n - t_{n+1}} \mathrm{d}x = -\frac{1}{2}.$$

因此两步 Adams-Moulton 方法为

$$y_{n+1} = y_n + \frac{h}{2}(f(t_{n+1}, y_{n+1}) + f(t_n, y_n)).$$

约翰·库奇·亚当斯 (John Couch Adams, 1819—1892 年), 英国数学家、天文学家, 海王星的发现者之一. 亚当斯 1819 年 6 月 5 日出生于英国康沃尔郡, 1843 年毕业于剑桥大学, 后留校任教. 在剑桥大学学习期间, 亚当斯注意到了天王星轨道运动的反常问题. 1844 年, 亚当斯仔细研究了当时的观测资料, 计算了天王星轨道被一颗当时尚未发现的行星影响的可能性, 并推算出了未知行星可能的位置. 1845 年 10 月和次年 9 月, 他分别向剑桥大学天文台和格林尼治天文台 (共 6 次) 提交了他的计算结果, 但并未引起重视. 1846 年 9 月, 法国的勒维耶向柏林天文台提交了他的独立计算结果, 9 月 23 日, 柏林天文台的伽勒等人很快在其预言的位置约 1 度左右, 在摩羯座方向找到了一颗 8 等星, 即海王星. 消息传出后, 很快轰动了全世界. 格林尼治天文台的台长艾里深为懊恼, 因为亚当斯提交的计算结果几乎与真实位置完全一样, 他们错失了首先发现海王星的良机. 尽管如此, 后人通常将亚当斯和勒维耶视为海王星的共同发现者.

6.4 应用举例

例 6.2 用欧拉方法、三阶 Runge-Kutta(R-K) 方法、四阶 Runge-Kutta(R-K) 方法以及两步 Adams-Bashforth 方法求解

$$\begin{cases} y' = t^2 - y + 1, \\ y(0) = 1, \end{cases}$$

其中, 步长 $h = 0.1, 0.01, 0.001$. 该问题的精确解为

$$y = t^2 - 2t - 2e^{-t} + 3.$$

解: 首先, 4 种方法都是显式方法, 所以每一个时间步无须求解代数方程组. 另外, 由于 Adams-Bashforth 方法需要两个时间启动层, 方便起见, 我们先使用欧拉方法计算出其第一个时间步的数值解, 然后再按照两步迭代式进行计算. 4 种方法的数值实验结果见表 6-1. 表 6-1 中显示的是当 h 取不同值时, 4 种方法的 L^∞ 误差 (最大绝对误差) 变化情况. 图 6-1 展示了当 $h = 0.1$ 时的绝对误差曲线.

表 6-1 例 6.2 的实验结果

h	欧拉方法	三阶 R-K 方法	四阶 R-K 方法	Adams-Bashforth 方法
0.1	0.0267	2.2140×10^{-5}	7.1738×10^{-7}	0.0031
0.01	0.0026	2.2038×10^{-8}	7.0525×10^{-11}	3.0655×10^{-5}
0.001	2.6427×10^{-4}	2.2021×10^{-11}	7.3275×10^{-15}	3.0657×10^{-7}

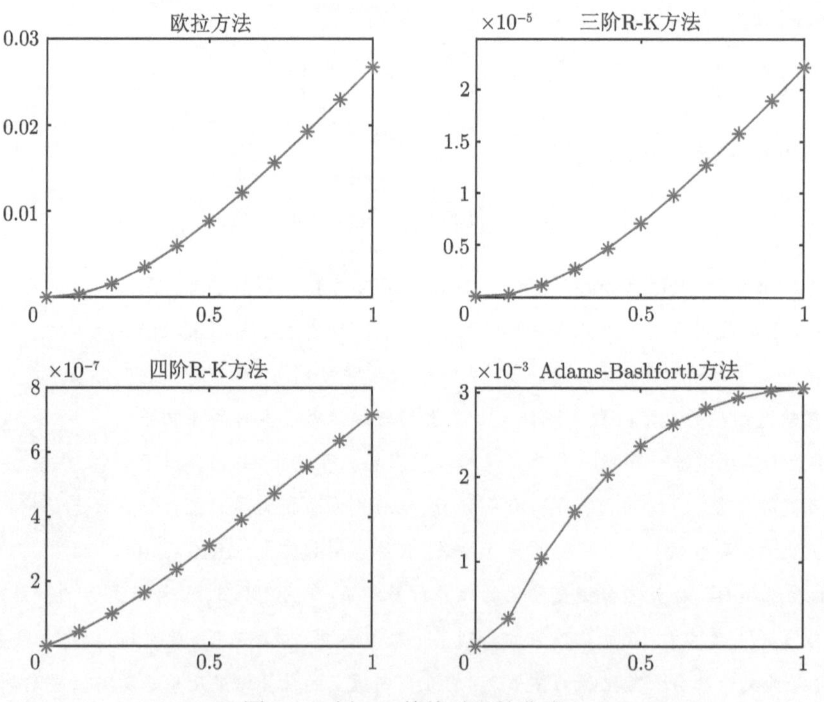

图 6-1 例 6.2 的绝对误差曲线

例 6.3　求解

$$
\begin{cases}
\dfrac{\mathrm{d}y}{\mathrm{d}t} = 1 - \dfrac{2ty}{1+t^2}, \quad 0 \leqslant t \leqslant 2, \\
y\big|_{t=0} = 0.
\end{cases}
\tag{6-14}
$$

该问题有唯一的准确解

$$
y = \frac{3t + t^3}{3(1+t^2)}.
$$

解: 我们分别使用欧拉方法、三阶 R-K 方法、四阶 R-K 方法以及两步 Adams-Bashforth 方法求解该初值问题. 分别选择 $h = 0.1, 0.01, 0.001$, 表 6-2 给出了 4 种方法的 L^∞ 误差. 图 6-2 展示了 $h = 0.1$ 时的绝对误差曲线.

表 6-2　例 6.3 的实验结果

h	欧拉方法	三阶 R-K 方法	四阶 R-K 方法	Adams-Bashforth 方法
0.1	0.0227	2.9121×10^{-5}	5.2864×10^{-7}	0.0036
0.01	0.0022	2.9320×10^{-8}	5.1435×10^{-11}	3.6154×10^{-5}
0.001	2.2046×10^{-4}	2.9339×10^{-11}	5.6621×10^{-15}	3.6226×10^{-7}

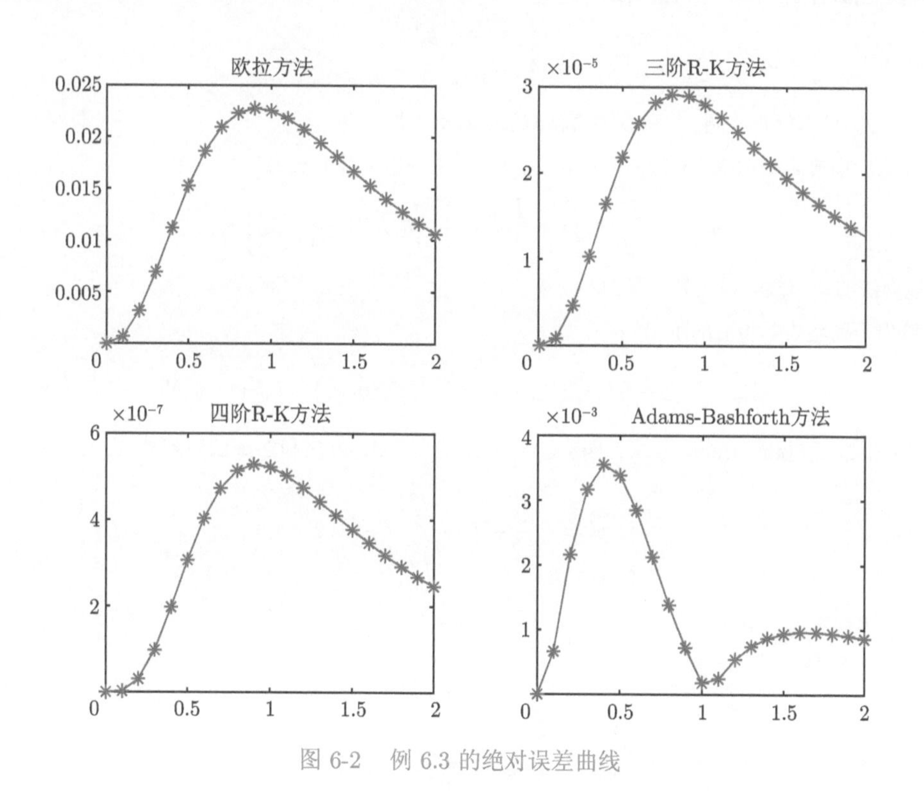

图 6-2　例 6.3 的绝对误差曲线

习　题　6

1. 分别取 $h = 0.1, h = 0.01$, 用欧拉方法求解

(1) $\begin{cases} \dfrac{\mathrm{d}y}{\mathrm{d}t} = t - y, \quad 0 \leqslant t \leqslant 1, \\ y|_{t=0} = 1. \end{cases}$

(2) $\begin{cases} \dfrac{\mathrm{d}y}{\mathrm{d}t} = -3y + 8t - 7, \quad 0 \leqslant t \leqslant 2, \\ y|_{t=0} = 1. \end{cases}$

(3) $\begin{cases} \dfrac{\mathrm{d}y}{\mathrm{d}t} = \mathrm{e}^{-2t} - 2y, \quad 0 \leqslant t \leqslant 1, \\ y|_{t=0} = \dfrac{1}{10}. \end{cases}$

(4) $\begin{cases} \dfrac{\mathrm{d}y}{\mathrm{d}t} = 2ty^2, \quad 0 \leqslant t \leqslant 2, \\ y|_{t=0} = 1. \end{cases}$

2. 验证是否可用欧拉方法求解

$$\begin{cases} \dfrac{\mathrm{d}y}{\mathrm{d}t} = 1 + y^2, \\ y|_{t=0} = 0. \end{cases}$$

提示: 准确解为 $y(t) = \tan t$.

3. 验证函数 $y(t) = t^{\frac{3}{2}}$ 是初值问题

$$\begin{cases} y' = \dfrac{3}{2}y^{\frac{1}{3}}, \\ y(0) = 0, \end{cases}$$

的解. 用欧拉方法求解该问题, 并观察数值解与准确解的不同.

4. 证明用经典四阶 R-K 方法求解 $y' = \lambda y$ 时, 可推导出求解公式为

$$y_{n+1} = \left[1 + h\lambda + \frac{1}{2}h^2\lambda^2 + \frac{1}{6}h^3\lambda^3 + \frac{1}{24}h^4\lambda^4\right] y_n,$$

并证明该方法的局部截断误差为 $O(h^4)$.

5. 给出下列隐式单步法的阶

$$y_{n+1} = y_n + \frac{1}{6}h[4f(t_n, y_n) + 2f(t_{n+1}, y_{n+1}) + hf'(t_n, y_n)].$$

6. 用三级三阶显式 Heun 方法、四级四阶古典显式 R-K 方法和四级四阶显式 R-K 方法求解初值问题

$$\begin{cases} y' = -\dfrac{1}{t^2} - \dfrac{y}{t} - y^2,\ t \in [1, 2], \\ y(1) = -1, \end{cases}$$

比较三种方法的误差和精度.

7. 以初值问题

$$\begin{cases} y' = t^3 - \dfrac{y}{t}, \\ y(1) = \dfrac{2}{5}, \end{cases}$$

为例, 编程求解并比较三级三阶显式和隐式 R-K 方法的计算精度.

8. 一名跳伞运动员自飞机上跳下, 降落伞打开之前的空气阻力正比于 $v^{\frac{3}{2}}$(v 为速度). 设时间区间为 [0,6], 向下方向的微分方程为

$$v' = 32 - 0.032v^{\frac{3}{2}}, \quad v(0) = 0.$$

用欧拉方法, 并选取 $h=0.05$, 估计 $v(6)$ 的值.

9. 利用 Heun 方法求解

$$\begin{cases} \dfrac{\mathrm{d}y}{\mathrm{d}t}=\dfrac{t-y}{2}, \\ y|_{t=0}=1, \end{cases}$$

比较 $h=1,\dfrac{1}{2},\dfrac{1}{4},\dfrac{1}{8}$ 时的数值解变化情况.

10. 证明当用 Heun 方法求解

$$\begin{cases} \dfrac{\mathrm{d}y}{\mathrm{d}t}=f(t), \quad a\leqslant t\leqslant b, \\ y(a)=y_0=0, \end{cases}$$

时, 结果为

$$y(b)=\frac{h}{2}\sum_{k=0}^{M-1}\left(f(t_k)+f(t_{k+1})\right),$$

它是区间 [a,b] 上 $f(t)$ 的定积分的复化梯形公式.

11. 证明当用 $N=4$ 的 R-K 方法求解区间 $[a,b]$ 上的初值问题

$$y'=f(t), \quad y(a)=0$$

时结果为

$$y(b)=\frac{h}{6}\sum_{k=0}^{M-1}\left(f(t_k)+4f\left(t_{k+\frac{1}{2}}\right)+f(t_{k+1})\right),$$

其中, $h=\dfrac{b-a}{M}$, $t_k=a+kh$, $t_{k+\frac{1}{2}}=a+(k+\dfrac{1}{2})h$. 它是 [a,b] 上 $f(t)$ 的定积分的辛普森逼近 (步长为 $\dfrac{h}{2}$).

12. 用 Adams-Bashforth 方法与 Adams-Moulton 方法分别求解

$$\begin{cases} \dfrac{\mathrm{d}y}{\mathrm{d}t}=30-5y, \quad 0\leqslant t\leqslant 10, \\ y|_{t=0}=1. \end{cases}$$

13. 下列多步方法中哪一个是收敛的? 证实你的答案.

(1) $y_k-y_{k-2}=h(f_k-3f_{k-1}+4f_{k-2})$;

(2) $y_k-2y_{k-1}+y_{k-2}=h(f_k-f_{k-1})$;

(3) $y_k-y_{k-1}-y_{k-2}=h(f_k-f_{k-1})$.

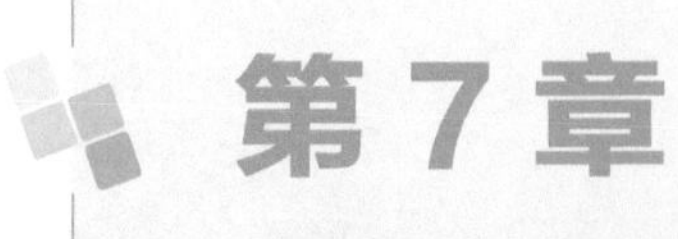

第 7 章 常微分方程边值问题的数值方法

现在讨论用数值方法求解如下形式的二阶线性两点边值问题

$$\begin{cases} -\dfrac{\mathrm{d}^2 u}{\mathrm{d}x^2} + p(x)u = f(x), \quad 0 < x < 1, \\ u(0) = \alpha, \quad u(1) = \beta. \end{cases} \tag{7-1}$$

常微分方程边值问题的解的存在唯一性比初值问题情形更加复杂. 假设 $p(x)$ 与 $f(x)$ 是定义在 $[0,1]$ 区间上的连续函数, 若 $p(x) \geqslant 0$, 则边值问题 (7-1) 的解存在且唯一. 本章我们介绍求解边值问题的有限差分方法、有限元方法、配点方法以及打靶法.

7.1 有限差分方法

首先对求解区间 $[0,1]$ 进行网格剖分, 我们考虑如图 7-1 所示的等距剖分.

图 7-1 有限差分网格

其中, 网格步长为 $h = \dfrac{1}{J}$, 内部节点有 $J-1$ 个. 假设函数 $u(x)$ 足够光滑, 其满足泰勒展开

$$u(x+h) = u(x) + u'(x)h + \frac{u''(x)}{2!}h^2 + \frac{u'''(x)}{3!}h^3 + \cdots, \tag{7-2}$$

$$u(x-h) = u(x) - u'(x)h + \frac{u''(x)}{2!}h^2 - \frac{u'''(x)}{3!}h^3 + \cdots. \tag{7-3}$$

为了计算二阶导数 $u''(x)$ 的近似, 我们将式 (7-2) 与式 (7-3) 相加得到

$$\begin{aligned} u''(x) &= \frac{u(x+h) - 2u(x) + u(x-h)}{h^2} - \frac{u^{(4)}(x)}{12}h^2 + \cdots \\ &\approx \frac{u(x+h) - 2u(x) + u(x-h)}{h^2}. \end{aligned}$$

这是二阶导数的中心差分格式, 其余项为 $O(h^2)$. 用 u_j 表示 $u(x_j)$ 的近似, 则求解边值问

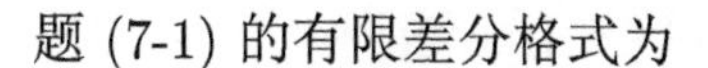

题 (7-1) 的有限差分格式为

$$-\frac{1}{h^2}(u_{j+1}-2u_j+u_{j-1})+p(x_j)u_j=f(x_j),\quad j=1,2,\cdots,J-1,\tag{7-4}$$

其中, $u_0=\alpha, u_J=\beta$ 为已知, $u_1,u_2,\cdots,u_{J-1}$ 为未知量. 该方程组能够写为矩阵形式

$$\boldsymbol{A}\boldsymbol{u}=\boldsymbol{f},$$

其中

$$\boldsymbol{A}=\frac{1}{h^2}\begin{bmatrix} 2+h^2p(x_1) & -1 & & & \\ -1 & 2+h^2p(x_2) & -1 & & \\ & \ddots & \ddots & \ddots & \\ & & -1 & 2+h^2p(x_{J-2}) & -1 \\ & & & -1 & 2+h^2p(x_J) \end{bmatrix},$$

$$\boldsymbol{u}=\begin{bmatrix} u_1 \\ u_2 \\ \vdots \\ u_{J-2} \\ u_{J-1} \end{bmatrix},\qquad \boldsymbol{f}=\begin{bmatrix} f(x_1)+\dfrac{\alpha}{h^2} \\ f(x_2) \\ \vdots \\ f(x_{J-2}) \\ f(x_{J-1})+\dfrac{\beta}{h^2} \end{bmatrix}.$$

与求解常微分方程初值问题类似, 我们也可以定义有限差分格式 (7-4) 的截断误差

$$\tau(x,h)=-\frac{1}{h^2}(u(x+h)-2u(x)+u(x-h))+p(x)u(x)-f(x),$$

其中, $u(x)$ 为问题 (7-1) 的准确解. 由于

$$u''(x)=p(x)u(x)-f(x),$$

因此

$$\tau(x,h)=-\frac{1}{h^2}(u(x+h)-2u(x)+u(x-h))+u''(x).$$

由式 (7-2) 与式 (7-3) 可知, $\tau(x,h)=O(h^2)$.

定义有限差分格式 (7-4) 的误差为

$$e_j=u(x_j)-u_j,\qquad \|e\|_\infty=\max_j|e_j|.$$

下面的定理给出了用格式 (7-4) 求解边值问题 (7-1) 的有限差分方法的收敛性.

定理 7.1 假设边值问题 (7-1) 的准确解满足 $u \in C^4[0,1]$, $f(x)$ 与 $p(x)$ 连续, 且满足 $p(x) \geqslant \gamma > 0$, 则有限差分格式 (7-4) 对边值问题 (7-1) 的逼近误差为

$$\|e\|_\infty \leqslant O(h^2).$$

证明: 有限差分格式 (7-4) 的数值解满足

$$-\frac{1}{h^2}(u_{j+1} - 2u_j + u_{j-1}) + p(x_j)u_j - f(x_j) = 0,$$

边值问题 (7-1) 的准确解满足

$$-\frac{1}{h^2}(u(x_{j+1}) - 2u(x_j) + u(x_{j-1})) + p(x_j)u(x_j) - f(x_j) = \tau(x_j, h).$$

两式相减得到

$$-\frac{1}{h^2}(e_{j+1} - 2e_j + e_{j-1}) + p(x_j)e_j = \tau(x_j, h), \quad j = 1, 2, \cdots, J-1,$$

即

$$(2 + p(x_j)h^2)e_j = e_{j+1} + e_{j-1} + h^2\tau(x_j, h).$$

因为 $p(x) \geqslant \gamma$, 所以

$$\begin{aligned}(2 + \gamma h^2)|e_j| &\leqslant |e_{j+1}| + |e_{j-1}| + h^2|\tau(x_j, h)|. \\ &\leqslant 2\|e\|_\infty + h^2\|b\|_\infty.\end{aligned}$$

因此有

$$\|e\|_\infty \leqslant \gamma^{-1}\|b\|_\infty = O(h^2). \quad \blacksquare$$

关于有限差分方法更详细的介绍, 可参考文献 [19].

7.2 有限元方法

为了使讨论变得简单, 我们考虑边值问题 (7-1) 中 $\alpha = \beta = 0$ 的情形. 由于有限元方法基于变分形式, 因而大大降低了对函数光滑性的要求. 这里只要求函数 $f(x)$ 是求解区间 $[0,1]$ 上的分片连续函数. 而解函数空间为

$$V = \{v : v在[0,1]上连续, \frac{\mathrm{d}v}{\mathrm{d}x}分片连续且有界, 且v(0) = v(1) = 0\}. \tag{7-5}$$

对于实值分片连续有界函数, 我们引入一个内积的记号

$$(v,\omega)=\int_0^1 v(x)\omega(x)\mathrm{d}x.$$

边值问题 (7-1) 中第一式的两端同时乘以 $v\in V$, 然后在区间 [0,1] 上积分可得

$$-\left(\frac{\mathrm{d}^2u}{\mathrm{d}x^2},v\right)+(pu,v)=(f,v).$$

由于

$$-\int_0^1\frac{\mathrm{d}^2u}{\mathrm{d}x^2}\cdot v\mathrm{d}x=-\frac{\mathrm{d}u}{\mathrm{d}x}\cdot v\Big|_0^1+\int_0^1\frac{\mathrm{d}u}{\mathrm{d}x}\cdot\frac{\mathrm{d}v}{\mathrm{d}x}\mathrm{d}x,$$

结合边界条件 $v(0)=v(1)=0$, 可得到变分问题

$$\left(\frac{\mathrm{d}u}{\mathrm{d}x},\frac{\mathrm{d}v}{\mathrm{d}x}\right)+(pu,v)=(f,v),\quad \forall v\in V. \tag{7-6}$$

变分问题 (7-6) 被称为边值问题 (7-1) 的变分形式(或弱形式). 另外, 如果我们假定 $\frac{\mathrm{d}^2u}{\mathrm{d}x^2}$ 存在并且是分片连续的, 则对问题 (7-6) 左端分部积分并结合边界条件 $v(0)=v(1)=0$, 可得

$$-\left(\frac{\mathrm{d}^2u}{\mathrm{d}x^2}-pu+f,v\right)=0,\quad \forall v\in V.$$

于是有

$$\left(\frac{\mathrm{d}^2u}{\mathrm{d}x^2}-pu+f\right)(x)=0,\quad 0<x<1.$$

因此, 边值问题 (7-1) 等价于在一定的正则化条件下求解变分问题 (7-6).

由于空间 V 是无限维的, 因此我们试图用一个有限维子空间 V_h 去逼近空间 V.

首先, 将区间 $[0,1]$ 划分为一些子区间

$$I_j=[x_{j-1},x_j],\quad 1\leqslant j\leqslant N+1.$$

记 $h_j=x_j-x_{j-1}$, 其中 N 为正整数, 且

$$0=x_0<x_1<\cdots<x_N<x_{N+1}=1.$$

记

$$h=\max_{1\leqslant j\leqslant N+1}h_j,$$

h 用于度量剖分的好坏.

这样, 定义有限元空间为

$$V_h=\{v:v在[0,1]上连续, v在每个I_j上是线性函数, 且v(0)=v(1)=0\}. \tag{7-7}$$

对比式 (7-7) 与式 (7-5), 可知 $V_h \subset V$, 即 V_h 为 V 的一个子空间. 现在我们需要构造一组线性基函数 $\phi_j(x) \in V_h(1 \leqslant j \leqslant N)$, 使其张成有限维空间 V_h, 并且满足

$$\phi_j(x_i) = \begin{cases} 1, & 当 i = j, \\ 0, & 当 i \neq j. \end{cases}$$

由 $\phi_j(x)$ 在 [0,1] 上的分片连续性以及拉格朗日基函数的特点, 可以计算出

$$\phi_j(x) = \begin{cases} \dfrac{x - x_{j-1}}{h_j}, & x \in [x_{j-1}, x_j], \\ \dfrac{x_{j+1} - x}{h_{j+1}}, & x \in [x_j, x_{j+1}], \\ 0, & 其他. \end{cases}$$

$\phi_j(x)$ 的图像如图 7-2 所示, 其形状非常像一顶帽子, 常常被称为**帽子函数**.

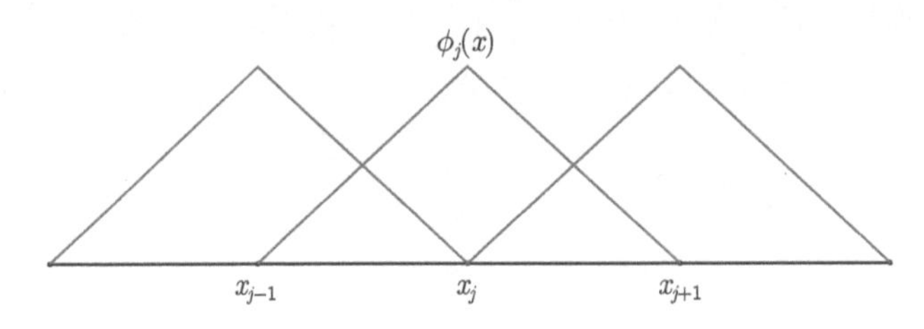

图 7-2　有限元基函数

因此, 有限维空间 V_h 中的任一函数 $v \in V_h$, 都可表示成如下形式的基函数的线性组合

$$v(x) = \sum_{j=1}^{N} v_j \phi_j(x), \quad x \in [0, 1],$$

其中 $v_j = v(x_j)$.

求解边值问题 (7-1) 的有限元方法即是: 寻找 $u_h \in V_h$, 使得

$$\left(\frac{\mathrm{d}u_h}{\mathrm{d}x}, \frac{\mathrm{d}v}{\mathrm{d}x} \right) + (pu_h, v) = (f, v), \quad \forall v \in V_h, \tag{7-8}$$

其中

$$u_h(x) = \sum_{j=1}^{N} u_j \phi_j(x), \quad u_j = u_h(x_j).$$

由于 v 的任意性, 方程 (7-8) 还不是一个完全离散的形式, 需要进一步确定有限个函数 v, 使其满足方程 (7-8). 因为 V_h 已经有一组基函数 $\{\phi_i\}_{i=1}^{N}$, 最简单的方法是选取 $v = \phi_i$, 满足方程 (7-8). 这样就得到线性方程组

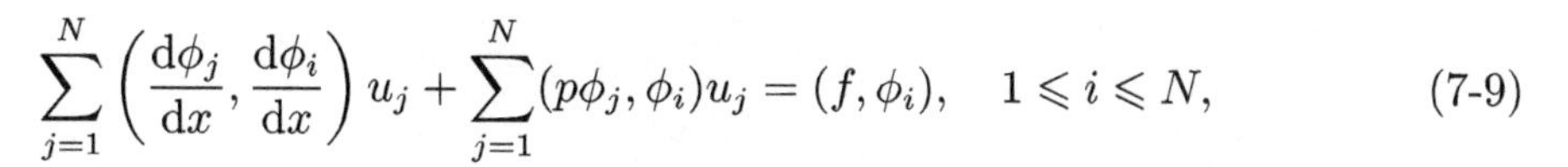

$$\sum_{j=1}^{N}\left(\frac{\mathrm{d}\phi_j}{\mathrm{d}x},\frac{\mathrm{d}\phi_i}{\mathrm{d}x}\right)u_j+\sum_{j=1}^{N}(p\phi_j,\phi_i)u_j=(f,\phi_i),\quad 1\leqslant i\leqslant N, \tag{7-9}$$

这是一个关于未知解 $u_j(j=1,2,\cdots,N)$ 的 N 维线性方程组, 可以写为矩阵形式

$$(\boldsymbol{A}+\boldsymbol{B})\boldsymbol{u}=\boldsymbol{F}, \tag{7-10}$$

其中, $\boldsymbol{A}=(a_{i,j})$ 是一个 $N\times N$ 阶矩阵, $a_{i,j}=\left(\dfrac{\mathrm{d}\phi_j}{\mathrm{d}x},\dfrac{\mathrm{d}\phi_i}{\mathrm{d}x}\right)$; $\boldsymbol{B}=(b_{i,j})$ 也是一个 $N\times N$ 阶矩阵, $b_{i,j}=(p\phi_j,\phi_i)$; $\boldsymbol{u}=(u_1,\cdots,u_N)^{\mathrm{T}}$ 为 N 维向量; $\boldsymbol{F}=(F_1,\cdots,F_N)^{\mathrm{T}}$ 亦为 N 维向量, 且 $F_i=(f,\phi_i)$.

- 对于系数矩阵 $\boldsymbol{A}$, 计算可得

$$\left(\frac{\mathrm{d}\phi_j}{\mathrm{d}x},\frac{\mathrm{d}\phi_j}{\mathrm{d}x}\right)=\int_{x_{j-1}}^{x_j}\frac{1}{h_j^2}\mathrm{d}x+\int_{x_j}^{x_{j+1}}\frac{1}{h_{j+1}^2}\mathrm{d}x=\frac{1}{h_j}+\frac{1}{h_{j+1}},\quad 1\leqslant j\leqslant N,$$

$$\left(\frac{\mathrm{d}\phi_j}{\mathrm{d}x},\frac{\mathrm{d}\phi_{j-1}}{\mathrm{d}x}\right)=\left(\frac{\mathrm{d}\phi_{j-1}}{\mathrm{d}x},\frac{\mathrm{d}\phi_j}{\mathrm{d}x}\right)=\int_{x_{j-1}}^{x_j}\frac{-1}{h_j^2}\mathrm{d}x=-\frac{1}{h_j},\quad 2\leqslant j\leqslant N,$$

$$\left(\frac{\mathrm{d}\phi_j}{\mathrm{d}x},\frac{\mathrm{d}\phi_i}{\mathrm{d}x}\right)=0,\quad 当|j-i|>1.$$

因此, 矩阵 $\boldsymbol{A}$ 是三对角的. 另外有

$$\sum_{i,j=1}^{N}v_j\left(\frac{\mathrm{d}\phi_j}{\mathrm{d}x},\frac{\mathrm{d}\phi_i}{\mathrm{d}x}\right)v_i=\left(\sum_{j=1}^{N}v_j\frac{\mathrm{d}\phi_j}{\mathrm{d}x},\sum_{i=1}^{N}v_i\frac{\mathrm{d}\phi_i}{\mathrm{d}x}\right)\geqslant 0,$$

等式成立当且仅当 $\dfrac{\mathrm{d}v}{\mathrm{d}x}\equiv 0$, 这里

$$v(x)=\sum_{j=1}^{N}v_j\phi_j(x).$$

因为 $v(0)=0$, 所以 $\dfrac{\mathrm{d}v}{\mathrm{d}x}\equiv 0$ 等价于 $v(x)\equiv 0$, 或者对于所有的 $j=1,\cdots,N$, 有 $v_j=0$. 因此, 矩阵 $\boldsymbol{A}$ 是对称且正定的.

- 假设 $p(x)\geqslant\gamma>0$. 对于系数矩阵 $\boldsymbol{B}$, 有

$$\sum_{i,j=1}^{N}v_j(p\phi_j,\phi_i)v_i\geqslant\gamma\sum_{i,j=1}^{N}v_j(\phi_j,\phi_i)v_i=\gamma\left(\sum_{j=1}^{N}v_j\phi_j,\sum_{i=1}^{N}v_i\phi_i\right)\geqslant 0,$$

等式成立当且仅当 $v\equiv 0$. 因为 $v(0)=0$, 所以 $v\equiv 0$ 等价于对所有的 $j=1,\cdots,N$, 有 $v_j=0$. 因此, 矩阵 $\boldsymbol{B}$ 是对称且正定的.

以上的论述说明, $\boldsymbol{A}+\boldsymbol{B}$ 是可逆的, 因而线性方程组 (7-10) 有唯一解.

用有限元方法求解边值问题的流程如下:

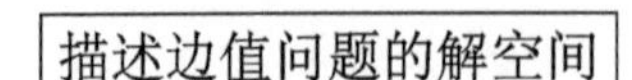

推导边值问题的变分形式

构造有限元空间

(1) 对求解区域进行网格剖分;

(2) 构造拉格朗日型基函数;

(3) 形成有限元空间 V_h.

↓

离散变分问题并形成代数方程组

求解代数方程组, 获得数值解

有限元方法的稳定性与收敛性分析, 需要用到著名的 Lax-Milgram 引理, 详细的理论介绍可参考文献 [20].

彼得・拉克斯 (Peter Lax, 1926 年—), 匈牙利裔美国数学家. 作为一名数学神童, 他 19 岁时就参与了研制原子弹的“曼哈顿计划”. 二战结束后, 拉克斯重新返回大学深造, 1949 年, 拉克斯在纽约大学获博士学位, 此后到洛斯阿拉莫斯国家实验室工作了一年. 1951 年, 拉克斯在纽约大学获得教授职务, 1963 年任柯朗研究所计算及应用数学中心主任, 1972 年到 1980 年任柯朗研究所所长. 在此期间, 拉克斯在纯数学及应用数学方面均做出巨大贡献, 获得了极高的荣誉, 堪称世界数学界泰斗级的人物. 拉克斯曾先后担任过美国数学学会主席、美国原子能委员会计算和应用数学中心主任. 拉克斯于 1987 年获沃尔夫奖, 2005 年获阿贝尔奖.

7.3 配点方法

现在考虑用配点方法求解边值问题 (7-1).

设在区间 $[0,1]$ 内有 $N-2$ 个节点 $\mathcal{X}=\{x_1,x_2,\cdots,x_{N-2}\}$, 并且允许这些节点是散乱分布的. 为了测量这些节点的分布情况, 定义填充距离

$$h=\sup_{x\in[0,1]}\min_{x_j\in\mathcal{X}}|x-x_j|.$$

假设一个有限维函数空间

$$V_h=\operatorname{span}\{B_1(x),B_2(x),\cdots,B_N(x)\},$$

其中 $B_j(x)$ 是其基函数, 则 V_h 空间中的任意函数 u 可表示为

$$u=\sum_{j=1}^{N} c_j B_j(x), \tag{7-11}$$

其中 $c_1,\cdots,c_N$ 是一些未知系数. 将式 (7-11) 代入边值问题 (7-1) 中, 并在内部节点和边界点上分别取值, 则得到

$$\begin{cases} -\displaystyle\sum_{j=1}^{N} c_j B_j''(x_i)+p(x_i)\sum_{j=1}^{N} c_j B_j(x_i)=f(x_i), \quad x_i\in\mathcal{X}, \\ \displaystyle\sum_{j=1}^{N} c_j B_j(0)=\alpha, \quad \sum_{j=1}^{N} c_j B_j(1)=\beta. \end{cases} \tag{7-12}$$

该方程组能写出矩阵形式

$$\boldsymbol{A}\boldsymbol{c}=\boldsymbol{b},$$

其中

$$\boldsymbol{A}=\begin{bmatrix} -B_1''(x_1)+p(x_1)B_1(x_1) & -B_2''(x_1)+p(x_1)B_2(x_1) & \cdots & -B_N''(x_1)+p(x_1)B_N(x_1) \\ -B_1''(x_2)+p(x_2)B_1(x_2) & -B_2''(x_2)+p(x_2)B_2(x_2) & \cdots & -B_N''(x_2)+p(x_2)B_N(x_2) \\ \vdots & \vdots & & \vdots \\ B_1(0) & B_2(0) & \cdots & B_N(0) \\ B_1(1) & B_2(1) & \cdots & B_N(1) \end{bmatrix},$$

$$\boldsymbol{c}=\begin{bmatrix} c_1 \\ c_2 \\ \vdots \\ c_{N-1} \\ c_N \end{bmatrix}, \qquad \boldsymbol{b}=\begin{bmatrix} f(x_1) \\ f(x_2) \\ \vdots \\ \alpha \\ \beta \end{bmatrix}.$$

显然, 系数矩阵 $\boldsymbol{A}$ 不再是对称矩阵. 如果矩阵 $\boldsymbol{A}$ 可逆, 则方程组有唯一解.

与有限差分方法和有限元方法比较, 配点方法更加适合于随机散乱分布的节点. 由于对解函数的微分运算转化为对基函数的微分运算, 因此配点方法更加方便和灵活. 下面我们介绍一些常见的用于配点方法的基函数.

- **切比雪夫 (Chebyshev) 多项式**

区间 $[-1,1]$ 上的切比雪夫多项式定义为

$$T_n(x)=\cos(n\arccos x), \quad n=0,1,\cdots.$$

这类多项式具有两个很好的性质.

(1) 正交性质

$$(T_i, T_j) = \int_{-1}^{1} \frac{T_i(x)T_j(x)}{\sqrt{1-x^2}}\mathrm{d}x = \begin{cases} 0, & i \neq j, \\ \dfrac{\pi}{2}, & i = j \neq 0, \\ \pi, & i = j = 0. \end{cases}$$

(2) 递推性质

$$T_{n+1}(x) = 2xT_n(x) - T_{n-1}(x), \quad n = 1, 2, \cdots,$$

其中, $T_0(x) = 1$, $T_1(x) = x$.

借助于递推性质, 可以得到任何次数的切比雪夫多项式, 比如 $T_0(x) \sim T_5(x)$:

$$\begin{aligned} T_0(x) &= 1, \\ T_1(x) &= x, \\ T_2(x) &= 2x^2 - 1, \\ T_3(x) &= 4x^3 - 3x, \\ T_4(x) &= 8x^4 - 8x^2 + 1, \\ T_5(x) &= 16x^5 - 20x^3 + 5x. \end{aligned}$$

如图 7-3 所示, 随着阶数的增加, 切比雪夫多项式的光滑性逐渐提高. 通过变换, 可以将切比雪夫多项式定义在区间 [0, 1] 上, 即

$$T_j(x) = \cos(j \arccos(2x - 1)), \quad j = 0, 1, \cdots. \tag{7-13}$$

在方程组 (7-12) 中选取 $B_j(x) = T_j(x)$ 进行数值计算, 这种格式经常被称为谱方法 [21].

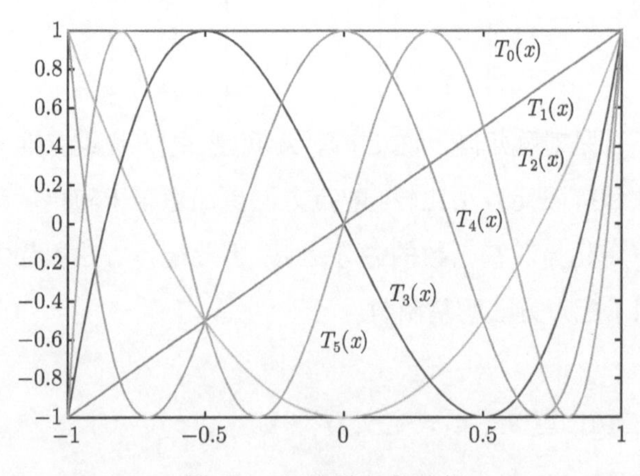

图 7-3 切比雪夫多项式

切比雪夫 (Chebyshev, 1821—1894 年), 俄国数学家、力学家, 彼得堡数学学派的奠基人和领袖, 1821 年 5 月 26 日生于卡卢加省奥卡托沃. 他一生发表了 70 多篇科学论文, 内容涉及数论、概率论、函数逼近论、积分学等方面. 他证明了贝尔特兰公式、自然数列中素数分布的定理、大数定律的一般公式以及中心极限定理. 他不仅重视纯数学, 而且十分重视数学的应用. 切比雪夫在概率论、数学分析等领域有重要贡献. 在力学方面, 他主要从事这些数学问题的应用研究. 他在一系列专论中对最佳近似函数进行了解析研究, 并把成果用来研究机构理论.

- 径向基函数

另外一种比较实用的函数是径向基函数.

定义 7.1　一个函数 $\Phi:\mathbb{R}^d\to\mathbb{R}$ 被称作径向函数, 如果存在一个单变量函数 $\phi:[0,\infty)\to\mathbb{R}$ 满足 $\Phi(\boldsymbol{x})=\phi(r), r=\|\boldsymbol{x}\|$, 其中 $\|\cdot\|$ 通常取为 $\mathbb{R}^d$ 上的欧几里得范数 $\|\cdot\|_2$, 径向基函数定义为

$$\Phi_j(\boldsymbol{x})=\phi(\|\boldsymbol{x}-\boldsymbol{x}_j\|),\quad \boldsymbol{x}_j\in\mathbb{R}^d.$$

显然, 在一维情形下, $r=\sqrt{x^2}$. 给定一个散乱点集合 $\mathcal{Y}=\mathcal{X}\bigcup\{0,1\}$. 此时, 由径向基函数所构造的有限维函数空间为

$$V_h=\text{span}\{\Phi_1(x),\Phi_2(x),\cdots,\Phi_N(x)\},$$

其中

$$\Phi_j(x)=\phi(r_j),\quad r_j=\sqrt{(x-x_j)^2},\quad j=1,2,\cdots,N-2,$$
$$\Phi_{N-1}(x)=\phi(\sqrt{x^2}),\quad \Phi_N(x)=\phi(\sqrt{(x-1)^2}).$$

在方程组 (7-12) 中选取 $B_j(x)=\Phi_j(x)$ 进行数值计算, 这种格式经常被称为无网格方法 [22].

对径向基函数的求导可采用链式法则, 于是

$$\frac{\mathrm{d}\Phi_j}{\mathrm{d}x}=\frac{\mathrm{d}\phi}{\mathrm{d}r_j}\cdot\frac{\mathrm{d}r_j}{\mathrm{d}x}=\frac{\mathrm{d}\phi}{\mathrm{d}r_j}\cdot\frac{x-x_j}{r_j},$$
$$\frac{\mathrm{d}^2\Phi_j}{\mathrm{d}x^2}=\frac{\mathrm{d}^2\phi}{\mathrm{d}r_j^2}.$$

一些常用的径向函数见表 7-1. 表 7-1 中的 ε 是一个正常数, 其大小影响函数的形状和性质. 一般来说, ε 越小, 逼近的效果越好. 表中的 $(\cdot)_+$ 定义为

$$(x)_+=\begin{cases}x, & x\geqslant 0,\\ 0, & x<0.\end{cases}$$

表 7-1 常用径向函数

径向函数	表达式	光滑性
Gaussian 函数	$\phi(r) = \mathrm{e}^{-(\varepsilon r)^2}$	C^∞
IMQ 函数	$\phi(r) = \dfrac{1}{\sqrt{1+(\varepsilon r)^2}}$	C^∞
IQ 函数	$\phi(r) = \dfrac{1}{(1+(\varepsilon r)^2)^2}$	C^∞
Matérn 函数	$\phi(r) = \mathrm{e}^{-\varepsilon r}(1+\varepsilon r)$	C^2
MQ 函数	$\phi(r) = \sqrt{1+(\varepsilon r)^2}$	C^∞
广义 MQ 函数	$\phi(r) = (1+(\varepsilon r)^2)^{\frac{3}{2}}$	C^∞
截断幂函数	$\phi(r) = (1-\varepsilon r)_+^2$	C^0
截断指数函数	$\phi(r) = (\mathrm{e}^{1-\varepsilon r}-1)_+^2$	C^0
Wendland 函数	$\phi(r) = (1-\varepsilon r)_+^4(4\varepsilon r+1)$	C^2
Wu 函数	$\phi(r) = (1-\varepsilon r)_+^4(5(\varepsilon r)^3+20(\varepsilon r)^2+29\varepsilon r+16)$	C^2

7.4 打 靶 法

我们也可以把边值问题转化成初值问题去求解.

当考虑用求解常微分方程初值问题的方法来求解边值问题 (7-1) 时, 还需要补充关于 u' 的初值. 我们假设 $u'(0)=c_0$, 考虑如下初值问题的求解

$$\begin{cases} -\dfrac{\mathrm{d}^2u}{\mathrm{d}x^2}+p(x)u=f(x), \quad 0<x<1, \\ u(0)=\alpha, \quad u'(0)=c_0. \end{cases} \tag{7-14}$$

通过使用求解初值问题的数值方法, 将所获得的解记为 $u(x,c_0)$. 显然, 这个解依赖于初始值 c_0 的选择. 而初值问题 (7-14) 忽略了边值问题 (7-1) 中的一个很重要的信息, 就是 $u(1)=\beta$. 因此很自然地, 我们希望 $u(1,c_0)=\beta$. 这个一般是不可能的, 由于 c_0 只是一个猜测. 因此需要对这个初始猜测进行某种修正, 得到另外一个初值 c_1. 进而以

$$u(0)=\alpha, \quad u'(0)=c_1$$

作为新的初始条件, 继续求解初值问题 (7-14), 将第二次得到的数值解记为 $u(x,c_1)$. 此时再判断 $u(1,c_1)$ 与 β 的接近程度. 这个过程可以重复下去, 直到找到合适的 c_j, 使得

$$|u(1,c_j)-\beta|<\varepsilon.$$

这里的 $\varepsilon>0$ 是给定的一个停止标准.

现在的问题是采用什么样的方案来修正 c_j. 当上面的循环计算过程一直进行下去时, 我们希望

$$\lim_{j\to\infty} u(1,c_j)=u(1)=\beta.$$

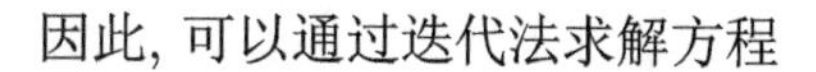

因此, 可以通过迭代法求解方程

$$f(c) = u(1, c) - \beta = 0$$

来确定每一个 c_j 的值. 求解该方程组的牛顿迭代方法为

$$c_j = c_{j-1} - \frac{f(c_{j-1})}{f'(c_{j-1})}, \quad j = 1, 2, \cdots.$$

为了避免导数的计算, 可以用割线法近似计算一阶导数 $f'(c_{j-1})$, 从而得到迭代格式

$$\begin{aligned} c_j &= c_{j-1} - \frac{f(c_{j-1})}{f(c_{j-1}) - f(c_{j-2})}(c_{j-1} - c_{j-2}) \\ &= c_{j-1} - \frac{u(1, c_{j-1}) - \beta}{u(1, c_{j-1}) - u(1, c_{j-2})}(c_{j-1} - c_{j-2}), \quad j = 2, 3, \cdots. \end{aligned}$$

以上把边值问题看作若干个初值问题来求解的方法通常叫作打靶法, 如图 7-4 所示.

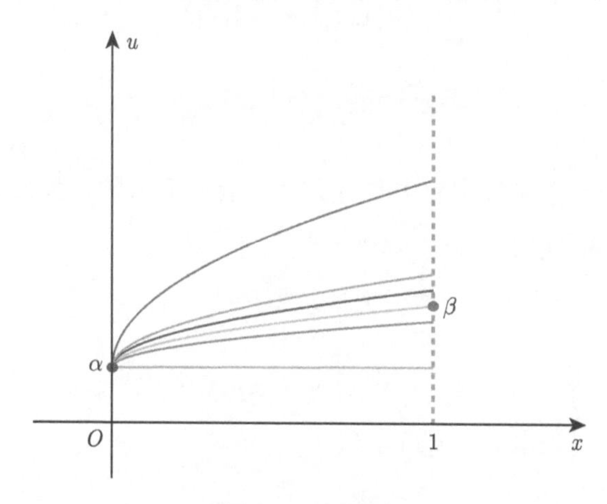

图 7-4　打靶法

我们可以把 $u(0) = \alpha$ 看作子弹发射的位置, 而每一个 $u'(0) = c_j$ 确定了一次射击的方向. 每一次射击, 子弹落在直线 (靶)$x = 1$ 上, 形成了带有偏差的位置 $u(1, c_j)$. 这个过程就是“打靶法”名字的由来.

为了进一步看清打靶法的思想, 我们仅取两次打靶实验来观察. 假设有两次初始的猜测 c_0, c_1, 对应于求解两个初值问题

$$\begin{cases} -\dfrac{\mathrm{d}^2 u}{\mathrm{d}x^2} + p(x)u = f(x), \\ u(0) = \alpha, \quad u'(0) = c_0, \end{cases} \tag{7-15}$$

和

$$\begin{cases} -\dfrac{\mathrm{d}^2 u}{\mathrm{d}x^2} + p(x)u = f(x), \\ u(0) = \alpha, \quad u'(0) = c_1. \end{cases} \tag{7-16}$$

两个初值问题的解分别记为 $u(x, c_0)$ 与 $u(x, c_1)$. 容易验证, 对任意常数 λ,

$$v(x) = \lambda u(x, c_0) + (1-\lambda) u(x, c_1)$$

满足方程

$$\begin{cases} -\dfrac{\mathrm{d}^2 v}{\mathrm{d}x^2} + p(x) v = f(x), \\ v(0) = \alpha. \end{cases} \tag{7-17}$$

现在, $v(x)$ 差不多已经可以求出边值问题 (7-1) 的值了, 除了 $x = 1$ 处的值还未确定. 进一步使用条件 $v(1) = \beta$, 可解得

$$\lambda = \frac{\beta - u(1, c_1)}{u(1, c_0) - u(1, c_1)}.$$

7.5 应用举例

本节我们通过一个例子来观察有限差分方法、有限元方法、配点方法、打靶法在求解常微分方程边值问题中的应用.

例 7.1 用本章中介绍的 4 种数值方法求解

$$\begin{cases} -u''(x) + \mathrm{e}^x u(x) = f(x), \quad 0 < x < 1, \\ u(0) = u(1) = 0, \end{cases} \tag{7-18}$$

其中

$$f(x) = -2 + (\pi^2 + \mathrm{e}^x) \sin(\pi x) + \mathrm{e}^x (x^2 - x).$$

这个方程有唯一的准确解

$$u(x) = x^2 - x + \sin(\pi x).$$

解: 我们下面逐一讨论 4 种方法对该问题的求解.

- **有限差分方法**

给定等距的网格节点 $x_j (j = 0, 1, \cdots, J)$, 则方程 (7-18) 的有限差分格式为

$$-\frac{1}{h^2}(u_{j+1} - 2u_j + u_{j-1}) + \mathrm{e}^{x_j} u_j = f(x_j), \quad j = 1, 2, \cdots, J-1,$$

$$u_0 = u_J = 0.$$

当网格步长分别取 $h = \dfrac{1}{10}, \dfrac{1}{20}, \dfrac{1}{40}, \dfrac{1}{80}$ 时, 得到 L^∞ 误差为

$$0.0071,\quad 0.0018,\quad 4.3975\times10^{-4},\quad 1.0992\times10^{-4}.$$

● 有限元方法

将方程 (7-18) 的有限元离散矩阵方程组写为

$$(\boldsymbol{A}+\boldsymbol{B})\boldsymbol{u}=\boldsymbol{F}.$$

当考虑在以 $h=\frac{1}{J}$ 为网格步长的等距节点上离散时, $\boldsymbol{A}$ 具有如下形式:

$$\boldsymbol{A}=\frac{1}{h}\begin{bmatrix} 2 & -1 & & & \\ -1 & 2 & -1 & & \\ & \ddots & \ddots & \ddots & \\ & & -1 & 2 & -1 \\ & & & -1 & 2 \end{bmatrix}.$$

我们现在计算矩阵 $\boldsymbol{B}=(b_{i,j})$, 其中 $b_{i,j}=(\mathrm{e}^x\phi_j,\phi_i)$. $\boldsymbol{B}$ 的元素中被积函数的原函数不容易求得, 因此我们考虑用中点积分公式做近似计算. 于是有

$$(\mathrm{e}^x\phi_j,\phi_j)=\int_{x_{j-1}}^{x_j}\mathrm{e}^x\phi_j^2\mathrm{d}x+\int_{x_j}^{x_{j+1}}\mathrm{e}^x\phi_j^2\mathrm{d}x\approx\frac{h}{4}(\mathrm{e}^{x_{j-\frac{1}{2}}}+\mathrm{e}^{x_{j+\frac{1}{2}}}),$$

$$(\mathrm{e}^x\phi_j,\phi_{j-1})=\int_{x_{j-1}}^{x_j}\mathrm{e}^x\phi_j\phi_{j-1}\mathrm{d}x\approx\frac{h}{4}\mathrm{e}^{x_{j-\frac{1}{2}}},$$

$$(\mathrm{e}^x\phi_j,\phi_{j+1})=\int_{x_j}^{x_{j+1}}\mathrm{e}^x\phi_j\phi_{j+1}\mathrm{d}x\approx\frac{h}{4}\mathrm{e}^{x_{j+\frac{1}{2}}},$$

这里

$$x_{j+\frac{1}{2}}=(x_j+x_{j+1})/2,\quad x_{j-\frac{1}{2}}=(x_j+x_{j-1})/2.$$

所以

$$\boldsymbol{B}=\frac{h}{4}\begin{bmatrix} \mathrm{e}^{x_{j-\frac{1}{2}}}+\mathrm{e}^{x_{j+\frac{1}{2}}} & \mathrm{e}^{x_{j+\frac{1}{2}}} & & & \\ \mathrm{e}^{x_{j-\frac{1}{2}}} & \mathrm{e}^{x_{j-\frac{1}{2}}}+\mathrm{e}^{x_{j+\frac{1}{2}}} & \mathrm{e}^{x_{j+\frac{1}{2}}} & & \\ & \ddots & \ddots & \ddots & \\ & & \mathrm{e}^{x_{j-\frac{1}{2}}} & \mathrm{e}^{x_{j-\frac{1}{2}}}+\mathrm{e}^{x_{j+\frac{1}{2}}} & \mathrm{e}^{x_{j+\frac{1}{2}}} \\ & & & \mathrm{e}^{x_{j-\frac{1}{2}}} & \mathrm{e}^{x_{j-\frac{1}{2}}}+\mathrm{e}^{x_{j+\frac{1}{2}}} \end{bmatrix}.$$

对于 $\boldsymbol{F}$ 的元素, 同样使用中点积分公式计算, 则有

$$\boldsymbol{F}=\begin{bmatrix}(f,\phi_1)\\(f,\phi_2)\\\vdots\\(f,\phi_{J-2})\\(f,\phi_{J-1})\end{bmatrix}\approx\frac{h}{2}\begin{bmatrix}f(x_{\frac{1}{2}})+f(x_{\frac{3}{2}})\\f(x_{\frac{3}{2}})+f(x_{\frac{5}{2}})\\\vdots\\f(x_{J-\frac{5}{2}})+f(x_{J-\frac{3}{2}})\\f(x_{J-\frac{3}{2}})+f(x_{J-\frac{1}{2}})\end{bmatrix}.$$

当网格步长分别取 $h=\frac{1}{10},\frac{1}{20},\frac{1}{40},\frac{1}{80}$ 时, 得到有限元方法的 L^∞ 误差为

$$0.0022,\quad 5.4754\times10^{-4},\quad 1.3667\times10^{-4},\quad 3.4134\times10^{-5}.$$

- 配点方法

我们这里使用 Wendland 的 C^6 函数

$$\phi(r)=(1-\varepsilon r)_+^8(32(\varepsilon r)^3+25(\varepsilon r)^2+8\varepsilon r+1)$$

求解方程 (7-18). 假设区间 $[0,1]$ 上的等距节点为 $x_j(j=0,1,\cdots,J)$. 首先将解函数的逼近写为

$$\widetilde{u}=\sum_{j=0}^{J}c_j\phi(|x-x_j|),$$

其中 c_j 为待定系数, 则配点方法所得到的代数方程组为

$$\boldsymbol{Ac}=\boldsymbol{b},$$

其中

$$\boldsymbol{A}=\begin{bmatrix}\boldsymbol{LA}\\\boldsymbol{B}_1\\\boldsymbol{B}_2\end{bmatrix},\quad \boldsymbol{c}=\begin{bmatrix}c_1\\c_2\\\vdots\\c_{N-1}\\c_N\end{bmatrix},\qquad \boldsymbol{b}=\begin{bmatrix}f(x_1)\\f(x_2)\\\vdots\\0\\0\end{bmatrix},$$

这里, $\boldsymbol{LA},\boldsymbol{B}_1,\boldsymbol{B}_2$ 为分块矩阵, 其元素为

$$(\boldsymbol{LA})_{i,j}=-\frac{\mathrm{d}^2}{\mathrm{d}x^2}\phi(|x-x_j|)\Big|_{x=x_i}+\mathrm{e}^{x_i}\phi(|x_i-x_j|),$$

$$i=1,\cdots,J-1,\quad j=0,\cdots,J,$$

$$\boldsymbol{B}_1=\begin{bmatrix}\phi(|0-x_0|)\\ \phi(|0-x_1|)\\ \vdots\\ \phi(|0-x_{J-1}|)\\ \phi(|0-x_J|)\end{bmatrix}^{\mathrm{T}},\qquad \boldsymbol{B}_2=\begin{bmatrix}\phi(|1-x_0|)\\ \phi(|1-x_1|)\\ \vdots\\ \phi(|1-x_{J-1}|)\\ \phi(|1-x_J|)\end{bmatrix}^{\mathrm{T}}.$$

取 $\varepsilon=1$, 网格步长分别取 $h=\frac{1}{10},\frac{1}{20},\frac{1}{40},\frac{1}{80}$ 时, 该配点方法的 L^{∞} 误差为

$$4.6128\times10^{-3},\quad 4.7889\times10^{-4},\quad 3.9161\times10^{-5},\quad 2.8005\times10^{-6}.$$

- 打靶法

求解方程 (7-18) 的打靶法相当于求解两个初值问题

$$\begin{cases}u''(x)=\mathrm{e}^{x}u(x)-f(x),\\ u(0)=0,\quad u'(0)=0,\end{cases}$$

与

$$\begin{cases}u''(x)=\mathrm{e}^{x}u(x)-f(x),\\ u(0)=0,\quad u'(0)=1.\end{cases}$$

假设两个初值问题的解分别为 $u_1(x)$ 与 $u_2(x)$, 则方程 (7-18) 的解为

$$u(x)=\lambda u_1(x)+(1-\lambda)u_2(x),\quad \lambda=-\frac{u_2(1)}{u_1(1)-u_2(1)}.$$

我们采用四级四阶古典显式 Runge-Kutta 方法求解以上两个初值问题, 分别取步长 $h=\frac{1}{10},\frac{1}{20},\frac{1}{40},\frac{1}{80}$, 则打靶法的 L^{∞} 误差为

$$2.7204\times10^{-6},\quad 1.8906\times10^{-7},\quad 1.2298\times10^{-8},\quad 7.8338\times10^{-10}.$$

习 题 7

1. 对 $f(x+2h),f(x-2h),f(x+h),f(x-h)$ 做泰勒展开, 求逼近 $f^{(3)}(x)$ 与 $f^{(4)}(x)$ 的有限差分格式.

2. 用隐式求导公式给出下列定义在区间 $[0,1]$ 上的函数在内点

$$x_1=0.2,x_2=0.4,x_3=0.6,x_4=0.8$$

的近似一阶导数值.

(1)$f(x)=x^2+1$, 已知 $f'(0)=0,f'(1)=2$;

(2) $f(x) = x^3$, 已知 $f'(0) = 0, f'(1) = 3$.

3. 给定剖分步长为 h 的一组节点 $x_0 < x_1 < x_2 < x_3 < x_4$, 利用插值型求导方法推导

$$f''(x_0) \approx \frac{2f(x_0) - 5f(x_1) + 4f(x_2) - f(x_3)}{h^2},$$

$$f'''(x_0) \approx \frac{-5f(x_0) + 18f(x_1) - 24f(x_2) + 14f(x_3) - 3f(x_4)}{2h^3}.$$

4. 考虑两点边值问题

$$u'' + 2xu' - x^2u = x^2, \quad u(0) = 1, \quad u(1) = 0.$$

(1) 设 $h = \dfrac{1}{4}$, 用中心差分表示所有的导数并写出差分方程;

(2) 用单边近似

$$u'(x_i) \approx \frac{u(x_i) - u(x_{i-1})}{h}$$

重复 (1) 的过程;

(3) 对边界条件

$$u'(0) + u(0) = 1, \quad u'(1) + \frac{1}{2}u(1) = 0$$

重复 (1) 的过程.

5. 一根长为 1 米的杆有作用于它的热源, 而最终达到温度不变的稳定状态. 杆的热传导系数是位置 x 的函数, 它由 $c(x) = 1 + x^2$ 给出. 杆的左端保持常温——1℃. 杆的右端绝热, 所以没有热量从杆的右端点流入或流出. 这个问题由边值问题

$$\begin{cases} \dfrac{\mathrm{d}}{\mathrm{d}x}\left((1+x^2)\dfrac{\mathrm{d}u}{\mathrm{d}x}\right) = f(x), \quad 0 \leqslant x \leqslant 1, \\ u(0) = 1, \quad u'(1) = 0. \end{cases}$$

进行描述.

(1) 写出这个问题的差分方程, 并说明对两端点是如何进行差分近似的;

(2) 编写求解该方程的 MATLAB 程序, 选取

$$u(x) = (1-x)^2, \quad f(x) = 2(3x^2 - 2x + 1),$$

在不同的网格步长 $h = 0.1,\ 0.01,\ 0.001$ 下比较数值解与准确解之间的 L^∞ 误差.

6. 用有限元方法求解

$$\begin{cases} \dfrac{\mathrm{d}}{\mathrm{d}x}\left((1+x^2)\dfrac{\mathrm{d}u}{\mathrm{d}x}\right) = -2(3x^2 - x + 1), \quad 0 \leqslant x \leqslant 1, \\ u(0) = 0, \quad u(1) = 0. \end{cases}$$

(1) 验证 $u(x) = x(1-x)$ 是该方程的准确解;

(2) 编写有限元方法的 MATLAB 程序, 取 $h = 0.1,\ 0.01,\ 0.001$, 比较数值解与准确解之间的 L^∞ 误差.

7. 用配点方法求解两点边值问题

$$\begin{cases} u''(x) = u(x) + x^2, & 0 \leqslant x \leqslant 1, \\ u(0) = u(1) = 0. \end{cases}$$

(1) 使用基函数

$$\phi_j(x) = \sin(j\pi x), \quad j = 1, 2, 3,$$

以及节点 $x_i = \dfrac{i}{4}$, $i = 1, 2, 3$. 令

$$u(x) = c_1\phi_1(x) + c_2\phi_2(x) + c_3\phi_3(x),$$

写出为确定 c_1, c_2 和 c_3 所要求解的线性方程组;

(2) 使用基函数

$$\phi_j(x) = x^j(1 - x), \quad j = 1, 2, 3,$$

重复 (1) 的过程, 并求该方程的数值解;

(3) 使用基函数

$$\phi_j(x) = \sqrt{1 + (x - x_j)^2}, \quad j = 1, 2, 3,$$

重复 (1) 的过程, 并求该方程的数值解.

8. 用打靶法求解两点边值问题

(1) $\begin{cases} u''(x) = 10u^3 + 3u + x^2, & 0 < x < 1, \\ u(0) = 0, \quad u(1) = 1. \end{cases}$

(2) $\begin{cases} u''(x) = -\mathrm{e}^{u+1}, & 0 < x < 1, \\ u(0) = 0, \quad u(1) = 0. \end{cases}$

(3) $\begin{cases} u''(x) = -(1 + \mathrm{e}^u), & 0 < x < 1, \\ u(0) = 0, \quad u(1) = 1. \end{cases}$

参考文献

[1] Birkhoff G, Rota G.-C.. Ordinary Differential Equations (Fourth Edition). New York: John Wiley & Sons, 1989.

[2] Braun M. Differential Equations and Their Applications (Fourth Edition). New York: Springer, 1993.

[3] Dreyer TP. Modelling with Ordinary Differential Equations. Boca Raton: CRC Press, 2017.

[4] 郭玉翠. 常微分方程: 理论、建模与发展. 北京: 清华大学出版社, 2010.

[5] 周义仓, 等. 常微分方程及其应用: 方法、理论、建模、计算机. 北京: 科学出版社, 2003.

[6] Keller HB. Numerical Methods for Two-Point Boundary-Value Problems. New York: Dover, 1992.

[7] Adkins WA, Davidson MG. Ordinary Differential Equations. New York: Springer, 2012.

[8] Arnol'd VI. Ordinary Differential Equations (Third Edition). Berlin: Springer, 1992.

[9] 马知恩, 等. 常微分方程定性与稳定性方法 (第二版). 北京: 科学出版社, 2015.

[10] 丁同仁, 等. 常微分方程教程 (第二版). 北京: 高等教育出版社, 2004.

[11] Hermann M, Saravi M. A First Course in Ordinary Differential Equations: Analytical and Numerical Methods. New York: Springer, 2016.

[12] Boyce WE, DiPrima RC. Elementary Differential Equations and Boundary Value Problems (Seven Edition). New York: John Wiley & Sons, 2000.

[13] 王高雄, 等. 常微分方程 (第三版). 北京: 高等教育出版社, 2013.

[14] Grimshaw R. Nonlinear Ordinary Differential Equations. Boca Raton: CRC Press, 1991.

[15] Hermann M, Saravi M. Nonlinear Ordinary Differential Equations: Analytical Approximation and Numerical Methods. New York: Springer, 2018.

[16] 朱思铭. 常微分方程学习辅导与习题解答. 北京: 高等教育出版社, 2009.

[17] Butcher JC. Numerical Methods for Ordinary Differential Equation (Third Edition). United Kingdom: Wiley, 2016.

[18] Shampine LF. Numerical Solution of Ordinary Differential Equations. Boca Raton: CRC Press, 2020.

[19] LeVeque RJ. Finite Difference Methods for Ordinary and Partial Differential Equations. Philadelphia: SIAM, 2007.

[20] Brenner SC, Scott LR. The Mathematical Theory of Finite Element Methods (Second Edition). Berlin: Springer, 2002.

[21] Trefethen LN. Spectral Methods in MATLAB. Philadelphia: SIAM, 2000.

[22] Wendland H. Scattered Data Approximation. Cambridge: Cambridge University Press, 2005.